智能集成算法及其优化技术在电气检监测中的应用

屈志坚　马帅军　等◎著

西南交通大学出版社
·成　都·

图书在版编目（CIP）数据

智能集成算法及其优化技术在电气检监测中的应用 / 屈志坚等著. --成都：西南交通大学出版社，2023.12
ISBN 978-7-5643-9676-3

Ⅰ. ①智… Ⅱ. ①屈… Ⅲ. ①计算机算法－应用－电气设备－检测②计算机算法－应用－电气设备－监测
Ⅳ. ①TP301.6②TM92

中国国家版本馆 CIP 数据核字（2023）第 246988 号

Zhineng Jicheng Suanfa ji qi Youhua Jishu zai Dianqi Jian-jiance zhong de Yingyong

智能集成算法及其优化技术在电气检监测中的应用

屈志坚　马帅军　等　著

责任编辑	张文越
封面设计	吴　兵
出版发行	西南交通大学出版社 （四川省成都市金牛区二环路北一段 111 号 西南交通大学创新大厦 21 楼）
营销部电话	028-87600564　028-87600533
邮政编码	610031
网　　址	http://www.xnjdcbs.com
印　　刷	成都蜀通印务有限责任公司
成品尺寸	185 mm × 260 mm
印　　张	11.25
字　　数	280 千
版　　次	2023 年 12 月第 1 版
印　　次	2023 年 12 月第 1 次
书　　号	ISBN 978-7-5643-9676-3
定　　价	50.00 元

序 言

本书受到江西省高层次高技能领军人才计划项目资助。本书的研究内容是通过对电气工程中的检测、调度和监测数据进行智能化处理，研究智能集成算法及其应用。通过研究智能算法的集成技术、智能算法的优化方法和集成算子的优化方法，提高电力检监测系统的大数据挖掘能力，更加充分地体现出数据的价值。本书呈现了一种循环联合电厂的发电功率预测的集成算法及其优化方法、一种窃电检测识别的集成算法及其优化方法、一种铁道供电接触网剩余维修时间预测的智能算法及其优化方法和接触网剩余维修时间预测的集成算法及其优化方法。

北京太格时代自动化系统设备有限公司研发部在采集和提取实验数据等方面给予了许多有价值的意见和帮助，协助完成了部分工作；华东交通大学轨道交通牵引电气化研究院提供了仿真计算机和部分实验条件，为本课题的顺利完成提供了有力的支持和保障。

作 者

2023 年 4 月

前　言

本书是作者多年来从事电气工程教学科研工作和电力大数据分析处理方面研究的总结和升华，在内容上力图反映智能集成算法及其优化技术的发展，并重点围绕其在发电、配电和用电系统中的应用。本书涉及的部分数据来源于公开发布的公共数据集，也有部分数据来源于行业企业，有关结果来源于算例测试和相关的科学研究成果。本书在编写过程中参考了国内外大量的技术文献，在此对数据提供者和文献作者表示感谢，并希望能为从事智能集成算法在电气领域应用学习和研究的同仁提供参考。

本书可作为电气工程及其自动化专业、轨道交通电气化专业和其他相关专业的本科或研究生参考用书，也可为设计和研究开发人员提供借鉴及参考。

本书所依托的项目受江西省高层次高技能领军人才计划项目资助。本书由华东交通大学屈志坚、马帅军、徐娟、刘汉欣、刘畅、池瑞、刘莉、侯新星、罗微和张智慧等共同编写完成。课题组其他成员亦参与了此项科研工作，校核了文稿，在此一并致谢。

由于时间仓促和作者的水平有限，书中不足和遗漏之处在所难免，欢迎读者批评指正。

作　者

2023 年 8 月

目 录

1 Stacking 集成算法的功率预测技术

1.1 引　言

1.1.1 本章研究背景及意义

在工业化飞速发展的二十一世纪中，人们大量开采和利用化石能源，如煤、石油以及天然气。这种行为虽然促进了工业化进程，提高了生产的发展水平，但与此同时，对环境产生了恶劣影响，冰川融化、雾霾以及土地山林沙漠化等现象正在持续加剧。且如果按照目前对此类能源的利用水平，全世界的化石能源储藏量在几十年后将消耗殆尽。随着现代化进程的加快，产业结构调整和能源结构调整成为目前发展经济的首要任务，对太阳能、风能、核能等新能源的利用和对工业废气、生活污水的再循环利用是完成这项任务的主要方法之一。

无论是经济发展的需求，还是日益严重的环境问题和节能减排压力，都为联合循环电厂的发展创造了有利条件。联合循环电厂高效率、污染排放少、调峰性能优良的特点满足了能源结构调整的要求。该类电厂与传统火电厂的区别在于：在发电过程中，前一级机组排出的高温高压气体都将作为动力推动下一级机组做功，充分利用了发电机组运行过程中的废气，降低了对环境的污染，减少了处理工业废气的成本，提高了化石能源的利用效率。机组运行中，预测不同环境变量下的输出功率有助于规划联合循环电厂系统中的备用容量，预测精度越高，备用容量越精准，越可能达到更高的循环效率和更低的环境污染程度。

同时，风能作为一种发电能源，取之不尽用之不竭，可再生性和清洁性等优点使其成为目前发电的重点关注资源之一。但由于各地的地形地貌差异性较大，风电场的大规模应用受到诸多阻碍，且风能不同于水、煤和天然气等能源，不具备可转移的条件，因此目前对风能开发与利用的地区较为集中。这一情况会导致出现某地区风能资源丰富但无法全部消纳，某地区地势无法创造利用风能资源的条件等情况，所以亟须解决风电的并网问题。由于风能本身的随机性和间歇性，导致转化后的电能具有不稳定性和波动性的特点，如果是小规模并网将不会对电网产生较大影响，但会导致电能质量的下降。但是随着现代化工业的发展，风电装机容量不断提升，大规模的风电并网是必然趋势，这将对电网的安全产生巨大影响，且无法克服的风电波动性，对于电能质量、经济性和可靠性都将产生深远的影响。

从各类能源转化而来的电能，由发电到输电、变电、配电以及最后的用电行为都是同时进行的，无法大规模储备电能，且储备电能成本较高，技术尚未成熟。这一特性要求电力系统中的发电端与用电端的负荷保持动态一致，如果发电端的供应量大于所需负荷，有可能会导致能源浪费，无法做到节能减排，严重情况下，会出现发电机振荡，甚至影响到整个电网的安全运行。但若发电端的供应量小于所需负荷，居民的正常生活受到影响，工业化生产水平无法提高，将会导致社会进步的速度降低。因此，为了实现电力系统中的供需平衡，在发电端就需要对机组的输出功率做出准确的预测，且电力行业的不断发展也提升了对预测精度的要求。随着发电厂类型的不断丰富，所要预测的发电功率与其历史数据、环境条件呈现出非线性拟合特征，加大了预测难度。目前通过国内外学者在发电功率预测问题上的不断研究，机器学习方法不断改进，利用其强大的数据挖掘和分析能力，为功率预测提供了新的方法。将这一方法用于电力系统中，将有效提高发电端功率的预测性能，对整个电网来说，无论是在安全性方面，还是经济性方面，都将会产生重大意义。

综上所述，实现对发电功率的有效预测，不仅有利于提升不同类型发电厂的市场竞争力，还可保证电力系统的安全运行，甚至对于地球发电能源的利用率都将有所提升。因此，发电功率的预测研究有着重大的意义，研究方法未来也将拥有不可估量的应用价值。

1.1.2　研究现状

目前，国外许多学者早在 20 世纪就已经开展了对于不同类型发电厂的研究工作。在传统火电厂方面，以利用化石能源的联合循环电厂为例，随着天然气能源的不断开发与广泛应用，随着燃气轮机技术的不断提高，人们节能减排的理念不断深入，目前联合循环电厂新增装机容量占全球新增火电容量的 50%以上，甚至已成为一些发达国家供给侧的发电端主力，因此联合循环电厂是目前有较大发展潜力的动力电厂。针对联合循环电厂这类利用化石能源发电的电厂，国外学者更多专注在研究气体排放问题、机组运行效率问题等。针对联合循环电厂的发电功率预测问题，目前研究较少。

作为世界上碳排放最大的国家，我国主要消耗能源仍为煤、石油和天然气等化石能源，如何提高这类能源的利用效率是目前发电系统亟须解决的问题之一。燃气-蒸汽式联合循环电厂的高效性和低成本性，使其成为了我国对于化石能源利用的具体措施。联合循环电厂的发电性能对于我国自主燃气轮机技术要求较高，但目前我国对燃气轮机的研究并未成熟，没有完整的高性能技术满足工业的需求。因此我国学者对联合循环电厂的研究目前主要在于其机组的整体性能技术。

针对联合循环电厂目前的研究内容主要有：

1. 联合循环电厂的运行性能问题

联合循环电厂的运行受其安装地点的湿度、温度等环境条件的影响。这些参数又影响运行过程中的发电量。Arrieta，F.R.P.和 E.E.S. Lora 认为在这些变量中，环境温度在运行过程中对性能的影响最大，因此着力研究环境温度对该类机组性能影响的原因。Deng，C 等提供了基于几种进气冷却系统的联合循环电厂（Combined Cycle Power Plant，CCPP）性能的最新评价。研究人员努力满足促进和发展进口空气冷却技术，以回收 CCPP 废气中浪费的能源的热量，减少对环境的影响，并且综述了进气冷却系统对 CCPP 性能影响的现有研究。Haji Haji，V 等针对联合循环电厂燃气轮机，提出了一种参数在线估计的自适应模型预测控制（AMPC）方法，提高了燃气轮机 GTPP 的鲁棒稳定性和动力学，并在跟踪能力和抗干扰性能方面具有优越的性能。

2. 联合循环电厂气体的排放问题

Kesgin U 和 Heperkan H 以三个工业实例为例，介绍了利用软计算技术模拟热力学系统的方法。对于由三个燃气轮机、一个蒸汽轮机和一个集中供热系统组成的热电联产电厂，研究人员利用基于电站实测数据的人工神经网络模型，开发了一种基于反应动力学模型计算 NO_x 排放量的计算机程序，关于效率和各自概念的排放的基本信息可以很容易地从结果中确定。Zhang，X 等提出了一种耦合模型考虑气体（P_2G）技术和联合循环电厂，扩展成一个完整的能源系统（IES），为二氧化碳的利用提供了一种新的思路。

3. 燃料的能源利用问题

Ghasemiasl，R 等研究了利用抛物型太阳能集热器同时产生水和电的联合循环电厂功能的最佳状态，并提出了基于火用、火用经济和火用环境分析的热电联产系统多目标优化，结果表明，该方法提高了电厂的能源效率。

针对联合循环电厂这类利用化石能源发电的发电厂，发电燃料进料稳定，只需考虑在循环过程中，如燃气轮机与汽轮机等机组运行受环境条件影响带来的运行性能变化，从而引起的功率变化。

同时，在新能源电厂方面，以利用可再生能源的风电场为例，风能的可持续性和无污染性吸引了国外很多学者的关注，开发出许多较为成熟的风电功率预测技术。其中，风电预测技术最为成熟的是以丹麦和德国为代表。丹麦对于风电的长期研究积累了较多的经验，在 20 世纪 90 年代丹麦就提出了世界上第一个风电功率预测系统，但此系统在实际应用中的预测效果并不理想。德国对于风电功率预测的技术也较为成熟，先后研发出了 Previento 系统和风电功率管理系统（WPMS）。风电功率管理系统采用神经网络模型对风电功率进行短期预测，能够预测未来 48 小时到 72 小时的发电功率，在德国风电场中应用广泛。美国在德国的技术基础上，结合统计类预测方法，研发出了 eWind 风电功率预测系统。

由于我国人口众多，能源消耗量较大，在保证满足人民生活需要的同时，我国才开展了对于风电技术的研究。虽然近年来，我国风电的新增容量与累计容量处于世界前列，但我国风电技术相对于丹麦等欧美国家，还处于摸索与学习阶段。通过我国学者的不断努力，已涌现出一批较为成熟的风电预测模型，如电力科学院研发的 WPFS Ver1.0，应用于国家电网公司的风电预测系统中，以多种预测模型为基础，其预测性能的稳定性已经得到了广泛的验证。还有国网南瑞推出的 WPFS 系统，可自动从风电场采集系统和测风塔系统中获取风机数据和实时测风塔数据，实现预测结果的误差统计等功能。

随着中国对于风电方面的研究力度不断深入，有的预测系统的精度已高达 80%以上，但在实际风电场的预测应用中，其预测效果与国外先进技术仍有差距。

关于功率预测技术的研究，经过国内外学者的不断探索，预测研究方法根据不同的预测场景，划分出了不同的预测方法类别。如通过热力学循环，将天然气等燃料在发电机组中产生的高温高压气体转换为机械能的联合循环电厂。这类电厂利用化石能源发电，发电燃料稳定。只需考虑在循环过程中，燃气轮机以及汽轮机等发电机组运行产生的环境变化，由此带来的发电功率变化问题。而可再生能源发电厂，如风电场，由于风速本身具有波动性特征，导致风力发电的不稳定性和间歇性，因此在预测风电场的发电功率问题时，需要考虑时间序列下的风速风向变化，以及历史发电功率的变化趋势。

目前功率预测方法具体可分为：物理方法、统计方法、机器学习方法等，以下是其中三种预测方法的概括：

1）物理方法

物理方法主要是结合数值天气预报（Numerical Weather Prediction，NWP）或发电厂的物理特性，如利用风力发电机组的风速、风向和其他环境因素，构建基于物理特性的风电功率预测模型。有研究利用物理方法对风电功率进行研究，考虑风电场的地形条件，无须考虑历史功率变化，通过解析求解风电场的输出功率。L. Zheng 和 Z. K. Liu 等依据可再生能源出力的混沌特性筛选相似样本，采用最大李雅普诺夫指数（Maximum Lyapunov Exponent，MLE）实现预测。此方法依赖于风电场的物理特性，风场包含上百台风机，尽管每台风机都装有风速和风向量测装置，但数据质量相对较差，且不同位置风机的风速和风向有比较大的差距。数值天气预报属于大尺度空间信息，无法保证每一风机所在位置的准确预报。并且建立风电功率与物理特性间的线性关系，不仅具有建模困难、计算量大的特点，而且实际风电信号同时具有非线性和不平稳的特征。因此直接利用物理特性建立预测模型往往达不到精度要求。

2）统计方法

统计方法是利用历史数据来找出外生变量与发电功率之间的关系，或者数据本身的时间周期之间的关系。当地区发电厂的环境条件与发电功率之间的拟合情况分为线性映射与非线性映射，可根据参数估计以及统计模拟等方法构建模型，最后再利用实际测量的发电厂环境条件数据，历史发电功率数据等来预测输出功率。如有研究方法利用蒙特卡罗方法评估发电厂有功出力情况，同时在建立风电场模型时，不仅考虑了风速的随机性，还结合了风电场中风速分布不均，从而影响机组出力的因素。

这类方法通常用于发电燃料稳定，环境条件变化不明显的发电功率预测中，且预测输出功率需要大量的历史功率数据，以及详细的机组运行数据，因此依赖于高质量的数据条件。但目前随着发电厂的发展，利用风能这类波动性变化较大的能源发电时，如果出现阵风和旋风等这类突变气象状况时，将会造成预测效果不够理想。因此，这类方法在电力系统发电端中目前仅用于短时间尺度的功率预测，随着时间尺度的增长，预测精度逐渐降低。

3）机器学习方法

机器学习预测方法，用于可再生能源预测、负荷预测、电厂发电预测与电网运行、调度和管理等方面，研究更精确的电量预测方法，可有效提升能源需求侧管理能力，有利于可再生能源的有效利用。根据机器学习技术预测输出电量，不需要建立复杂的方程组，仅需使用可用的历史测量值来构建功率预测模型，主要是利用海量的数据样本构建数学模型，挖掘数据中的潜在规律和有用信息，从而给出预测结果，但由于构建的数学模型和设置的参数具有多样性，从而导致预测误差和不同的预测效果，因此构建合理且精度高的数学模型是此类方法的要点。利用单一机器学习模型进行预测分析的方法，主要包括神经网络和支持向量机等，如有研究方法利用神经网络非线性的特点，结合优化技术寻找最佳的网络参数解决负荷预测问题。有研究方法采用 DPSO-BP 神经网络混合预测模型预测居民的用电量。传统的单一神经网络模型由于缺乏深度学习的隐藏层设计，对于较大的数据集难以获得高效的训练效果，从而容易影响预测精度。对于支持向量回归的预测方法，有的研究方法将输入数据中的风速、平均风速、风机状态等属性数据作为 SVR 算法模型的输入，再结合智能优化算法，构建基于 SVR 算法的风电短期预测模型。有研究方法利用支持向量回归将简单的线性回归应用于高维特征空间预测短期电力负荷，但支持向量回归预测模型中超参数的确定较为困难。

同时机器学习方法具体可细分为两类，第一类方法是仅考虑历史发电功率数据对当前时刻功率的影响，将历史输出值进行滚动分窗操作后，构建机器学习模型进行多尺度的功率预测。有研究方法采用自回归滑动模型（ARMA），也有研究方法采用自回归综合滑动平均模型（ARIMA）。该方法的预测输出仅依赖于历史功率值，因此当窗口的数量设置不当，且真实值为波动幅度较大值时，将会导致预测性能大大下降。第二类方法是将来自当地以及发电厂附近地点的风速/风向等 NWP 历史测量值以及历史输出功率变化值作为模型的输入，同时考虑了发电场的物理因素和历史输出的变化值，因此该方法能够较为全面地考虑可能出现的各种因素。Q. Y. Xu 等提出了一种利用数值天气预报中的不良数据进行短期风电预测的新方法。N. Y. Chen 等通过 GP 对 NWP 中的风速数据进行校正，再使用截尾 GP 对校正后的风速和功率输出之间的关系进行建模来实现风电功率预测。Y. K. Wu 等结合当地的 NWP 和风力发电观测值，并利用神经网络算法对 NWP 模型预测的风速进行校正。目前包含神经网络在内的智能统计方法，已在发电功率预测方面得到了广泛的应用。

由于受限于发电功率强非线性的限制，单一机器学习方法难以描述发电场的复杂特征，导致很难得到理想的预测精度。基于此，不少学者提出了多种算法组合而成的集成算法。具体可分为两种，第一种是对多种算法组合后进行预测，有研究方法提出了一种集成了卷积神经网络和长短时记忆神经网络的统一框架来预测风速；有研究方法为了提高预测精度，提出了一种基于预测误差修正模型的短期 WSP 组合方法（WSP-MFEC）。然而，此种方法在风电预测中，由于风电信号的间歇性和非平稳性导致预测精度无法提高，因此不少学者提出在第一种预测模型构建之前，结合信号处理算法，对功率信号进行预处理。X. A. Yan 等提出了一种用于日风速多步预测的 ISSD-LSTM-GOASVM 模型，将分解后各子序列的预测结果组合后得到最终的预测结果；H. Liu 等提出了一种时变多分辨率组合模型，以便于更好地预测脉动风速；S. Li 等提出了一种基于不同小波参数的深度神经网络集成方案，缓解了风电预测的不确定性和过度训练问题。由此可知，仅仅利用浅层机器学习算法对发电厂的动态特征进行捕捉，已经无法满足预测精度要求。且随着深度学习与集成技术的发展，通过不同方式将深度学习算法进行组合，成为了目前发电动态预测的新兴方向。然而，目前集成方法大多是通过将各类机器学习子模型的预测结果进行均值计算或加权组合，缺少具有子模型竞争的融合策略，导致预测误差稳定性和准确性不够。

1.1.3 本章主要内容

本章通过分析国内外统计数据，阐述了功率预测的背景与意义，并介绍了两种类型发电厂的研究进展情况，列举了几种目前已投入使用的发电功率预测系统，并指出了目前发电功率预测研究上存在的预测精度问题，根据发电厂所利用的能源特性、影响输出功率变化的环境因素以及历史功率变化情况，对功率预测的研究进行了分类，列举了一些国内外常见的预测方法。在此基础上，本研究提出基于 Stacking 集成与超参数优化的功率预测方法。针对两种不同类型的发电厂，影响发电功率的因素不同，采取不同的 Stacking 集成融合方式。对于存在非连续性变化的环境变量来说，发电原料稳定，所要解决的问题在于特定环境条件下，如何提高联合循环电厂的发电功率预测精度，实现能源的再循环过程。因此研究人员提出一种基于 Stacking 异质集成方法，利用多种差异性较大的算法共同发挥群体智慧。而对于按时间序列变化的风电场来说，传统的机器学习方法难以捕捉风的波动性特征，结合目前快速发展的深度学习技术和集成技术，提出利用多个超参数不同的 LSTM 的 Stacking 同质集成方法，消除输入变量之间的长时间滞后，克服梯度消失问题。本章的后续内容安排如下：

（1）分析两类发电技术——联合循环电厂发电技术和可再生能源发电技术，同时本章介绍了几种对发电厂收集的数据预处理方法和预测过程中的误差分析指标，最后对发电功率的预测过程进行了梳理。

（2）分析几种单一模型——神经网络模型以及集成学习的功率预测方法后，引入 Stacking 集成方法的预测原理。接着阐述 Stacking 集成学习中的模型框架设计，并分析子模型的融合策略。随后详细介绍了超参数优化算法，以 GS 为例的穷举寻优法和以 GA 为例的智能寻优法。最后引出本研究提出的基于 Stacking 集成与超参数优化的方法。

（3）根据多环境变量条件下的非时间序列发电功率数据集，首先对联合循环电厂的历史数据进行标准化处理与相关性分析，降低变量类型不同产生的量级影响，防止冗余变量影响预测精度。提出利用三种差异性较大的异质算法作为 Stacking 集成模型的子模型，并利用 GS 对子模型的超参数进行穷举寻优，利用联合循环电厂的算例，分析预测误差。算例结果表明，本文所提方法可以有效的提高联合循环电厂发电功率预测结果的精确度。

（4）根据多变量条件下的时间序列风电功率数据集，由于风的间歇性、随机性和不稳定性，因此首先需要对历史的功率数据进行 DWT 分解，然后利用分解后的风电场滚动历史功率数据以及 NWP 数据制定提前多步的预测框架。提出利用三种不同超参数的深度学习算法-LSTM 作为 Stacking 集成模型的同质子模型，并利用 GA 对子模型的超参数进行智能寻优。以中国西北地区某风电场为算例，分析预测误差。算例结果表明，本文所提方法可以有效地提高风电场发电功率的多步预测精度。

（5）对全章所涉及的基础理论知识和主要工作进行归纳总结。

1.2 发电技术及数据处理方法

1.2.1 联合循环电厂发电技术

传统的火电厂沿用至今，出现了不少问题，如长期使用化石能源产生的能源枯竭问题、污染气体排放问题以及用电高峰期的供需平衡问题等等。

现阶段，无论是经济发展和可再生能源发电带来的调峰需求，还是日益严重的环境问题和节能减排压力，都为联合循环电厂的发展创造了有利的条件。由于燃气-蒸汽式联合循环电厂的独特结构，使得此类电厂具有燃气轮机平均吸热温度高的优点，以及蒸汽轮机利用蒸汽在常温下凝结的特点。这样的特点使得此类电厂具有平均放热温度低的优点。图 1-1 所示为燃气-蒸汽式联合循环电厂的结构示意图。

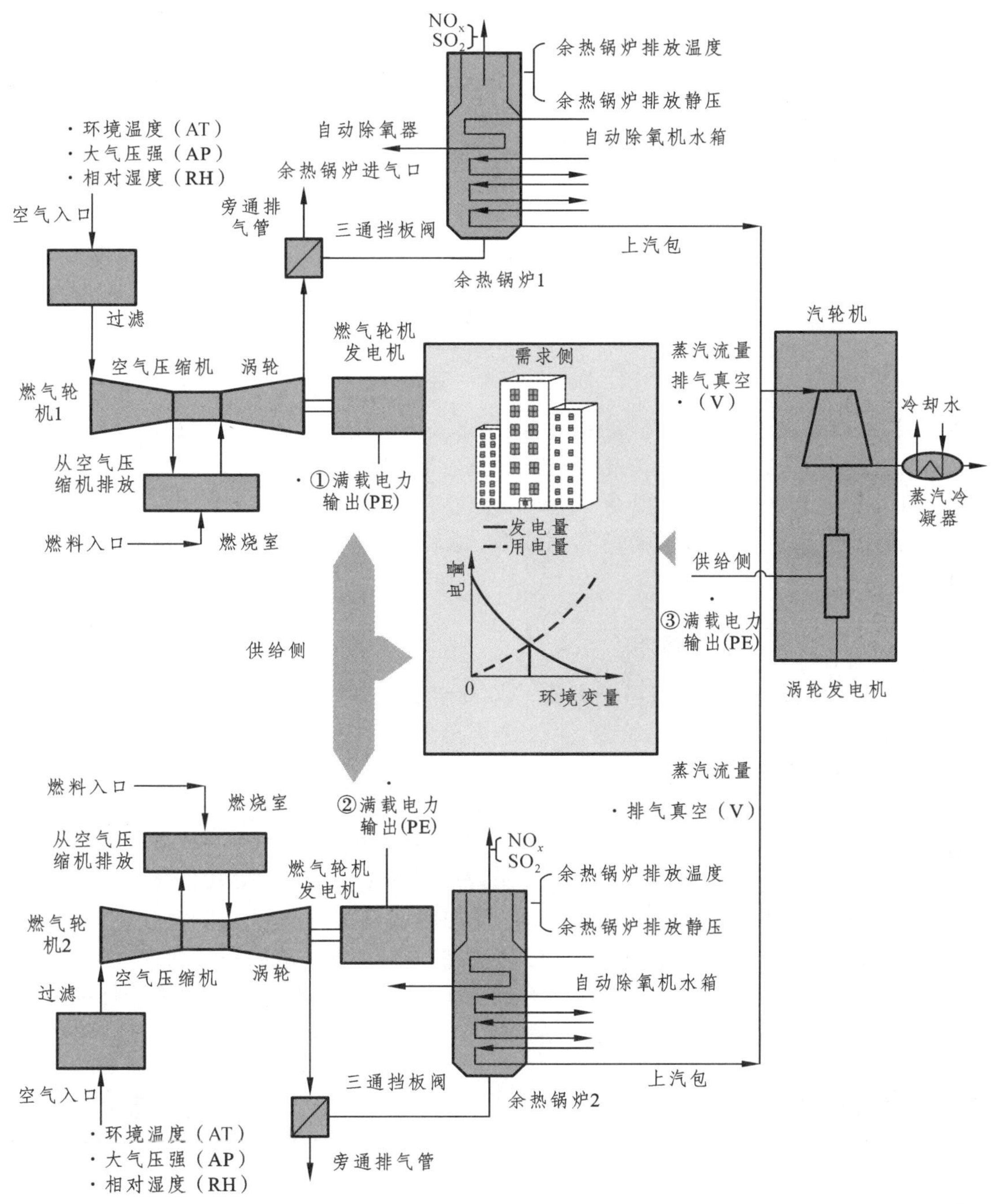

图 1-1 联合循环电厂系统结构图

如图 1-1 所示，燃气-蒸汽式联合循环电厂由燃气轮机、双压余热锅炉和汽轮机组成，主要燃料是天然气，其运行过程主要利用了热力学循环的原理。在燃气轮机中，加热后的天然气与压气机压入的空气充分混合燃烧，从而产生的高压气流使得燃气轮机做功。随后燃气轮机排出温度可高达 600 °C 的气体，该高温气体再进入余热锅炉将水蒸发为气态，最后此气体利用蒸汽轮机将内能转换为电能。图 1-2 为联合循环电厂运行原理示意图。

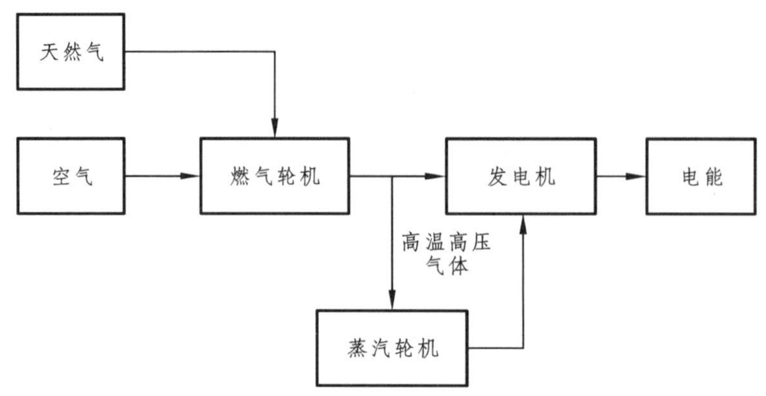

图 1-2　联合循环电厂运行原理图

如图 1-2 所示，燃气轮机对环境温度（Ambient Temperature，AT）、大气压（Atmospheric Pressure，AP）和相对湿度（Relative Humidity，RH）等环境条件较敏感，排气真空（Vacuum，V）的变化对汽轮机影响较大。预测不同环境变量下的输出功率有助于规划联合循环电厂系统中的备用容量，可以提高能源的利用效率，减轻供给侧电力系统储备容量压力和环境污染水平。

1.2.2　可再生能源发电技术

据统计，在可再生能源消费增长方面，2020 年中国消费增长约占全球的 1/3。可再生能源的利用主要用于电力系统供给侧，除水力发电外，其余利用可再生能源发电的比例将扩大两倍。风能是我国可再生能源发电中，除水力发电外最为成熟的一种发电技术，其每年装机容量占据了所有可再生能源装机容量的绝大部分。

虽然可再生能源这类发电技术日益成熟，实际应用越来越广泛，但我国目前的发电燃料结构并没有明显改变。主要原因有：可再生能源，如风能，具有随机性和不稳定性，利用风能发电将受到自然条件的限制；大规模风电并网储备成本高，技术要求高；风电机组对设备的要求较高，需要定时检查修理等，这些都将影响风电场的输出功率。

以风能发电技术为例，其发电原理主要经历了两个阶段，首先是利用风轮将风能转换为机械能，再经过发电机将机械能转换为电能。在日常见到的风轮主要是由轮毂与叶片组成，叶片一般有两到三个。由齿轮箱、高低转轴和刹车装置等组成的能量传递部分负责将机械能传递到风电机。其中齿轮箱承担能源传递的主要任务，并利用刹车装置来制动转轴的转速。为了提高风能的利用率，在保证风速矢量方向变化的同时，对风轮进行及时调整以便于与风向保持对准，这一过程就是偏航系统。风力发电机的组成除上述所说的风轮、能量传递系统、偏航系统和发电机以外，还包括风机控制系统。控制系统主要承担整个风机状态及时调整的任务，从而确保机组运行的稳定性和高效性。

利用物理动能理论，假设此时风速为 v，即空气的流动速度，m 为空气质量，则有：

$$E=\frac{1}{2}mv^2 \tag{1-1}$$

此时的 E 即风的动能，由于此时的空气质量 $m=\rho Sv$，ρ 为密度值，S 为风轮的横截面积，所以得到：

$$E = \frac{1}{2}\rho S v^3 \tag{1-2}$$

此时的 E 为每秒轮过风轮风的动能。在实际能量传递过程中，伴随着能量损失的过程，部分风能可能转换为除电能外其他形式的能量。根据贝茨理论计算风能转换为电能的最大功率，如式（1-3）所示：

$$P = \frac{1}{2}C_{\mathrm{P}}\rho S v^3 \tag{1-3}$$

式（1-3）中 C_{P} 为理想情况下风能转换为电能的转换效率，即风能的利用系数。由于在实际风电场中，转换效率无法达到 100%，且天气条件存在随机性，因此通过这类理论推导并不能得到准确的发电功率。

如图 1-3 所示为某地区某一风电场中风速与发电功率的变化情况，反映了时间序列下风速变化的随机性，这一特性造成发电功率的不稳定性，与此同时，此地区的风向以及温度、湿度等 NWP 数值都在发生变化。因此这类发电技术的预测研究还需考虑时间序列下的环境变化情况以及历史输出功率的变化趋势。

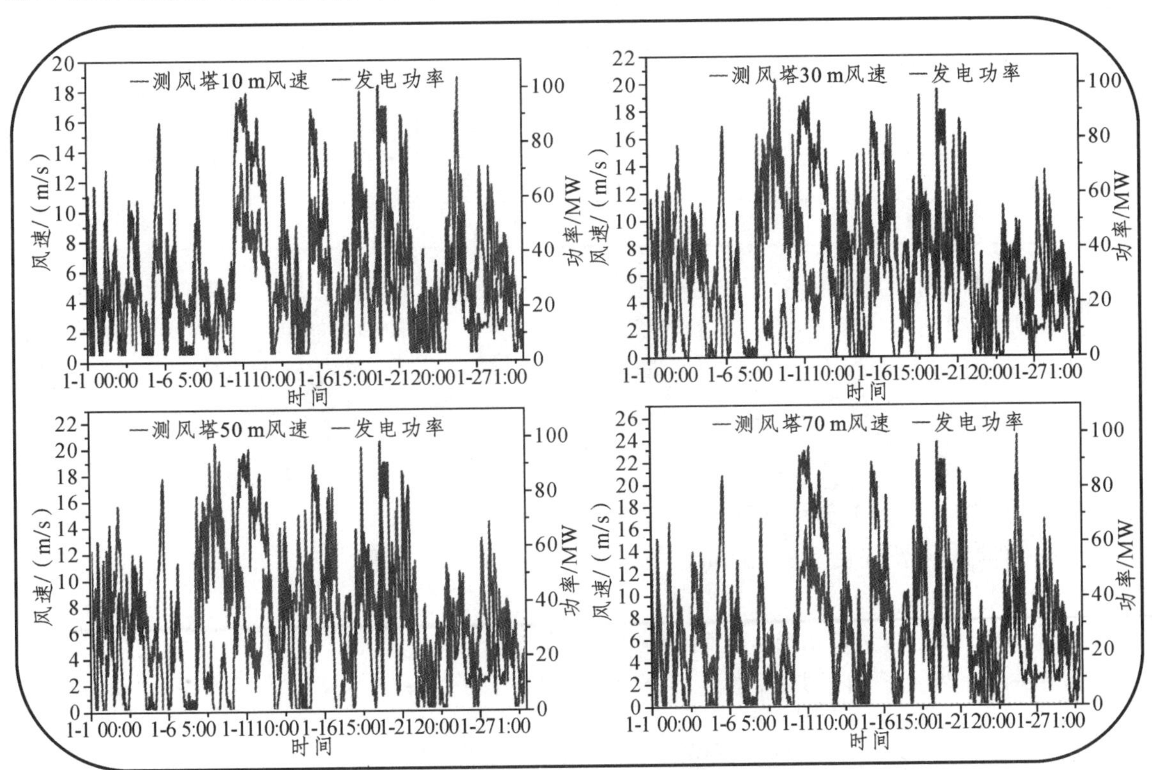

图 1-3　时间序列下不同高度测风塔的风速与发电功率变化曲线

1.2.3　数据预处理

在构建功率预测模型之前，需要对收集的数据集进行预处理，预处理方法主要为：补充缺失值、剔除无效数据、数据标准化、相关性分析以及数据分解等等。其中缺失值的填充可使用此缺失位置近一段时间内的平均值或类似环境变化下数据样本的平均值进行替补,对于非连续环境变化条件下的功率预测,若某条件下的功率数据或环境数据存在异常,可适当进行剔除，对于时间序列下的功率预测，则需要考虑时间的连续性，采用与缺失值补充同样的方法替换无效数据，提前降低训练模型的工作量，减小误差。以某一联合循环电厂历史输出功率数据为例，如表 1-1 所示。以下是对其余几种预处理方法的具体表述。

表 1-1　联合循环电厂部分历史数据

序号	AT/°C	V/cmHg	AP/miuibar	RH/%	PE/MW
1	13.46	44.71	1 014.51	50	474.6
2	9.39	40.11	1 029.14	77.29	473.05
3	31.07	73.5	1 010.58	43.66	432.06
4	12.82	38.62	1 018.71	83.8	467.41
5	32.57	78.92	1 011.60	66.47	430.12
6	8.11	42.18	1 014.82	93.09	473.62
7	13.92	39.39	1 012.94	80.52	471.81
8	23.04	59.43	1 010.23	68.99	442.99
9	27.31	64.44	1 014.65	57.27	442.77
10	5.91	39.33	1 010.18	95.53	491.49
…	…	…	…	…	…
200	10.54	34.03	1 018.71	74	478.77

为了实现不同维度之间的变量特征在数值上有一定比较性和提高训练速度,减少采样数据可能会受到离群点的干扰，实验结果更加直观准确，需要将数据中的输出功率（Full Load Electrical Power Output，PE）进行标准化处理。经过标准化处理后，可以将数据标准化到一个特定的小区间内，即[0，1]，标准化处理公式如（1-4）所示。

$$x^* = \frac{PE - \min}{\max - \min} \tag{1-4}$$

其中 x^*是被标准化处理后 PE，max 是关于 PE 集合中的最大值，min 是关于 PE 集合中的最小值。

为防止模型存在数据冗余,从而影响模型的预测精度,通过计算数据集中的两两变量之间的 Person 相关系数，判断是否存在冗余特征变量，确定变量间存在相关关系。计算公式如下：

$$\rho_{X,Y} = \frac{\sum XY - \frac{\sum X \sum Y}{N}}{\sqrt{\left(\sum X^2 - \frac{(\sum X)^2}{N}\right)\left(\sum Y^2 - \frac{(\sum Y)^2}{N}\right)}} \tag{1-5}$$

如图 1-4 所示为表 1-1 中各变量关联性分析图。由图可看出，温度（AT）、环境压力

（AP）、相对湿度（RH）、排气真空（V）和输出功率 PE 相互之间都有不同程度的关系，其中温度和排气真空与输出功率呈负相关关系，相对湿度和环境压力与输出功率呈正相关关系，且温度和排气真空之间相关性较大。

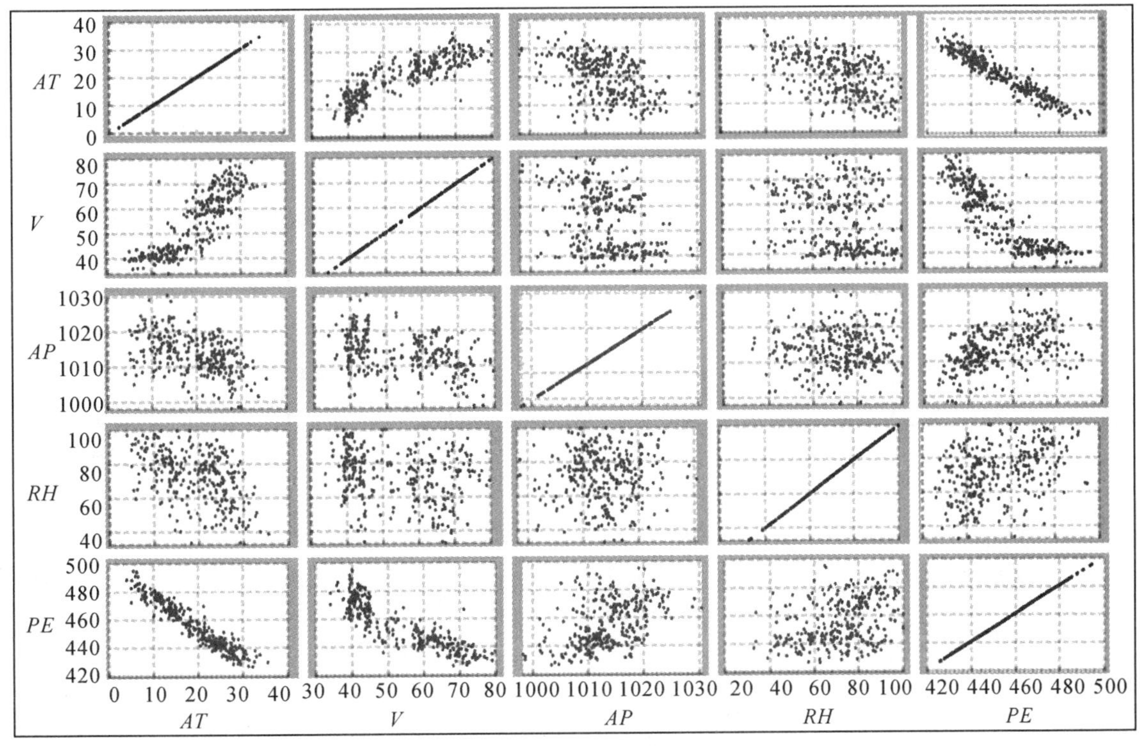

图 1-4　部分历史数据关联性分析图

若 X 和 Y 为两个特征变量，N 为各特征的样本量。如表 1-1 中数据所示，X 与 Y 可分别表示表中 5 个变量中的任意两个变量。若 X 为排气真空 V，Y 为输出功率 PE，则相关系数为：

$$\rho_{V,PE}=\frac{\sum_{i=1}^{200}V_iPE_i-\frac{\sum_{i=1}^{200}V_i\sum_{i=1}^{200}PE_i}{200}}{\sqrt{\left(\sum_{i=1}^{200}V_i^2-\frac{(\sum_{i=1}^{200}V_i)^2}{200}\right)\left(\sum_{i=1}^{200}PE_i^2-\frac{(\sum_{i=1}^{200}PE_i)^2}{200}\right)}} \tag{1-6}$$

利用式（1-6）求得的 Person 相关系数通常划分为四个区间，高度相关、中度相关、低度相关以及微度相关，其中当相关系数在 0.00 ~ 0.02 时，属于微度相关，相关系数趋近于 0 的变量可进行剔除。

利用风能这类不稳定性可再生能源发电，由于风电信号的随机性，直接对原始数据进行预测，将无法捕捉风电信号的实际特征，因此利用数据分解算法对功率信号进行处理。其中小波分解能有效地提取信号的特征信息，并解决傅里叶变换无法解决的许多难题，有利于提高风电预测的精度。

小波可以定义为实轴（-∞，+∞）上的实值函数 $\hat{\psi}(t)$，需要满足以下容许性条件：

$$\int_0^{+\infty}|\hat{\psi}(t)|\frac{\mathrm{d}t}{t}<\infty \tag{1-7}$$

$\psi(t)$ 为小波母函数，将此函数经过伸缩平移得到函数 $\psi_{a,\tau}(t)$：

$$\psi_{a,\tau}(t)=\frac{1}{\sqrt{a}}\psi\left(\frac{t-\tau}{a}\right) \tag{1-8}$$

其中 a 表示缩放参数，τ 表示平移参数。

在小波变换中，连续小波变换（CWT）的参数减少，时间窗也会自动变窄，且计算量较大，这种情况类似于连续傅里叶变换。

$$\psi(\tau,a)=\int x(t)\cdot\psi_{\tau,a}(t)\mathrm{d}t \tag{1-9}$$

因此从应用角度，为了减小小波变换系数的冗余度，必须对时移因子按信号的采样间隔离散化，对尺度因子进行幂数级离散化，如 $a_0=2$，则 $a=\{1，2，4，8，16\}$。

$$\tau=n\cdot\Delta t \tag{1-10}$$

令 a 取：

$$a=a_0^j,\ a_0>0,\ j\in Z \tag{1-11}$$

则小波基函数为：

$$\psi[n,a_0^j]=\sum_{m=0}^{N-1}x[m]\cdot\psi_j{}^*[m-n] \tag{1-12}$$

$$\psi_j[n]=\frac{i}{\sqrt{a_0^j}}\psi\left[\frac{n}{a_0^j}\right] \tag{1-13}$$

采用离散小波变换（DWT）算法对风速序列进行分解，预测经过分解后的序列可以降低预测误差。

$$WT_f(j,n)=\int f(t)\cdot\psi_j{}^*[n]\mathrm{d}t \tag{1-14}$$

对于风电信号的离散小波分解，利用信号 $f(t)$ 的小波系数，是沿尺度衰减的速度，将信号分解为不同频率分量——高频分量和低频分量，高频和低频是相对而言的，分量的个数取决于分解的次数。

如图 1-5 所示为离散小波分解示意图，其中 K 表示每次分解后的分量个数，每次分解只针对上一次分解后的低频信号进行分解，分解的次数越多，得到的分量个数就越多。

1.2.4 发电功率预测误差分析

随着对功率预测研究的深入，预测技术不仅要考虑模型的系统误差，还需要关注精确到每个时刻的预测偏差程度，因此在对模型的预测效果进行评估时，选择使用多种指标，以便于更全面地反映其性能，以下是目前国内外研究学者在功率预测评估中比较常用的几种评估指标：

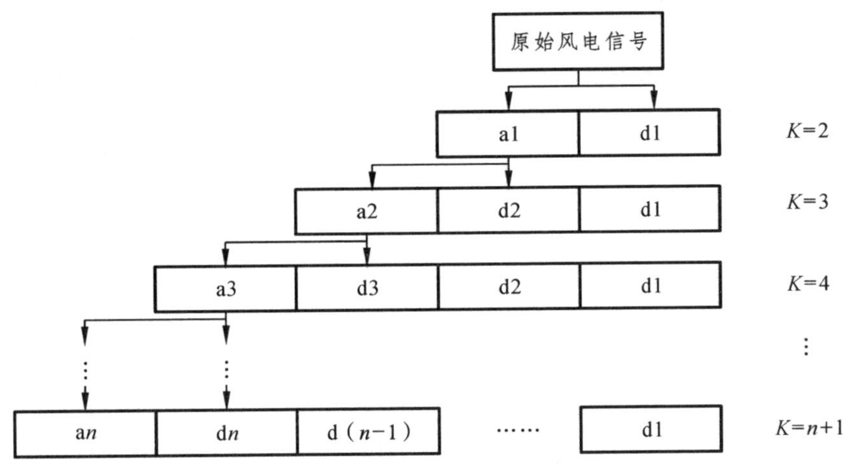

图 1-5 离散小波分解示意图

（1）均方根误差（*RMSE*）。

$$RMSE=\sqrt{\frac{1}{n}\sum_{i=1}^{n}(\hat{y}_i-y_i)^2} \tag{1-15}$$

其中 $\hat{y}_i$ 为第 i 条自变量条件下的预测值，y_i 为第 i 条自变量条件下的实际值，n 为数据集的总样本数。若对多个环境条件变化下的功率进行预测时，模型的预测性能往往需要考虑其整体偏差，可用 *RMSE* 作为模型偏离程度的评估指标。

（2）平均绝对误差（*MAE*）。

$$MAE=\frac{1}{n}\sum_{i=1}^{n}\left|\hat{y}_i-y_i\right| \tag{1-16}$$

MAE 是将整体预测功率与实际功率的差值求和后取平均值，反映了预测模型的整体误差大小。

（3）平均绝对百分比误差（*MAPE*）。

$$MAPE=\frac{1}{n}\sum_{i=1}^{n}\left|\frac{\hat{y}_i-y_i}{y_i}\right|\times 100\% \tag{1-17}$$

MAPE 相比于 *MAE* 更客观地反映了预测功率与实际功率的偏离程度，直观地展示了预测误差与实际值之间的比例。

（4）指标改进率（*INDEX*）。

$$INDEX=\frac{MAPE_{\mathrm{comparised}}-MAPE_{\mathrm{proposed}}}{MAPE_{\mathrm{proposed}}}\times 100\% \tag{1-18}$$

其中 $MAPE_{\mathrm{proposed}}$ 表示所提模型的平均绝对百分比误差，$MAPE_{\mathrm{comparised}}$ 表示其他模型的平均绝对百分比误差，*INDEX* 反映了所提模型与其他模型相比的性能高低。

1.2.5 发电功率的预测流程

针对不同的机器学习方法，功率预测过程虽然不完全相同，但有许多的相似之处，都需要首先依赖于充分的历史发电数据训练模型，再利用当前的环境变量预测输出功率。预测流程可归纳为四步：收集发电厂历史数据、对数据进行预处理、构建功率预测模型并结合优化算法来确定模型的超参数、功率预测误差分析。下面将对各个步骤进行阐述：

1. 收集发电厂历史数据

在构建预测模型前，需要充分收集发电厂数据，该数据指的是发电厂运行过程中的真实有效的历史数据，其中可包括：发电厂机组运行状态下的环境条件数据、发电能源的变化数据（如风能的风速或风向随机性变化数据）以及发电厂近期运行的历史输出功率等。

2. 对数据进行预处理

收集到的发电厂历史数据中，会存在一部分异常的数据，主要原因可能是某种条件下机组运行发生故障、传感器反映不灵敏（如出现对温度、湿度等信息显示不准确的情况）以及自然条件的限制（如某时刻下风速过小）等等。因此需要对收集的数据进行预处理，尽可能减少原始数据集对预测结果的影响。发电功率数据预处理的主要方法主要有：根据历史数据对缺失的发电数据值进行填充、对不同量级的变量进行标准化处理、确定是否存在冗余变量以及消除历史数据的噪声干扰分量等。

3. 构建功率预测模型并结合优化算法来确定模型的超参数

将经过数据预处理的发电厂历史数据按比例划分为训练集、验证集以及测试集。利用训练集训练所提功率预测模型，并不断对模型的超参数进行调节优化。通过验证集确定模型是否出现过拟合情况，从而判断是否可以停止训练。最后将要预测功率时刻的数据作为测试集，通过训练好的模型预测输出功率。

4. 功率预测误差分析

将预测模型的输出功率结果与实际功率值作比较，利用误差评估指标判断是否达到理想的预测效果，根据误差分析不断调整模型，旨在所提模型方法对实际生产有足够的应用价值。

1.2.6 小　结

以化石能源为主要发电原料的联合循环电厂发电技术和以风力发电为例的利用可再生能源发电的发电技术，是目前常见的两类发电技术。联合循环电厂在运行过程中发电燃料稳定，只需考虑循环过程中环境变化带来影响功率输出的情况；而利用可再生能源发电，发电信号具有随机性和间歇性，无法保证发电燃料的稳定性，以风电场为例，需要考虑风的不稳定性，研究时间序列条件下的变化趋势。然后根据发电功率的预测流程，提出对于发电功率环境变量的三种预处理手段，以及在功率预测中比较常用且全面的几种评估指标，以便于在预测过程中降低预测误差，分析预测效果并及时调整模型。

1.3 基于 Stacking 集成与超参数优化的方法研究

1.3.1 神经网络算法

在选择合适的预测模型时，神经网络的机器学习方法，已在发电功率预测方面得到了广泛的应用。通过调节神经网络模型的深度，可以更深层次地挖掘隐含在序列中的信息，同时神经网络节点权重的分配，更能较好地提取特征中的有用信息，且通过设置合理的神经网络学习速率，使得模型的预测结果更接近于全局最优解。但目前仅仅利用浅层机器学习算法对发电厂的动态特征进行捕捉，已经无法满足预测精度要求。同时随着神经网络与集成技术的发展，通过不同方式将神经网络算法进行组合，成为了目前发电动态预测的新兴方向。以下是几种较为典型的神经网络结构：

人工神经网络（Artificial Neural Network，ANN）萌芽于 20 世纪 40 年代，数学家与逻辑学家合作尝试构建神经网络数学模型来实现一些逻辑运算功能。人工神经网络的拓扑结构主要由隐藏层神经元节点之间的相互连接组成，但每层神经元只与上一层的神经元连接，不存在反馈部分，因此属于最简单的单向多层结构。在进行样本训练时，利用类似于人体大脑神经的运转方式来解决一些非线性问题，但只能依赖于调整网络的结构和权重。

深度神经网络（Deep Neural Network，DNN）与人工神经网络的主要区别在于，DNN 拥有较为复杂的网络结构，可以有许多个隐藏层和输出节点，调整的权重值、偏置等参数也相应增加了，因此可以解决较为复杂的非线性问题。

如图 1-6 所示，深度神经网络的网络结构与人工神经网络的结构相似，但隐藏层的结构更复杂，位于输入层与输出层的部分都可以称为隐藏层。若预测某一联合循环电厂的发电功率，则输入层为多环境变量，如温度（AT）、环境压力（AP）对湿度（RH）以及排气真空（V）等，输出层为发电功率（PE）等。

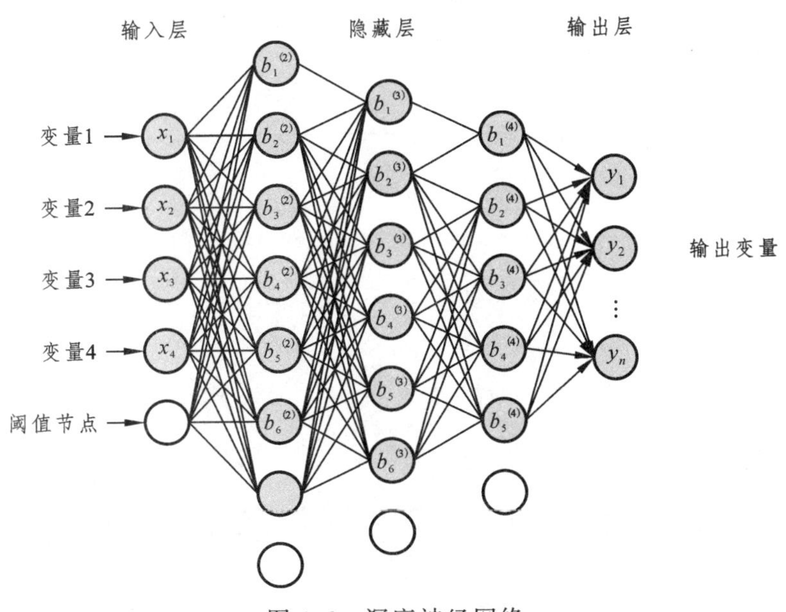

图 1-6 深度神经网络

循环神经网络（Recurrent Neural Network，RNN）与前两种神经网络相比，更擅长实现序列变化下的预测。

例如在风电场的风速预测中，要预测这一时刻的风速，则需要根据上一个时刻的风速变化情况。NN 的预测特性取决于其与传统神经网络不同的拓扑结构，相同之处在于也通过激活函数控制输出，但每个隐藏层中的神经元之间是存在连接的，且每层隐藏层的输出同时包括了前一个隐藏层的输出和输入层的输出，如图 1-7 所示。

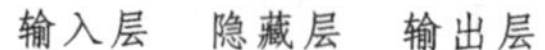

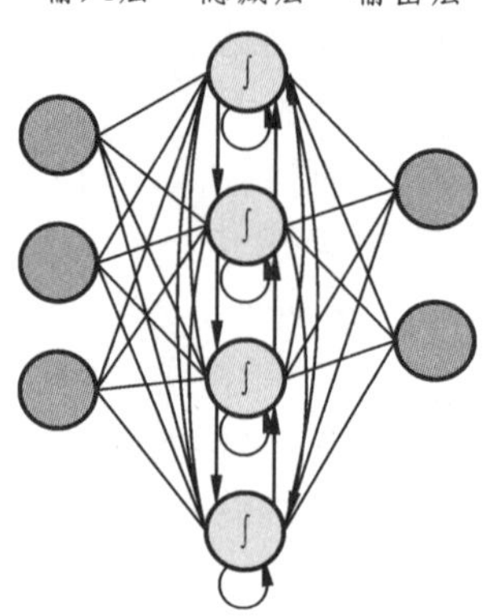

图 1-7 循环神经网络

如图 1-7 所示，在隐藏层中每个神经元都有一个循环更新部分，以此实现对序列信息的记忆功能。

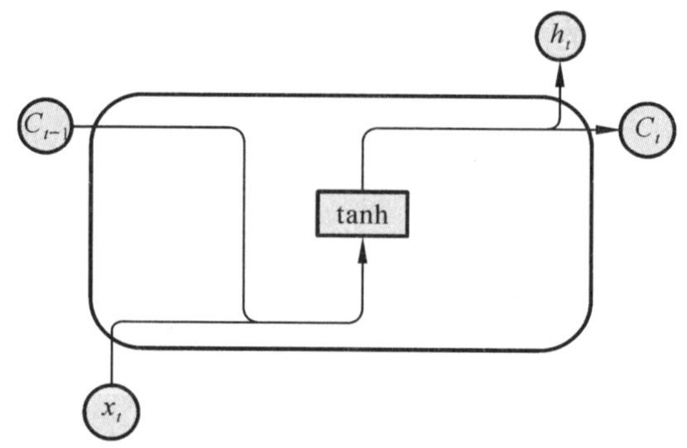

图 1-8 循环神经网络神经单元

如图 1-8 所示，h_t 为每个隐藏层的状态值，x_t 为输入，以激活函数 tanh 控制输出，其计算公式为：

$$h_t = \tanh(W_h \cdot [h_{t-1}, x_t] + b_h) \tag{1-19}$$

由式（1-19）可知，时刻 t 的状态值只取决于输入 x_t 与时刻 $t-1$ 的状态值 h_{t-1}，因此其记忆功能只局限于短期记忆。

而长短时记忆神经网络（Long Short Term Memory，LSTM）相比于循环神经网络算法，更适合处理长时间序列下的非线性问题。

如果要预测某一天的天气状况，可能需要依赖于最近三天或者上个星期这一天，甚至上个月的这一天的天气状况，LSTM 的独特结构可以解决时间间隔较大的预测问题。其结构主要由一个内部存储单元和三个乘法门组成，包括输入门 i_t、遗忘门 f_t 和输出门 O_t 来解决此问题的，如图 1-9 所示。

利用输入门控制输入 x_t 中留存到状态 C_t 的程度：

$$i_t = \sigma(\boldsymbol{W}_{ii} x_t + b_{ii} + \boldsymbol{W}_{hi} h_{(t-1)} + \boldsymbol{b}_{hi}) \tag{1-20}$$

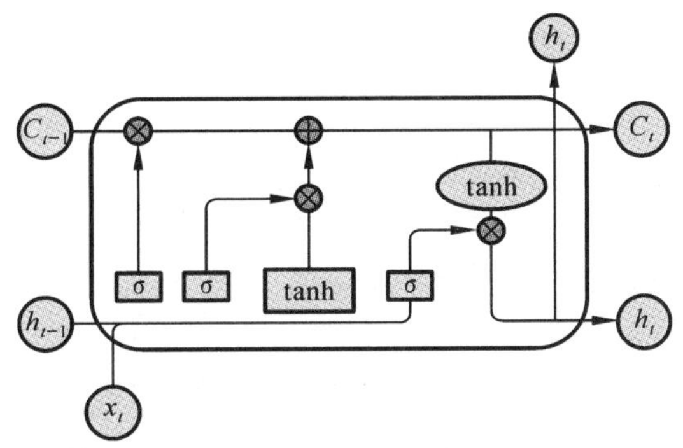

图 1-9　长短时记忆神经网络神经单元

通过遗忘门决定上一时刻的单元状态 C_{t-1} 有多少保留到当前时刻 C_t：

$$f_t = \sigma(\boldsymbol{W}_{if}x_t + b_{if} + \boldsymbol{W}_{hf}h_{(t-1)} + \boldsymbol{b}_{hf}) \tag{1-21}$$

$$g_t = \tanh(\boldsymbol{W}_{ig}x_t + b_{ig} + \boldsymbol{W}_{hg}h_{(t-1)} + \boldsymbol{b}_{hg}) \tag{1-22}$$

$$C_t = f_t c_{(t-1)} + i_t g_t \tag{1-23}$$

输出门决定控制单元状态 C_t 有多少输出到 LSTM 的当前输出值 h_t：

$$\sigma_t = \sigma(\boldsymbol{W}_{io}x_t + b_{io} + \boldsymbol{W}_{ho}h_{(t-1)} + \boldsymbol{b}_{ho}) \tag{1-24}$$

$$h_t = \sigma_t \tanh(c_t) \tag{1-25}$$

其中，C_t 表示细胞状态，h_t 表示隐层状态，$\boldsymbol{W}_{ii}$，$\boldsymbol{W}_{hi}$，$\boldsymbol{W}_{if}$，$\boldsymbol{W}_{hf}$，$\boldsymbol{W}_{ig}$，$\boldsymbol{W}_{hg}$，$\boldsymbol{W}_{io}$，$\boldsymbol{W}_{ho}$ 表示对应输入的权重矩阵，$\boldsymbol{b}_{hi}$，$\boldsymbol{b}_{hf}$，$\boldsymbol{b}_{hg}$，$\boldsymbol{b}_{ho}$ 表示偏置向量，σ 表示激活函数。

与 RNN 的不同之处在于 LSTM 采用了细胞状态，结合了两种激活函数（tanh 函数，sigmoid 函数）和求和操作，解决了 RNN 只能处理短期记忆的问题。

利用神经网络实现模型预测能力，这一做法早在 20 世纪已经广泛使用，但随着电力系统的发展和机器学习技术的进步，对预测精度的要求也日益提高。因此，本研究将神经网络技术与集成学习方法结合起来，不仅需要发挥神经网络解决线性与非线性拟合的作用，还要将不同类型的机器学习算法结合起来，更为全面地捕捉序列中的特征，挖掘并分析数据中的隐藏信息。

1.3.2　Stacking 集成学习方法

随着发电厂类型的丰富，功率预测的难度也越来越高。考虑到收集的发电厂数据的多样性，在构建多次不同的机器学习模型进行预测后，比较发现传统单一模型往往对较稳定的环境条件下的预测效果较为理想，但是如果数据波动较大，预测误差将无法控制。因此，研究者通过翻阅国内外学者对功率预测技术的研究资料发现，集成学习技术在这方面的应用正受到广泛关注。集成学习技术可以将多个子模型组合成一个模型，子模型间可以是不同类型算法（异质集成），也可以是超参数不同的同一类算法（同质集成）；组合方法也可以不同，常见的方法有：对得到的多个子模型预测结果取平均值后作为最终预测结果；将不同子模型的预测结果按照设定的规则进行加权后输出最终预测值以及通过多个基模型之间的有机融合后利用元模型得出最后预测结果等。常用的集成算法包括随机森林

（Random Forest，RF）算法、boosting 算法以及 Stacking 算法等等。

1. 随机森林算法

随机森林算法的核心思想是通过对训练集进行有放回的抽样，从中随机抽取 m 个样本集，以此作为每个决策树的新训练集，建立 m 个决策树模型，最后根据每个决策树的结果进行投票选出最优的输出结果。此算法的实质在于利用了一个或多个决策树的集成，且其中每个决策树模型的建立都依赖于每个随机抽取的样本集。

单独采用一个决策树模型，只能对某一个稳定的样本集发挥出预测能力，而在功率预测方面，需要高质量的历史数据作为支撑，且样本集具有不稳定的特征，因此单个决策树模型可能无法得出最佳的预测效果。而随机森林集成算法可以将多个相关性较小的决策树模型进行结合，发挥出各个同质子模型的预测能力。但由于子模型中决策树的分支结构，因此随机森林利用多个树的结构使其更适合处理分类任务，如图 1-10 所示。

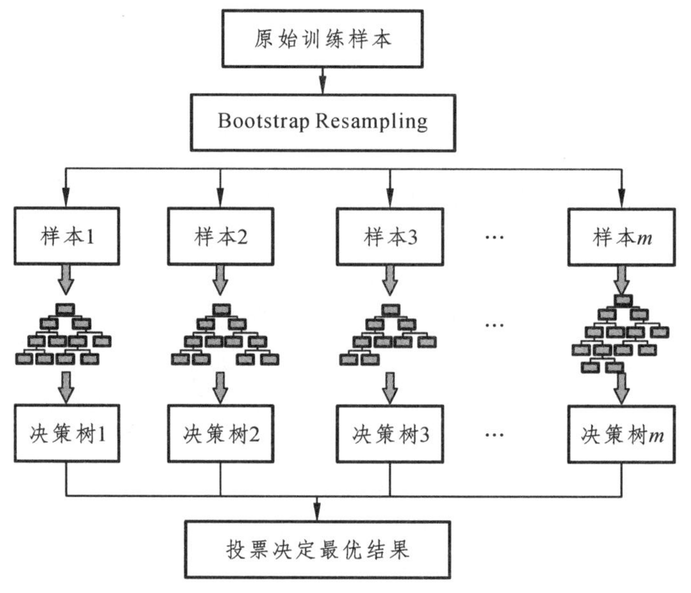

图 1-10　随机森林算法

如图 1-10 所示，随机森林算法利用了多个超参数不同的决策树模型，对数据样本进行随机抽样后输入到各个决策树中，最后对决策树的预测结果进行投票选出最终结果。

2. Boosting 算法

Boosting 算法在第一轮训练时，没有设置原始数据集的权重，按照其本身的权重训练得到第一个学习模型，又称为弱学习器。之后保持训练集不变，训练下一轮弱学习器，训练过程中着重提高上一轮学习器预测效果中误差较高的样例权重，即根据上一轮的预测效果调整下一轮中训练样例的权重，如图 1-11 所示。

Boosting 算法结构中的每一轮训练过程都将使得学习器的预测值趋近于实际值，如果存在一轮弱学习器的预测效果比随机猜测的效果差，那么这一轮生成过程就将被舍弃。当重复训练过程达到规定的循环次数时停止迭代，最后将所有弱学习器融合成的强学习器的预测结果作为最终的预测结果。

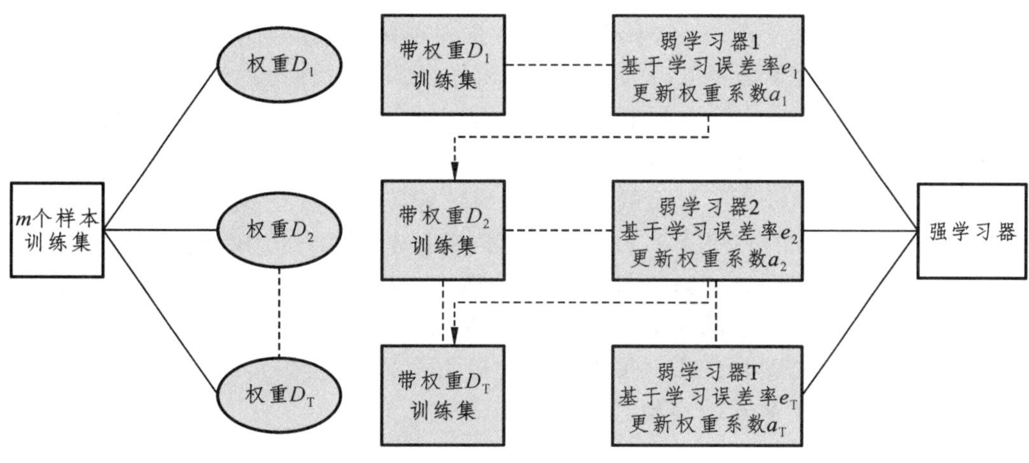

图 1-11 Boosting 算法

3. Stacking 算法

不同于随机森林算法中的树结构和 Boosting 算法中生成弱学习器的迭代过程，或任何其他集成类算法，Stacking 算法有机融合了多个基学习器与元学习器中的个体智慧。

Stacking 算法的基本思想在于利用了两层结构。第一层，即基模型层，一般采用三到五个基学习器，且选择差异性较大的异质算法或超参数不同的同质算法。第二层，即元模型层，用于纠正基模型的预测误差。两层的结构设计，避免了预测模型的冗余复杂，缩短了迭代训练的运算时间，如图 1-12 所示。

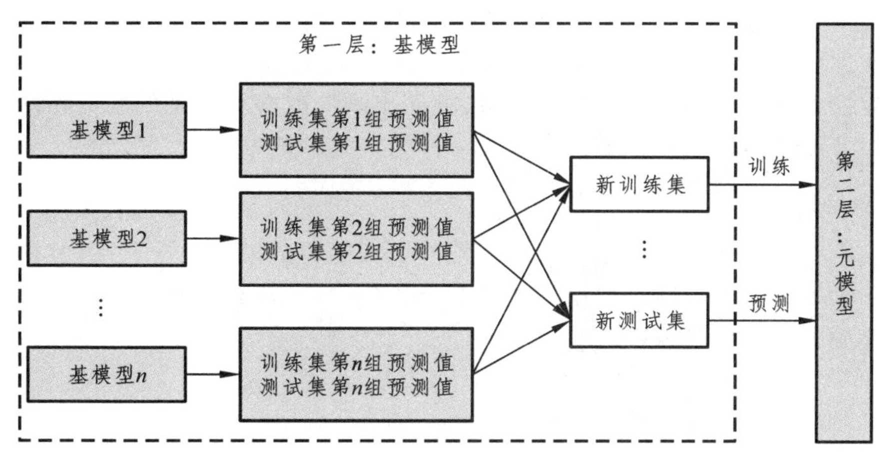

图 1-12 Stacking 模型集成过程

如图 1-12 所示，Stacking 集成过程由两部分组成，假设 X_i 为预测模型的输入，第一部分中第 h 个基模型为 F_h，第二层元模型为 F。那么第 h 个基模型的输出就为 $F_h(X_i)$，以此作为元模型输入的一部分，n 个基模型的预测结果经交叉验证后全部输入到元模型中，以此作为元模型的训练样本得到预测结果 $\hat{y}_i$，如式（1-26）所示。

$$\hat{y}_i = F(F_1(X_i),\cdots,F_h(X_i),\cdots,F_n(X_i)) \tag{1-26}$$

目前，Stacking 算法是集成学习算法中应用最广泛的算法之一，它的预测能力相较于其他集成方法有了很大的提升，在社会发展的各个领域得到了广泛应用。

徐耀松等人利用基于改进的 Stacking 融合构建横纵向集成学习模型，其子模型选用了神经网络算法，且结合了信号处理技术，对中国东部某地区的负荷进行预测，有效提高了模型的预测精度。邓威等人针对配电网网损分析与评估的问题，构建基于 Stacking 集成的机器学习模型，并利用中国华中地区某线路的实际数据进行预测分析，结果表明该方法相比于现有的单一算法，提高了模型的准确性。魏书荣等人在海上调度系统中，对故障数据进行关联分析后，提出了一种基于 Stacking 算法的提前预判故障和诊断方法，以海上风力发电厂为算例，结果表明此方法不仅能提前识别早期故障，而且可以提高故障诊断精度。

研究表明基于多个模型的 Stacking 算法有效地提高了鲁棒性和准确性。随着机器学习的发展，集成学习算法逐渐在各个领域中取得更为高效的实际应用效果，Stacking 算法及其改进算法也会随着社会发展实现其应用价值。

对于集成模型中子模型的融合策略主要有以下几种：

1. 均值法

将子学习器的预测结果求和后取均值作为最终的预测结果，也就是集成模型的预测结果。假设所选子学习器的个数为 L，每个学习器的预测结果为 $y'(x)$，则利用均值法的集成模型最终预测结果可表示为式（1-27）。

$$\hat{y}(x)=\frac{1}{L}\sum_{i=1}^{L}y_i'(x) \tag{1-27}$$

2. 投票法

投票法常用于分类问题，具体分为绝对投票法和相对投票法。绝对投票法是指若某一类别票数超过一半，则这一类就将成为最终集成模型的预测结果。相对投票法是指在投票结果中票数最多的一类作为最终预测结果，但若出现同时多个类别的票数相同且为最多的情况，那么将在这多个类别中随机选取一个作为最终预测结果。

3. 加权法

加权法是在均值法和投票法的基础上发展而来的集成模型融合方法。其核心思想是考虑了不同子学习器的差异性，根据具体情况分配各个学习器不同的权重 w_i，且 $w_i>0$，则最终集成模型的预测结果为：

$$\hat{y}(x)=\sum_{i=1}^{L}w_i y_i'(x) \tag{1-28}$$

4. 学习法

前面所提三种融合方法都需要事先设置子学习器的预测结果组合准则，或者关注不同学习器之间的差异性，容易引起预测结果的不稳定性。而学习法自主将融合策略作为训练的准则，无需人为设定，且引入了基学习器和元学习器的概念。Stacking 集成模型中的子模型融合策略如图 1-13 所示。

如图 1-13 所示，Stacking 算法是结合交叉验证的方法，将多个子学习器（基学习器）的输出结果作为元学习器的输入，即利用元学习器对子学习器的预测结果进行融合。其中基学习器可以是参数不同但算法相同的学习器，或者是不同算法的学习器，这样可以保证基模型输出结果的多样性。

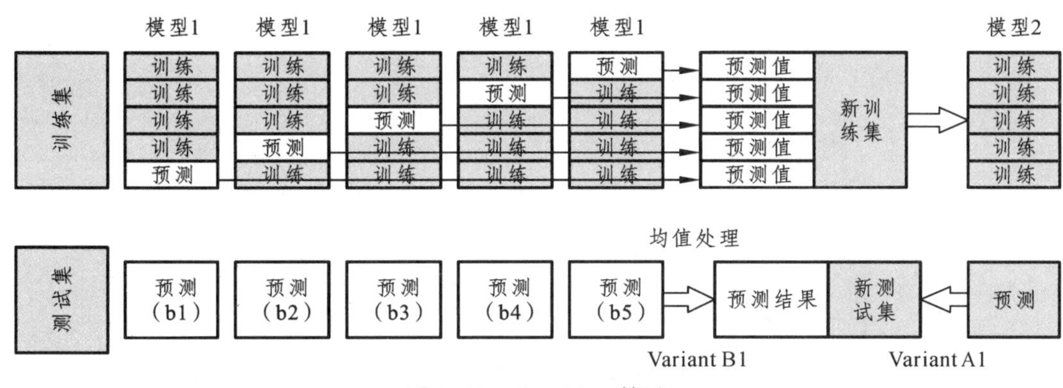

图 1-13 Stacking 算法

1.3.3 超参数优化方法

近年来，机器学习算法在众多领域中应用广泛，超参数优化问题已成为国内外学者研究更高层次机器学习算法的热点之一，利用超参数优化算法考虑如下约束优化问题：

$$\min_{x\in\Omega} f(x) \tag{1-29}$$

其中 $f(x)$ 为目标函数，Ω 是可行域。解决这类问题的方法目前主要包括穷举寻优法和智能寻优法等等。

作为穷举寻优法的典型算法-网格搜索算法（Grid Search algorithm，GS），是由 Audet 和 Abramson 两位学者提出的超参数优化方法，常用于优化较少数量超参数的模型优化问题。该优化算法首先需要设定一个有限集，在有限集中遍历寻优集成模型中子模型的超参数，最后根据验证集确定最合适（预测精度最高）的超参数组合，在寻优过程中，每个参数之间的耦合关系自动解除，可以进行同时计算。GS 优化算法其主要原理是通过穷举遍历，在有限集中找出一组局部最优，也可能是全局最优的超参数组合。

预测模型优化过程需要设定超参数的取值范围，比如集成模型中采用 SVM 作为集成模型的基学习器，如果设定参数 σ 的有限集太小，或者参数 C 的有限集太大，就会造成过拟合问题，如果参数 σ 过大或 C 过小，又会降低预测精度。利用网格搜索算法的优化过程如下图 1-14 所示。

如图 1-14 所示，利用网格搜索算法对集成模型的超参数进行优化，其具体步骤为：

（1）确定集成模型的子学习器超参数的范围，如选择 SVM 为基学习器，其超参数为核函数系数 g 和惩罚系数 C，设置惩罚系数 C 的变化范围在[$2cmin$，$2cmax$]，核函数 RBF 中的系数 g 变化范围在[$2gmin$，$2gmax$]，即在该范围内寻找最佳的参数 C 和 g，同时设定步长。建立 C-g 二维坐标系，每个坐标点就对应一组 C-g 超参数对，对二维坐标系中的每个坐标点，即网格节点进行穷举遍历，选取的超参数组合训练所提集成模型的子模型。对于集成模型来说，其子学习器的个数大于传统单一模型，因此其最终的超参数组合是在多个子模型都寻找到最优超参数的基础上构建的。

（2）利用遍历的坐标系上每一组参数组合构建集成模型，并分析预测结果，预测误差最低的一对 C-g 超参数组合作为遍历结果。

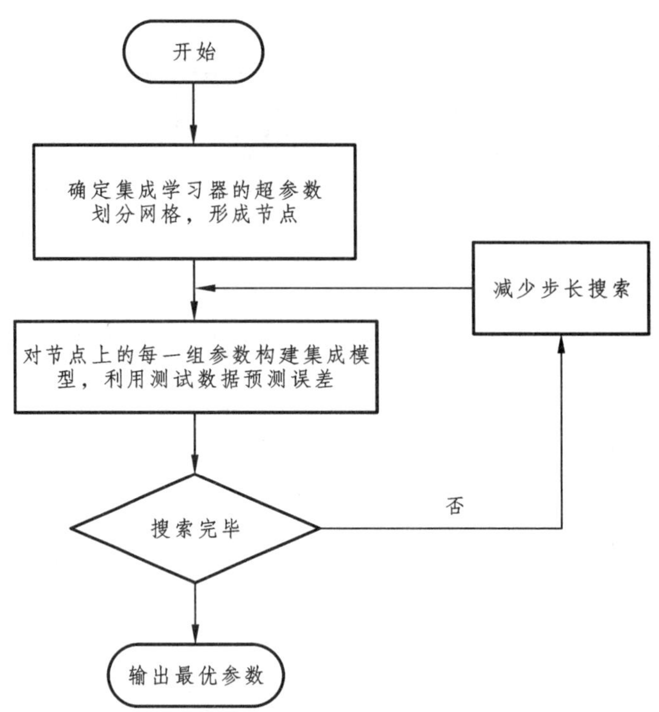

图 1-14　网格搜索算法优化集成学习器超参数

（3）选择预测误差最小的超参数，如果预测的功率值与实际值的误差在可接受范围内，即满足实际应用要求，或者满足设定的步长，则输出最优超参数组合，同时输出预测结果；如果不满足要求，则需要重新调整步长，重复上述寻优过程，不断优化。

由于所采用的发电功率历史数据集样本属性过多，可能导致预测精度不高，加上网格搜索算法对于过多的超参数穷举寻优存在预测时间过长和过拟合问题。因此在选择优化算法时，需要考虑所提数学模型和所采用的数据集的具体情况，最终选择最合适的，即达到最高预测精度的优化工具。

机器学习算法发展至今，研究学者们根据人类智能、生物进化或自然规律的特点，提出了很多智能优化算法解决更为复杂的实际工程问题。这类算法在模型的超参数寻优中发挥了重大作用，原因有以下几点：

（1）以特殊的编码形式作为运算、搜索对象，可以用于优化数值或非数值问题；

（2）无需考虑目标函数的具体值，比如是否连续、可导或存在噪声，因此可以应用于多种寻优问题中；

（3）采用随机搜索机制，解决了穷举寻优的计算冗余复杂和训练时间长的问题，提高了算法的稳定性。

因此，智能寻优法具有普适性、稳定性和全局优化能力强的特点。在这种优化算法中，比较典型的有模仿自然界生物进化机制的遗传算法（Genetic Algorithm，GA）。遗传算法是由美国 Holland 教授提出的一种基于群体的算法，个体组成的群体，其进化过程包括选择、交叉和变异操作。

本研究采用集成模型的子模型超参数较多，但迭代寻优过程保持一致，只需在步骤（1）过程中初始化多个染色体，且每个染色体的优化过程都是独立进行的，如图 1-15 所示。

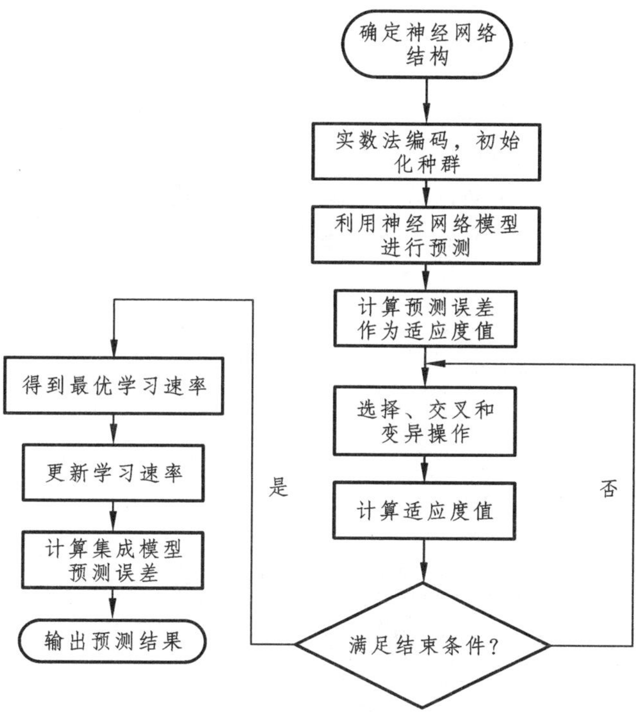

图 1-15　遗传算法优化集成学习器超参数

如图 1-15 所示，由于集成模型超参数较多，但利用遗传算法进行子模型超参数优化的寻优过程大体一致，因此以下过程以遗传算法优化神经网络的学习速率为例进行阐述，具体步骤如下：

（1）初始化种群。

在确定了神经网络的结构后，对每个个体进行采用实数编码形式，种群中的个体由集成模型中每个神经网络的学习速率组成。

（2）计算适应度值。

利用集成模型中神经网络模型进行预测，并选取判定系数 R^2 作为评估指标，即所选个体的适应度。

$$R^2 = 1 - \frac{\sum_i^n (\hat{y}_i - y_i)^2}{\sum_i^n (\overline{y}_i - y_i)^2} \tag{1-30}$$

上式中 $\bar{y}_i$ 为原始样本矩阵中 y 的均值，R^2 的大小表示所选个体描述原始数据集的程度。

（3）选择、交叉和变异操作。

因为原始发电功率数据集的维数较高，无法一次性生成涵盖所有个体的种群，因此取决于选择的随机性。随机性过程类似于基因串的交叉与变异过程，变异过程可以提高所提模型的训练质量，更有利于预测突变情况下的功率情况。在初始化的过程中生成的种群 $Population=\{H_1, H_2, \cdots, H_m\}$ 中每个个体被选中的概率为：

$$P_{H_i}=\frac{fitness(H_i)}{\sum_{i=1}^{m} fitness(H_i)} \tag{1-31}$$

其中 $fitness(H_i)$是指第 i 个个体的适应度值，且 $1\leqslant i\leqslant m$。

在选择过程中，如果迭代次数较多，计算复杂度会提高，若迭代次数太少，将会出现选择的种群遗漏掉最优的个体，因此为了方便判断所选种群的差异度大小，本研究采用方差 avg（$fitness$（H））：

$$var_{\text{Population}}=\frac{\sum_{i=1}^{m}[fitness(H_i)-avg(fitness(H))]^2}{n} \tag{1-32}$$

其中，$avg(fitness(H))$为所有种群适应度的平均值。方差的大小反映了选择、交叉和变异操作生成的种群对原始数据集的拟合度。

（4）终止条件。

当优化过程达到设定的迭代次数，或者种群的方差达到合适的程度时，就可以更新学习速率，再计算预测误差，并输出预测结果。若没有达到要求，则重新从步骤（3）开始执行。

1.3.4 小结

本节首先简述了几种目前常见的神经网络算法和经典的集成学习算法框架。接着为了方便阐述本章所提出的基于 Stacking 集成学习算法，又讨论了其框架设计与子模型的融合策略，突出了所提 Stacking 集成模型的独特性。最后，提出两种超参数优化的方法以提高 Stacking 集成模型的预测精度，依据所选择的发电厂数据集以及所提集成模型的子模型选择合适的超参数优化方法。

1.4 Stacking-GS 的联合循环电厂功率预测

1.4.1 数据标准化与相关性分析

本章实验部分的数据集来自 UCI 公共数据集：纳姆克・凯末尔大学 Çorlu 工程学院和波加济西大学计算机工程系提供的联合循环电厂数据集。该数据集反映了 2006 年至 2011 年间满负荷运行状态下联合循环电厂的发电数据，包含了 9568 个样本数据。燃气轮机性能主要由四个环境变量影响，即温度（T）、环境压力（AP）对湿度（RH）以及排气真空（V）。各变量信息如下：

① 温度（T）：1.81 ~ 37.11 °C；

② 环境压力（AP）：992.89 ~ 1 033.30 miuibar；

③ 相对湿度（RH）：25.56% ~ 100.16%；

④ 排气真空（V）：25.36 ~ 81.56 cmHg。

收集到的数据来源于发电厂内的各种传感器，每秒记录一次环境变量情况，由此得到的每小时净电能输出（EP）在 420.26 ~ 495.76 MW。

该数据集中共有 4 个环境属性，即温度、环境压力、相对湿度和排气真空；一个输出属性，即每小时的净电能输出。在数据导入时将输出功率（PE）作为所要预测的目标。

1. 数据标准化

对发电功率数据进行标准化处理后，数据缩放到[0，1]。如表 1-2 所示，其中 x^*是被标准化处理后的 *PE*。

表 1-2 对发电功率 *PE* 进行标准化处理

PE/MW	474.6	473.05	432.06	467.41	430.12	473.62	…	478.77
x^*	0.957 31	0.954 19	0.871 51	0.942 81	0.867 59	0.955 34	…	0.965 72

2. 相关性分析

由数据集可知 4 个变量均为环境属性，对变量采用二维向量的 *Pearson* 相关系数为相关性指标进行分析，确保各个自变量与因变量 *PE* 之间存在关系，防止预测数据冗余。各变量相关系数分析如图 1-16 所示。

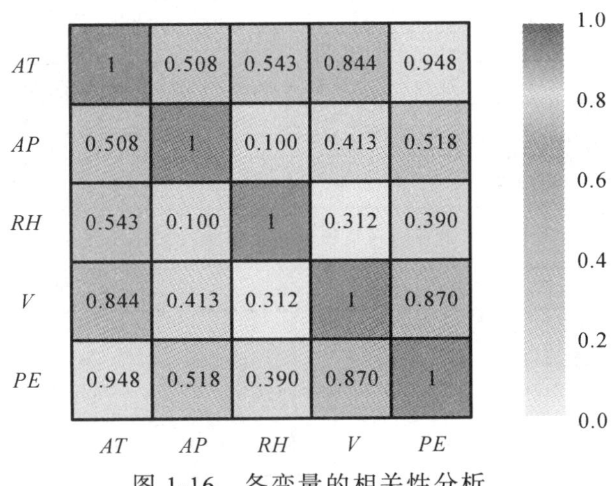

图 1-16 各变量的相关性分析

由图 1-16 可得，各变量的相关性显著，相关系数普遍较高。其中自变量 *AT*、*V* 与因变量 *PE* 间的相关系数范围在 0.8 ~ 1.0，即高度相关；自变量 *AP* 与因变量 *PE* 间相关系数范围在 0.5 ~ 0.8，为中度相关；自变量 *RH* 与因变量 *PE* 范围在 0.3 ~ 0.5，为低度相关，此外，自变量中 *V* 与 *AT* 相关性显著。因此，由图 1-16 可知 4 个自变量与因变量间均有不同程度的相关关系，可以进行后续的预测分析。

1.4.2 基于 Stacking 集成的功率预测模型

由于多环境变量的复杂性，集成模型比单个学习器预测模型更能体现群体的智慧。基于 Stacking 集成的融合模型分为两层，即基础模型和元模型。基模型的输出结果作为元模型的输入数据，基模型通常由三到五个学习器组成。过多的学习器可能会导致冗余并增加产生每个预测所需的时间：结果是通过整合两层模型来输出的。

基学习器间是独立的，与元学习器相比，Stacking 集成模型要求基学习器具有更高的学习能力。选择相关性较小的基学习器可以最大限度地发挥算法的优势，即三者相关性较小时预测效果较好。图 1-17 为 Stacking 集成示意图。

本章对联合循环电厂的发电功率进行预测，在选择子学习器时，支持向量机（Support Vector Machine，SVM）和决策树（Decision Tree）。因其理论成熟，在处理小样本、线性及高维度的回归问题上表现出特有的优势。同时神经网络（Neural Network）在进行大数据分析、处理非线性问题上具有良好的实践应用效果。

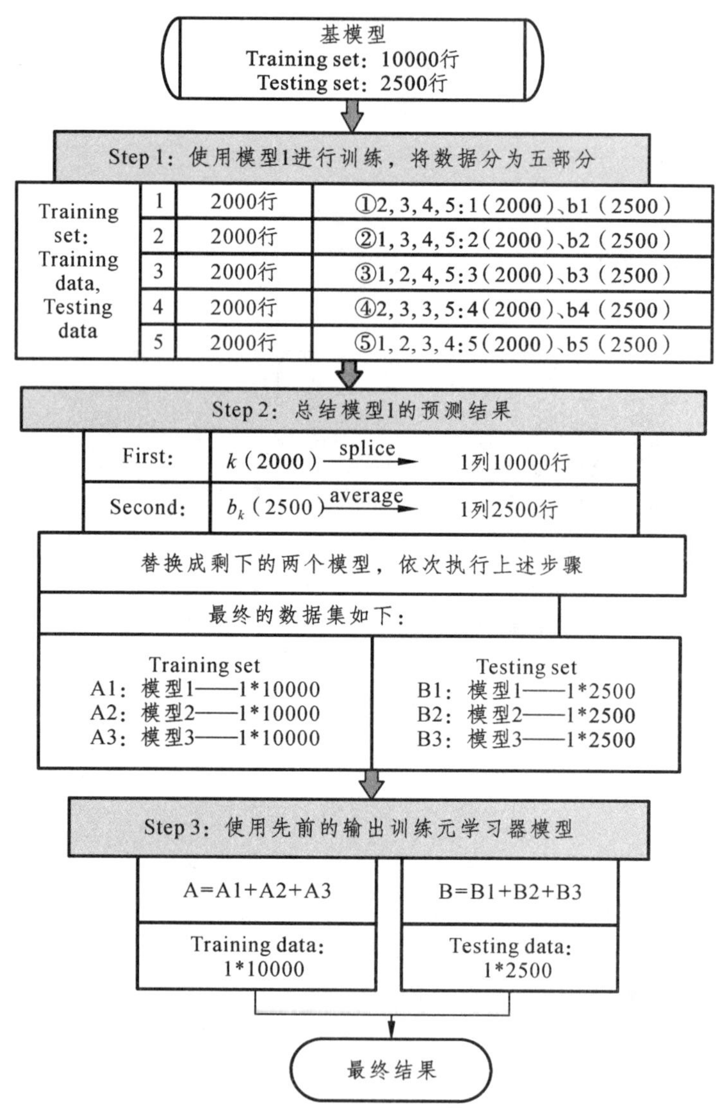

图 1-17　基于 Stacking 集成的功率预测模型（采用三个基模型）

如图 1-17 所示，Stacking 集成功率预测模型原理的具体过程分为三个步骤：

Step 1：使用基模型 1 进行训练，将数据分为五部分。

首先将数据按照一定比例划分为训练集和测试集，训练集分为五部分。基模型 1 进行了五次训练，每一次训练事件都保留五分之一的样本作为训练时的测试集。测试结果为 k（2 000），训练完成后得到预测测试集 b_k（2 500）。其中 $k\subseteq[1，5]$，2 000 和 2 500 是数据的行数。

Step 2：总结基模型 1 的预测结果。

对预测结果 k（2 000）进行积分，即将五列数据的 2 000 行拼接成一列的 10 000 行数据（A1）。对测试集的预测结果 b_k（2500）进行处理，将 5 列 2 500 行数据相加求平均值，得到一列 2 500 行数据（B1）。

Step 3：使用先前的输出训练元学习器模型。

将三个基模型训练后得到的 A1、A2、A3 相加得到元模型的训练数据，将 B1、B2、B3 相加得到元模型——人工神经网络的测试数据，然后训练元模型得到最终结果。

基于此，本章在确定基模型时采用了三种异质算法：深度神经网络、支持向量机和决策树，以及在选择元模型时，为纠正基模型中不同学习器对模型预测结果的偏差情况和防止过拟合情况的出现，将人工神经网络算法作为元学习器。

如图 1-18 所示，本节 CCPP 功率预测模型中采用了多种算法，如神经网络算法，利用其隐藏层的网络结构将原始结构映射为更复杂、更抽象的特征，使预测更加准确。同时合适的超参数可以提高神经网络模型的学习能力和预测精度，因此优化模型时超参数的选择也是实现有效预测的关键之一。采用网格搜索算法对 Stacking 集成模型的超参数进行优化，优化过程如图 1-19 所示。

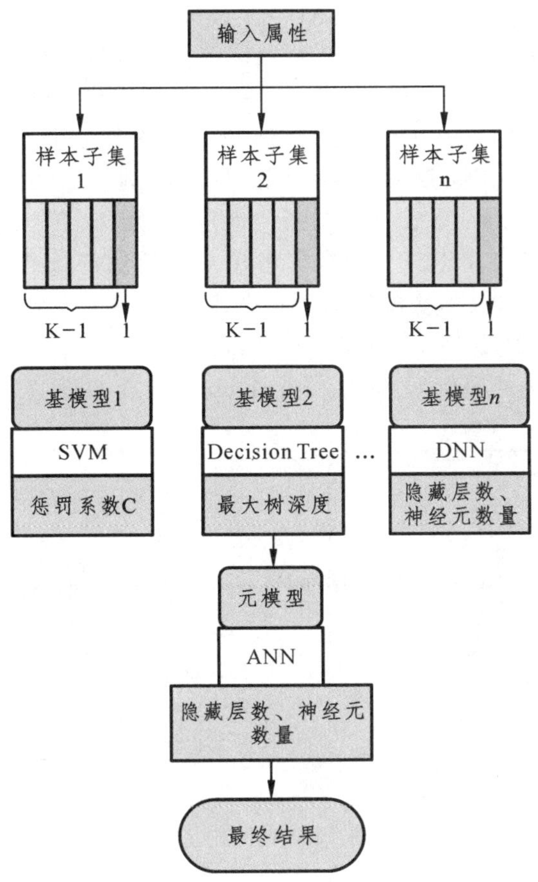

图 1-18　CCPP 发电功率预测模型

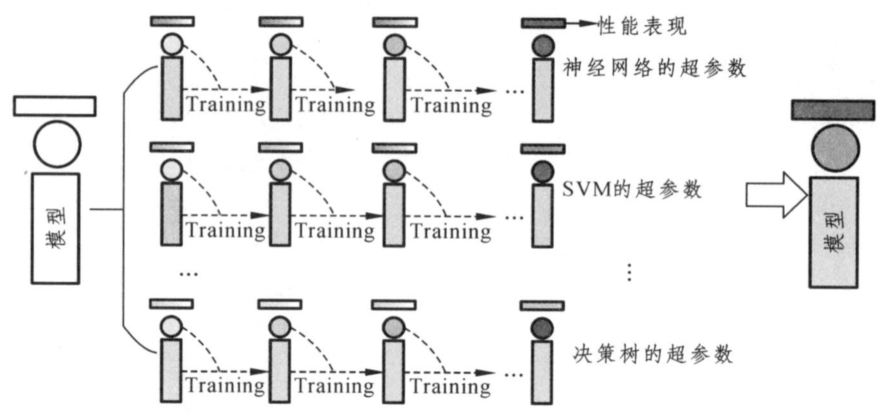

图 1-19 网格搜索算法优化基学习器的超参数

如图 1-19 所示，Stacking 模型的基模型超参数通过使用网格搜索算法进行了优化。元模型优化过程是一致的，在包含神经网络和决策树的 Stacking 集成模型中，其超参数包括神经网络的隐藏层数、每个隐藏层的神经元个数和决策树的深度等等。

1.4.3 联合循环电厂功率的算例分析

为了验证所提集成模型的预测效果，将单一算法以及其他集成方法与 Stacking 集成方法的预测效果进行对比分析，分别以支持向量机模型、决策树模型、人工神经网络模型和深度神经网络模型作为单一模型进行验证，以随机森林模型、Vote 模型和 Bagging 模型作为集成模型进行验证。为防止模型过拟合，选择 20%的数据集作为验证集。

由图 1-20 可得，对于相同数据集，不同方法之间的输出功率预测曲线差异性较大，并且可以看出所提出 Stacking 集成方法的预测性能明显优于传统单一算法。Stacking 集成方法的预测效果较好的原因在于充分发挥了各个单一算法的优势，摒弃了各个算法中较差的部分，充分发挥了群体智慧。从模型的优化角度来说，单一算法在面对复杂变量的预测问题时，容易出现局部最优的情况，而多个基学习器同时运行后再结合元模型的独特结构可有效减少陷入局部最优的风险。因此，Stacking 集成效果明显优于单一学习器。

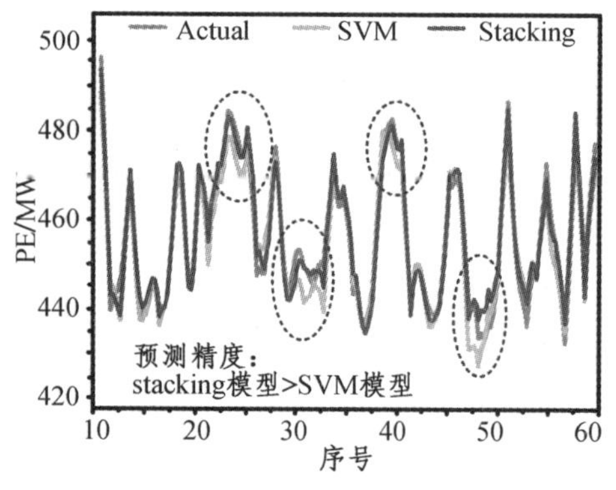

（a）支持向量机模型与 Stacking 模型预测误差的对比

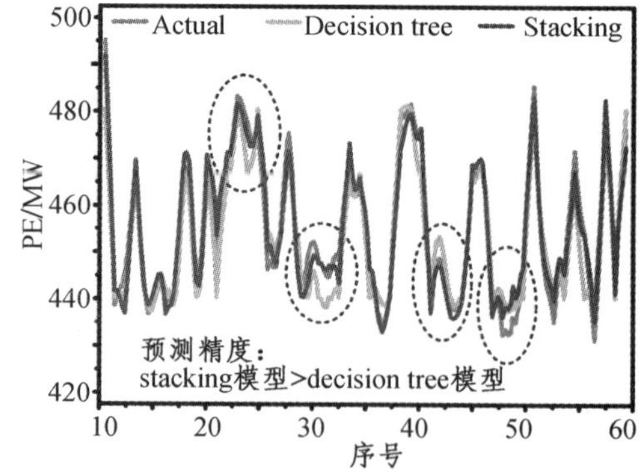

（b）决策树模型与 Stacking 模型预测误差的对比

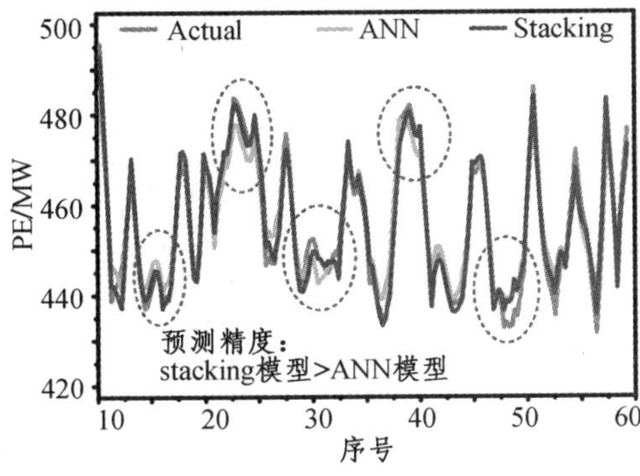

（c）人工神经网络模型与 Stacking 模型预测误差的对比

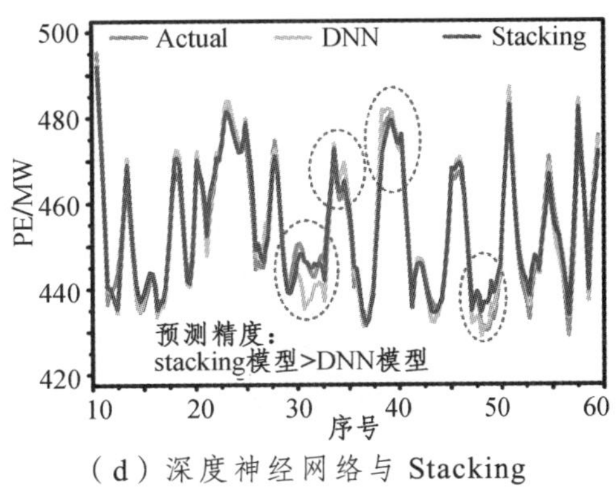

（d）深度神经网络与 Stacking 预测误差的对比

图 1-20 单一模型与 Stacking 集成模型预测误差的对比

由图 1-21 可得，集成模型中，Stacking 集成模型预测精度明显高于随机森林、Vote 以及 Bagging 集成模型，Vote 集成采用的是均值计算方式，随机森林和 Bagging 集成在处理大样本数据或高维数据时效果较差，更适合处理分类问题。

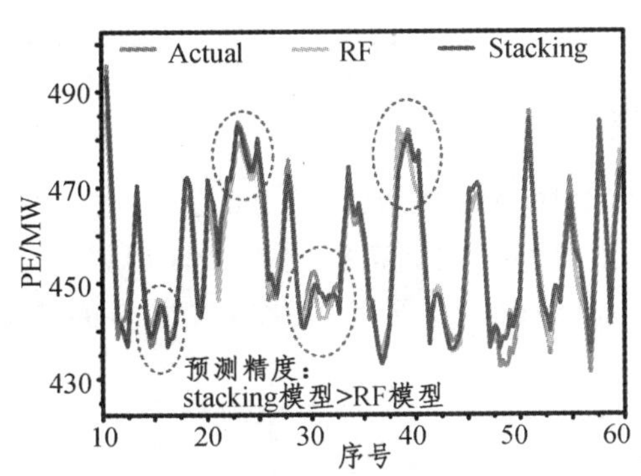

（e）随机森林与 Stacking 预测误差的对比

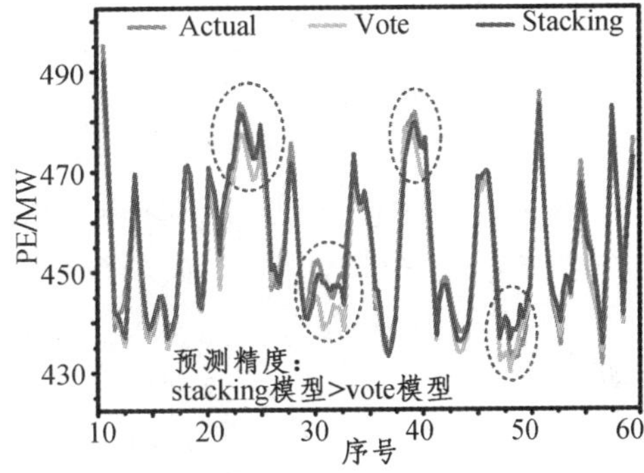

（f）Vote 集成与 Stacking 预测误差的对比

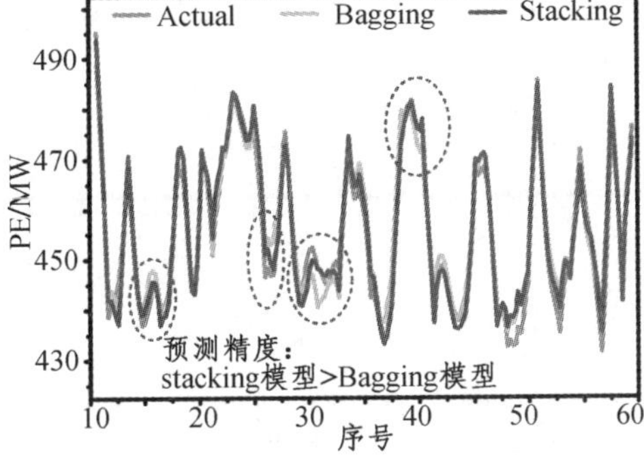

（g）Bagging 集成与 Stacking 预测误差的对比

图 1-21 其他集成模型与 Stacking 集成模型预测误差的对比

由表 1-3 可得，在预先设定的超参数下，Stacking 集成模型中的基模型采用与单一模型相同的超参数时，Stacking 集成模型的预测误差明显低于单一模型和 Vote 以及 Bagging 等集成模型。

表 1-3　各个模型的超参数及预测的误差

模型名称	超参数	*MAPE*/%	*MAE*/MW	*RMSE*/MW
支持向量机模型	核函数为径向基函数，惩罚系数 0.05	0.797	3.617	4.566
决策树模型	树深度 10	1.089	4.944	6.239
人工神经网络模型	隐藏层数 3，每层神经元个数 5，激活函数为 sigmoid	0.756	3.442	4.422
深度神经网络模型	隐藏层数 6，每层神经元个数 50，激活函数为 rectifier	0.704	3.198	4.208
随机森林模型	树深度 10，树的数目 10	0.742	3.369	4.343
Vote 集成模型	基模型为 SVM、Decision Tree、DNN	0.621	2.808	3.628
Bagging 集成模型	基模型为 DNN，隐藏层数 6，每层神经元个数 50	0.690	3.128	4.071
Stacking 集成模型	基模型为 SVM、Decision Tree、DNN，元模型为 ANN	0.577	2.615	3.501

1.4.4　GS 优化的 Stacking 集成预测模型及误差分析

就 Stacking 集成模型中的深度神经网络而言，增加网络的隐藏层数可以提高拟合非线性关系的可能性，但与此同时，网络结构的复杂化会增加模型训练时间和出现过拟合现象。由于数据集的变量维数为 5 维，因此利用 GS（Grid Search）算法优化神经网络的层数时取值范围选择在 1 ~ 10 层，分别得到的预测结果如图 1-22 所示。

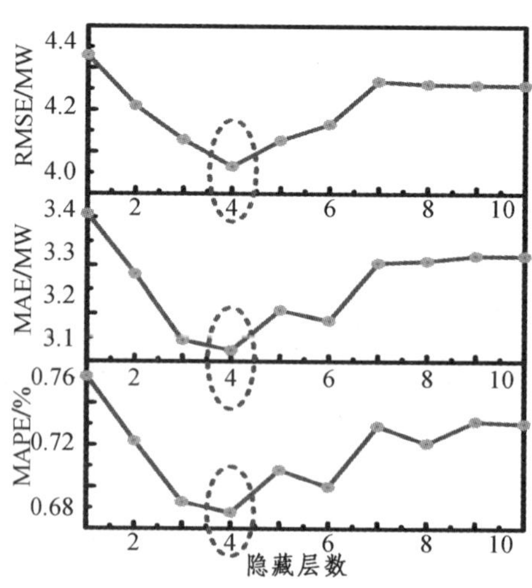

图 1-22　基模型中深度神经网络隐藏层数对误差的影响

由图 1-22 可得，基模型中深度神经网络层数小于 4 层时，误差值呈下降趋势，并在层数为 4 时取得最小值，在大于 4 层后曲折上升。因此在基模型中确定深度神经网络层数为 4。

当选择层数为 4 层后，若隐层神经元个数过多，会使得训练时间加长，甚至陷入局部最优；若隐层神经元个数过少，容易导致模型欠拟合，甚至无法训练，因此将每层神经元个数的取值范围选择在 10～100 个，进行预测并观察神经元个数对误差的影响，结果如图 1-23 所示。

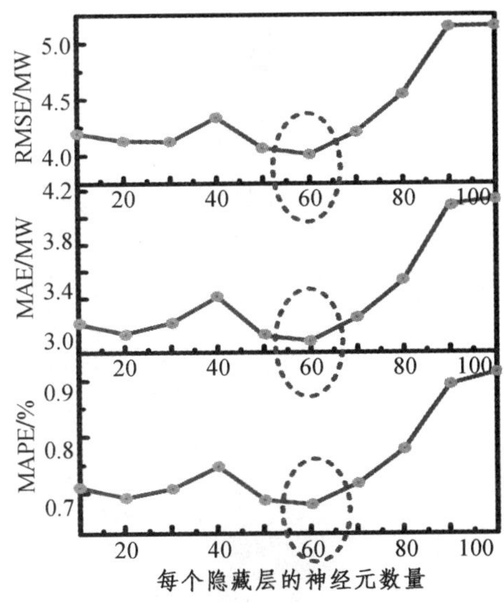

图 1-23　DNN 中每个隐藏层的神经元个数对误差的影响

由图 1-23 可确定，神经元个数为 60 时，预测效果较好。

对于 Stacking 集成模型中的决策树基模型而言，当最大树深度小于 10 时，预测误差值单调下降，说明树深度越大，对数据的拟合程度越高，如图 1-24 所示。

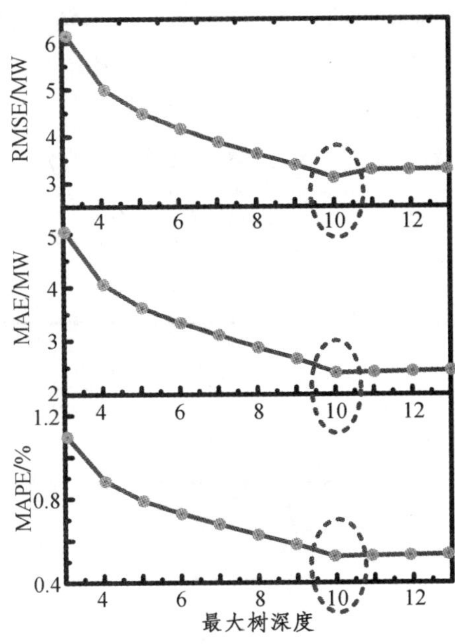

图 1-24　基模型中决策树最大树深度对误差的影响

在树深度大于 10 后，误差值无明显变化，为防止过拟合，选择最大树深度为 10 作为基模型中决策树的超参数。

元学习器算法可以对多个基模型的预测结果进行纠正，进一步降低过拟合的可能性。采用人工神经网络作为 Stacking 集成模型的元学习器，通过 GS 寻优法对神经网络的超参数进行优化，预测效果如图 1-25 所示。

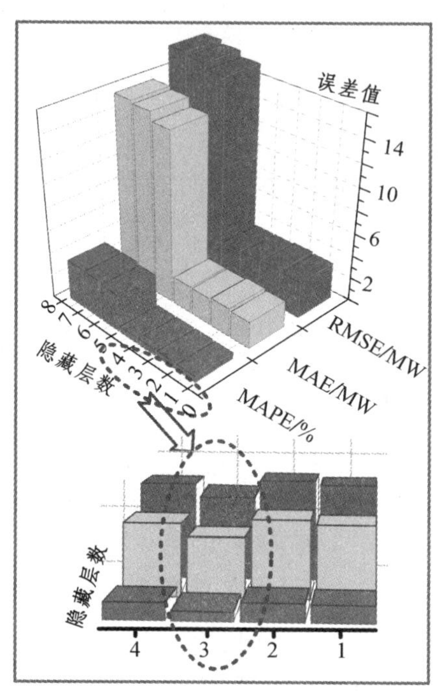

图 1-25 元模型中 ANN 隐藏层数对误差的影响

由图 1-25 可明显得知当神经网络层数大于 4 层时，预测误差显著上升，且跨度较大。因此将神经网络层数选定在 4 层以内进行优化对比实验，再将每层神经元个数的取值范围选择在 3 ~ 10 个，分别进行预测得到结果如表 1-4 所示。

表 1-4 元模型中每层隐藏层中的神经元个数对误差的影响

每层神经元个数	*MAPE*/%	*MAE*/MW	*RMSE*/MW
3	0.577	2.618	3.467
4	0.513	2.330	3.182
5	0.535	2.418	3.265
6	0.588	2.672	3.514
7	0.532	2.417	3.264
8	0.647	2.916	3.751
9	0.587	2.669	3.515
10	0.564	2.584	3.432

由表 1-4 可得，通过实验结果数据比较，人工神经网络层数为 3 且神经元个数为 4 时

各项评估指标效果较好。

在确定 Stacking 集成模型中基学习器和元学习器的超参数后，对优化的模型进行测试（图 1-26 和图 1-27）。

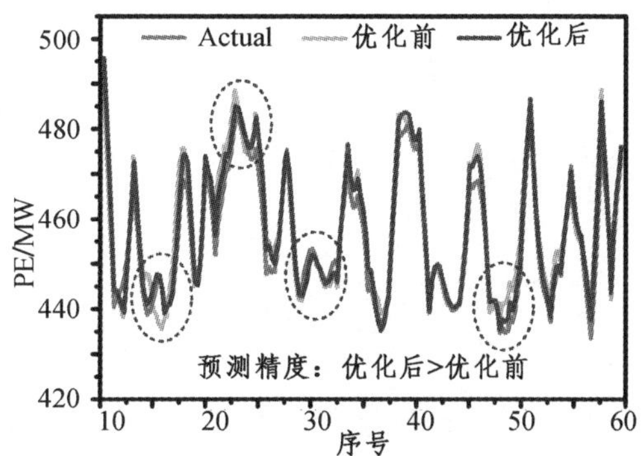

图 1-26 网格搜索优化前后的预测功率曲线对比

从图 1-26 可以看出，优化后的 Stacking 集成模型预测的输出功率值更接近实际值。因此，子模型超参数的优化提高了 Stacking 集成模型的发电功率预测精度。

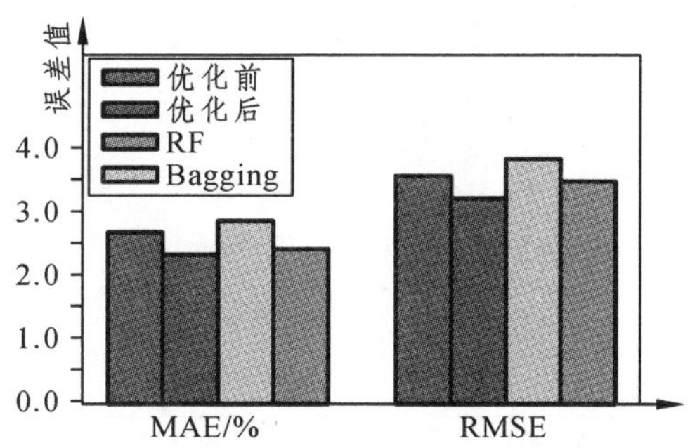

图 1-27 网格搜索优化前后误差值对比

如图 1-27 所示，超参数优化前后，Stacking 集成模型的三个评估指标均有所改善：通过与使用相同数据集的参考文献进行比较，有研究利用随机森林集成方法获得最佳性能，而基于本研究提出超参数优化的 Stacking 集成算法的均方根误差（*RMSE*）和平均绝对误差（*MAE*）在某项研究中分别降低了 9.08%和 2.91%。并且与其他研究中使用的带有 REP tree 的 Bagging 算法相比，*RMSE* 和 *MAE* 分别降低了 15.98%和 17.32%。证明了所提出的基于超参数优化的 Stacking 集成模型方法对于预测联合循环发电厂多环境变量下的发电功率是有效的。

1.4.5 小 结

本节通过构建基于 Stacking 集成的联合循环电厂发电功率预测模型，利用 GS 算法对集成预测模型的超参数进行优化，得到预测误差 *MAPE* 为 0.513%，*MAE* 为 2.330 MW，*RMSE* 达到 3.182 MW，相比于传统单一机器学习算法，提出了一种新颖的联合循环电厂在不同环境变量下的发电功率异质集成预测方法，为解决电力系统能效低、电能质量低的问题提供了一条新思路。

1.5 Stacking-GA 优化的风电功率预测

1.5.1 离散小波分解处理

本节实验部分采用的是某地区风电场的风电数据集。选择某一年间隔 15 min 的数据进行算例分析。

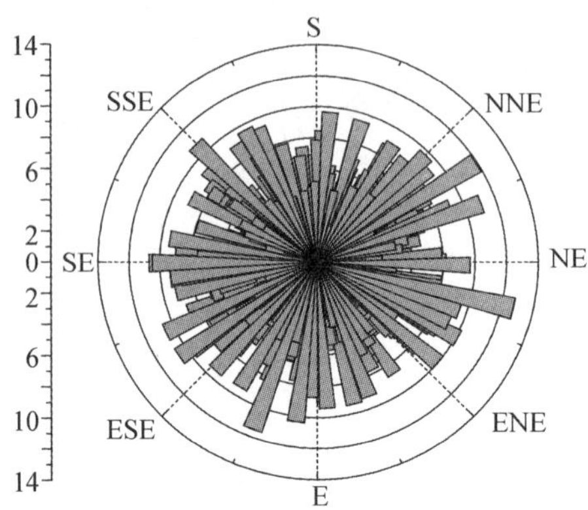

图 1-28 测风塔 10 m 高处的风向玫瑰图

图 1-28 为部分 NWP 气象风速数据，此外该数据集的风速数据还包括测风塔 30 m、50 m、70 m 以及轮毂高度的风向和风速。

表 1-5 风电数据集示例

时间	温度/°C	气压/hPa	相对湿度/%rh	发电功率/MW
2017-1-1 0:00:00	−0.77	832.0	42	43.6
2017-1-1 0:15:00	−0.75	831.6	42	46.4
2017-1-1 0:30:00	−1.00	831.0	43	48.4
2017-1-1 0:45:00	−0.98	831.0	43	48.4
2017-1-1 1:00:00	−0.98	831.0	44	52.9
2017-1-1 1:15:00	−1.04	831.0	44	56.3
2017-1-1 1:30:00	−1.18	831.0	44	58.4
2017-1-1 1:45:00	−1.22	831.0	46	53.6
2017-1-1 2:00:00	−1.24	830.7	46	49.6
⋮	⋮	⋮	⋮	⋮
2017-12-31 1:45:00	−0.79	828.0	27	26.9

如表 1-5 所示，除考虑了不同高度风速与风向的历史数据之外，该数据集中还包括温度、气压和湿度等 NWP 气象数据，以及时间序列下的风力发电功率变化数据。

为了获得更准确的预测结果，采用单一模型 LSTM 对算例中的风电功率值进行 DWT 分解参数的选择。相同的 LSTM 预测模型下，不同 DWT 参数在 MAPE 方面的比较结果如图 1-29 所示。

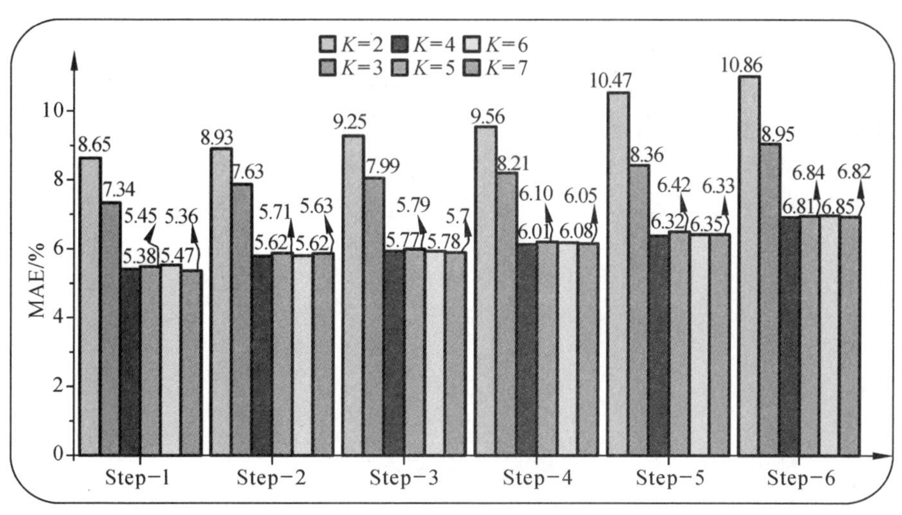

图 1-29 不同 DWT 参数的 MAPE 比较结果

由图 1-29 可得，该图不仅反映了随着预测步数的增加，预测误差逐渐累加的过程，也描述了不同 DWT 分解层数下，预测误差的变化情况。

在采用同一预测模型的条件下，采用控制变量法得出，当 DWT 的分量个数 K 确定为 4 时，1～6 步的 *MAPE* 范围在[5.38，6.81]，相比于其他所试验 DWT 分解参数的预测误差，K=4 时的预测结果更为准确。且当 $4<K\leqslant 7$ 时，甚至继续增加分解个数 K，预测误差无明显变化，反而会增加计算的复杂度，因此，最终确定分解个数为 4。利用 DWT 对算例中的风电功率进行数据分解，得到的分解结果如图 1-30 所示。

由图可得，以算例中 1000 个时间序列的发电功率为例，a_3 为保持原始风电功率实际趋势的低频近似分量，d_1～d_3 为反映随机扰动影响的高频细节分量。将分解后的分量分别利用本章所提的 Stacking-GA 模型进行预测，并将各预测结果进行叠加，即最终的风电功率预测值。

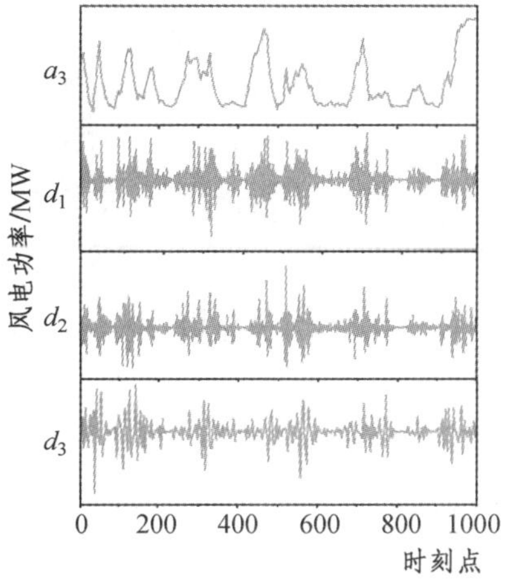

图 1-30 DWT 算法预处理后不同频率的子序列

1.5.2 多步预测框架

在风力发电功率的预测过程中，由于风的随机性和间歇性，因此要预测时间序列下当前时刻的功率值，依赖于在当前时刻之前连续时间序列下的气象数据以及发电功率数据等，而与当前时刻时空距离较大的相关数据在模型训练时应降低其权重，甚至忽略这类数据。设历史风电数据的滚动窗口大小为 i，进行风电信号 N 步预测。

$$\hat{x}_i=\mu(x_i)=W_iQ_i^{-1}\begin{pmatrix}y_{i-1}\\y_{i-2}\\\vdots\\y_{i-N}\end{pmatrix}\tag{1-33}$$

$$\sigma^2(x_i)=\Phi(x_i,x_i)-W_iQ_i^{-1}W_i^T\tag{1-34}$$

$$W_i=(\Phi(x_i,x_{i-1}),\Phi(x_i,x_{i-2}),\cdots,\Phi(x_i,x_{i-N}))\tag{1-35}$$

$$Q_i=\begin{bmatrix}\Phi(x_{i-1},x_{i-1}), & \cdots, & \Phi(x_{i-1},x_{i-N})\\ \vdots & \ddots & \vdots\\ \Phi(x_{i-N},x_{i-1}), & \cdots, & \Phi(x_{i-N},x_{i-N})\end{bmatrix}\tag{1-36}$$

在所提预测模型中采用了如式（1-33）~式（1-36）所示的滚动窗口预测技术，其中生成了表示时刻 i 的风电信号值 $y(t)$，表示时刻 $i+1$ 的风电信号预测值 $\hat{y}(t+1)$，即预测一步的期望值，同时也产生了预测的误差问题。

$$y_i(h)=E(y_{t+h})\tag{1-37}$$

$$e_{i+h}=y_{i+h}-\hat{y}_i(h)\tag{1-38}$$

其方差为

$$D(e_{i+h})=D(y_{i+h}-\hat{y}_t(h))\tag{1-39}$$

时间序列风电预测的模型输入 x^*通常由历史测量值构成，假设它是一个遵循正态分布的随机变量 $x^*\sim N(\mu,\sigma^2)$，给定显著性水平 α。在多步预测中，新的估计将被用于下一步的预测。这种不确定性在每一步都是累积的，且不可忽视。

设 $\underline{\theta}(X_1,\cdots,X_n)$，$\overline{\theta}(X_1,\cdots,X_n)$ 是参数 θ 的一个置信水平为 $1-\alpha$ 的置信区间，则对于任意 $\theta\in\Theta$，有

$$P_\theta\{\underline{\theta}(X_1,\cdots,X_n)<\theta<\overline{\theta}(X_1,\cdots,X_n)\}\geqslant 1-\alpha\tag{1-40}$$

考虑到显著性水平为 α 的双边检验

$$H_0:\theta=\theta_0,\ H_1:\theta\neq\theta_0\tag{1-41}$$

则有

$$P_{\theta_0}\{\underline{\theta}(X_1,\cdots,X_n)<\theta_0<\overline{\theta}(X_1,\cdots,X_n)\}\geqslant 1-\alpha\tag{1-42}$$

$$P_{\theta_0}\{(\theta_0\leqslant\underline{\theta}(X_1,\cdots,X_n))\cup(\theta_0\geqslant\overline{\theta}(X_1,\cdots,X_n))\}\leqslant\alpha\tag{1-43}$$

接受域为：

$$\underline{\theta}(x_1,\cdots,x_n) < \overline{\theta}(x_1,\cdots,x_n) \tag{1-44}$$

利用递归多步预测实现对风电功率的预测：

1-Step：

$$\hat{y}(i+1) = [y(1),\quad y(2),\quad \cdots,\quad y(i),\quad C_i] + a_i \tag{1-45}$$

2-Step：

$$\hat{y}(i+2) = [y(2),\quad y(3),\quad \cdots,\quad \hat{y}(i+1),\quad C_{i+1}] + a_{i+1} \tag{1-46}$$

⋮

N-Step：

$$\hat{y}(i+N) = [\hat{y}(N),\quad \hat{y}(N+1),\quad \cdots,\quad \hat{y}(i+(N-1)),\quad C_{i+(N-1)}] + a_{i+(N-1)} \tag{1-47}$$

预测误差为：

$$e_{i+N} = y_{i+N} - \hat{y}_i(i+N) = a_{i+(N-1)} \tag{1-48}$$

其中 a_i 是服从正态分布 $x^* \sim N(\mu,\ \sigma^2)$ 的白噪声干扰，C_i 表示与当前要预测时刻相关性较小的因素（NWP 气象数据等），$y(i)$表示时刻 i 的风电信号值，$\hat{y}(i+1)$表示时刻 i+1 的风电信号预测值，即一步的预测值。且由式 1-45、1-46、1-47 可知，若 $i \leqslant N$，则 N 步的预测所采用的历史风电数据全部为前 N−1 步的预测值。图 1-31 为风电多步预测模型的窗口滚动过程。

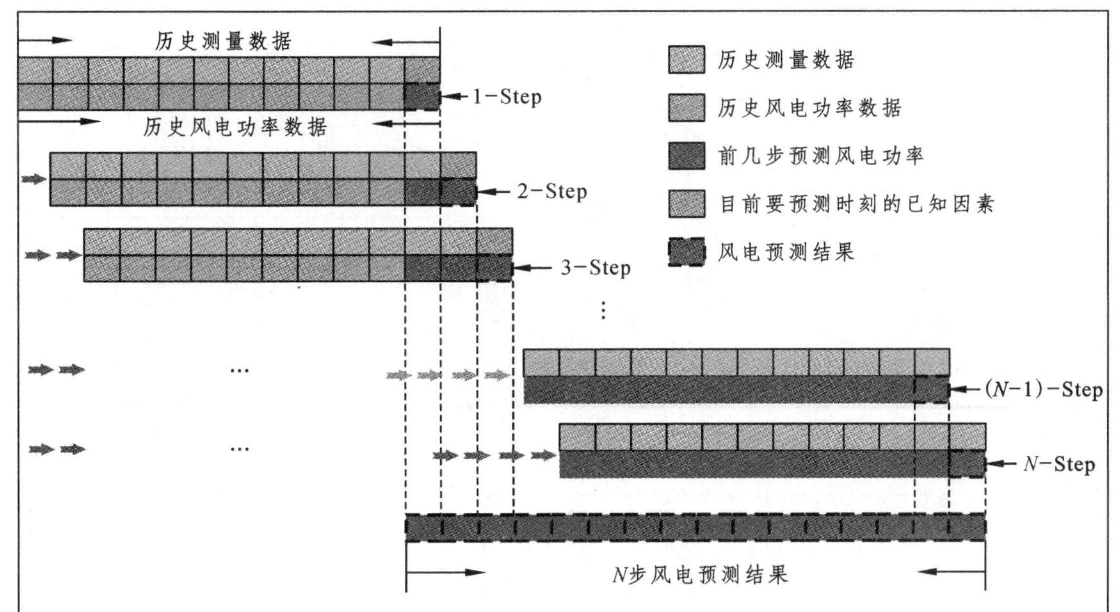

图 1-31　多步风电预测模型的窗口滚动过程

如图 1-31 所示，本研究对风电信号的多步预测通过递归法实现，将得到的预测值作为已知量构建新的数据集输入到上述预测模型中，多次递归循环，从而可实现风电信号的多步预测。在此需注意的是，结合的 NWP 数值天气数据需要考虑所处的时刻点。如预测未来 6 步的发电功率值，那么未来 6 个时间点的 NWP 数值天气数据也是未知的，但由于数值天气数据是跟随时间连续变化的，因此在预测短期发电功率值时，可利用未来 6 个时间点前一个时刻的 NWP 数值天气数据作为未来时刻预测的相关因素。

1.5.3 基于 LSTMs 的 Stacking 集成预测模型

由于风速的不确定性和随机性，即使将信号分解为不同频率的分量，单一的预测模型也无法获得准确的预测结果。因此，本研究采用多个 LSTM 的 Stacking 同质集成模型。利用 LSTM 独特的网络结构，克服 RNN 在解决长期依赖问题上的局限性。并利用多个不同超参数的 LSTM 进行组合，发挥 Stacking 集成算法取长补短的优势。所提集成方法的结构如图 1-32 所示。

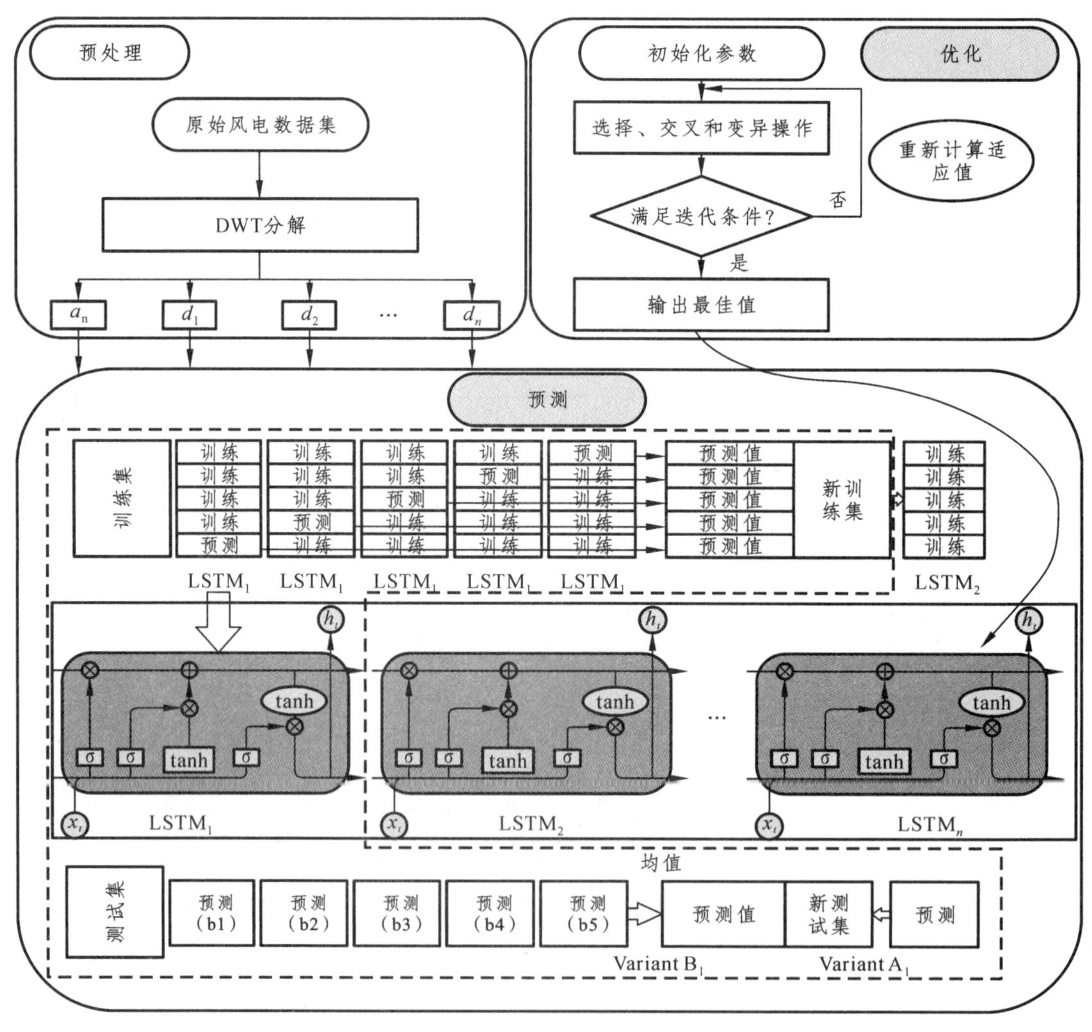

图 1-32 所提方法框架

如图 1-32 所示，所提出的集成方法主要由三种不同颜色的部分组成，绿色框线部分采用 DWT 将原始信号分解为高频分量和低频分量。在黄色框线区域，采用多个 LSTM 的

Stacking 集成算法对每个分量进行预测分析。此外蓝色框线部分采用遗传算法对每个分量搜索集成模型的最优超参数组合。

模型具体建立步骤为：

（1）使用 DWT 对原始风电功率进行分解，得到多个子序列分量；

（2）对每个子序列结合其他历史数据（NWP 数据、历史功率数据）分别建立基于 LSTM 的 Stacking 集成预测模型：

① 使用 $LSTM_1$ 进行五折交叉验证。

将数据按照一定比例划分为训练集和测试集，训练集分为五部分分别进行训练，每一次训练都保留五分之一的样本作为训练时的测试样本，记每次的预测结果为 T_i。同时对测试集进行预测，结果记为 P_i。

② 总结 $LSTM_1$ 的预测结果。

对预测结果 T_i 进行整合，即将五列数据的拼接成一列数据（A_1）。对测试集的预测结果 P_i 进行处理，将 5 列数据相加求平均值，得到一列数据（B_1）。

③ 使用先前的输出训练元学习器模型。

将多个基模型训练后得到的 $A_1, A_2, \cdots, A_n$ 相加得到元模型的训练数据，将 $B_1, B_2, \cdots, B_n$ 相加得到元模型的测试数据，然后训练元模型得到最终结果。在训练的过程中，结合遗传算法对子模型的超参数（如 LSTM 的学习速率）进行迭代寻优，选择最优的一组超参数。

（3）利用优化得到的超参数组合更新预测模型后对风电功率进行预测。

（4）每个分量的预测过程完成后，将各分量的预测值相加得到最终的风电功率预测值。

（5）将上一步的预测值作为下一步预测的训练集，以此进行风电功率的多步预测。

（6）与实测数据比较，进行误差分析。

1.5.4 风电场的算例分析

首先针对风电序列的随机性和间歇性，采用 DWT 对原始风电功率进行分解，得到多个子序列，这一操作大幅提高了模型的预测精度，如图 1-33 所示。

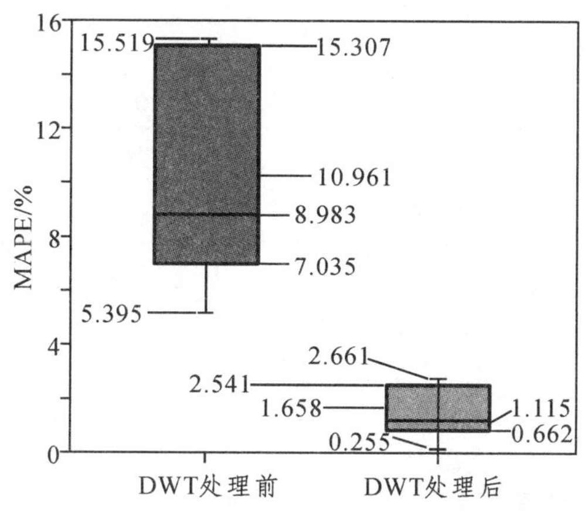

图 1-33　DWT 处理前后的预测误差箱形图

如图 1-33 所示，采用所提方法对功率进行预测，以未进行分解操作的所提方法为基准，分解后模型的 *MAPE* 明显降低。因此在本研究提出的风电功率预测方法中，进行 DWT

分解操作是有效的。将 DWT 分解后的各个分量与测风塔不同高度的风速风向、温度和湿度等 NWP 数据输入到所提模型中，对风电功率分别进行 1～6 步预测。

同时为了进一步验证所提模型的有效性，除利用传统单一模型构建风电预测模型之外，在子模型的选择上另外采用了 5 种预测模型（RNN、CNN、DNN、SVM 和 Decision Tree），在集成模型的选择上采用了 3 种预测模型（Bagging、Random forest 和 Vote），分别进行相同风电功率数据集的多步预测。其中所有预测模型的数据预处理过程均保持一致。

如表 1-6 所示，利用某单一模型对相同数据集进行风电功率预测得到的预测效果，明显低于将这个单一模型作为 Stacking 集成模型中子模型的预测性能，原因在于 Stacking 集成独特的两层结构能减少单一模型预测出现较大误差的情况，证明了采用 Stacking 集成模型的可行性。此外，在 Stacking 的子模型中，本研究所提模型的 1～6 步确定性预测中的 MAPE 均低于 3%。

表 1-6　多种模型的风电功率预测误差

预测模型		*MAPE*/%					
		1-Step	2-Step	3-Step	4-Step	5-Step	6-Step
单一模型	SVM	3.674	5.341	5.997	7.151	7.964	8.977
	Decision Tree	1.962	2.836	3.451	4.964	5.967	6.857
	DNN	1.292	1.996	2.635	2.702	3.448	3.995
	CNN	1.248	1.887	2.291	2.755	3.243	3.846
	RNN	1.536	2.332	2.745	3.312	3.942	4.684
	LSTM	1.163	1.525	1.913	2.561	2.926	3.661
选择不同子模型的 Stacking 集成模型	SVM	2.863	4.213	4.635	6.671	7.652	8.454
	Decision Tree	1.162	2.363	2.854	4.655	4.967	5.721
	DNN	0.584	0.936	1.501	2.588	2.631	2.988
	CNN	0.397	1.146	1.842	2.211	2.869	2.966
	RNN	0.544	0.979	1.502	2.138	2.741	3.162
	LSTM	0.271	0.680	1.204	2.112	2.592	2.673
集成模型	RF	1.052	1.821	2.063	2.262	2.637	3.112
	Bagging	0.623	1.215	1.695	2.363	2.725	3.025
	Vote	0.453	1.163	1.252	2.451	2.862	3.785

为了更直观的反映集成模型的预测效果，利用模型的改进率（INDEX）对选择不同集成模型和不同子模型的预测性能进行分析和比较，如表 1-7 所示。

表 1-7　不同模型间指标的提升率

预测步数	*INDEX*/%							
	选择不同子模型的 Stacking 集成模型					集成模型		
	SVM	Decision Tree	DNN	CNN	RNN	RF	Bagging	Vote
1-Step	90.534	76.678	53.596	31.738	50.184	74.240	56.501	40.177
2-Step	83.859	71.223	27.350	40.663	30.541	62.658	44.033	41.531

续表

预测步数	INDEX/%							
	选择不同子模型的 Stacking 集成模型					集成模型		
	SVM	Decision Tree	DNN	CNN	RNN	RF	Bagging	Vote
3-Step	74.024	57.814	19.787	34.636	19.840	41.638	28.968	3.834
4-Step	68.341	54.629	18.393	4.478	1.216	6.631	10.622	13.831
5-Step	66.127	47.816	1.482	9.655	5.436	1.706	4.881	9.434
6-Step	68.382	53.277	10.542	9.879	15.465	14.107	11.636	29.379

如表 1-7 所示，*INDEX* 指标均为正值表明，在相应的比较模型的基础上，本研究所提出的预测模型可以减小预测误差。其中在子模型的比较中，所提出的 LSTM 模型与其他神经网络类的比较模型相比改进率虽不是那么高，但也存在明显变化，这是因为其它神经网络类模型容易出现过拟合和欠拟合的问题以及梯度消失的问题，而 LSTM 在一定程度上解决了这些问题。在集成模型的比较中，如相比于本研究采用的 Stacking 模型，Vote 模型没有一套系统的理论支撑，采用的是均值计算方式。

利用所提的功率预测方法对时间序列风电功率进行重复实验，每次实验将滚动窗口向前移动一步，重复进行 6 步预测。将风电功率的预测值与实际值进行比较，计算预测结果中的误差，并拟合误差结果的概率分布曲线，如图 1-34 所示。

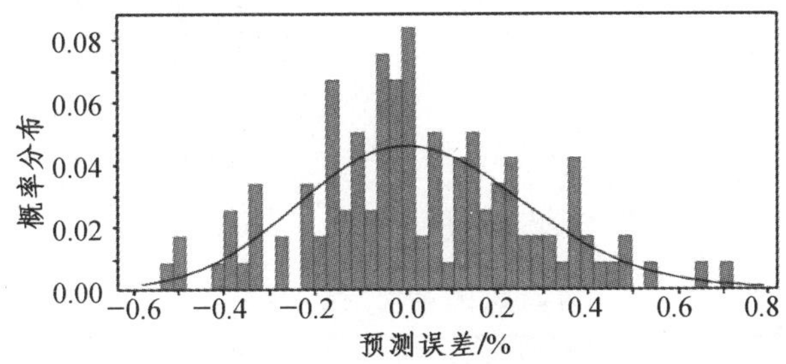

图 1-34　预测结果中误差的概率分布

图 1-34 为预测结果误差的概率分布拟合曲线，误差绝对值在 0 ~ 0.8。根据显著性水平划分概率分布后，可以得到图 1-35。

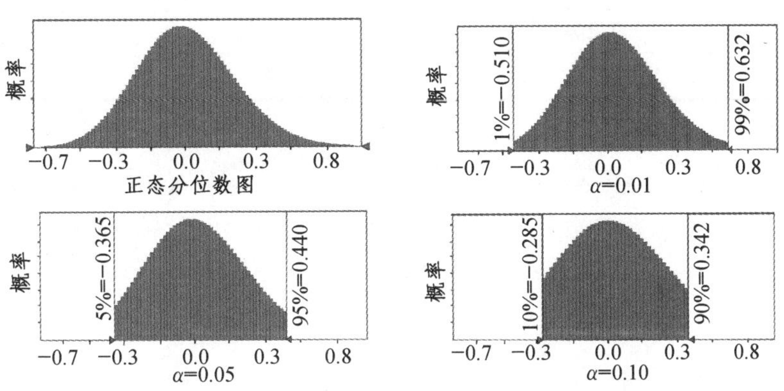

图 1-35　不同显著性水平的概率分布曲线

从图 1-35 可知，α=0.01 的置信区间为[−0.510，0.632]，α=0.05 的置信区间为[−0.365，0.440]，α=0.10 的置信区间为[−0.285，0.342]。仿真结果证明，该模型具有较好的预测性能，可普遍应用，为决策者提供有力支持。

1.5.5 GA 优化的 Stacking 集成预测模型及误差分析

为分析超参数优化对风电功率预测精度的影响，选取同样的风电数据集并将进行优化前后的预测结果比较。在本研究中，对于所提出的 Stacking 集成模型所选择要优化的超参数主要指子模型 LSTM 的学习速率，并通过不断地迭代寻找最优学习速率，利用 GA 寻优的迭代曲线如图 1-36 所示。

由图 1-36 可知，在前 119 个周期内，模型的学习速率在 0.05 ~ 0.92 间波动较大，随后模型逐渐收敛，最终找到了所提模型的最优学习速率为 0.062。

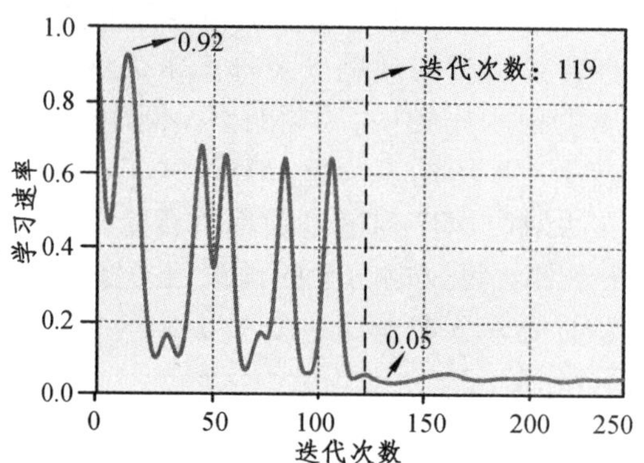

图 1-36 遗传算法的迭代收敛曲线

超参数优化后的模型改善率如表 1-8 所示。

表 1-8 超参数优化前后的预测误差对比

预测步数	*MAPE*/%		*INDEX*/%
	优化前	优化后	
1-Step	0.271	0.255	5.904
2-Step	0.680	0.662	2.647
3-Step	1.204	1.115	7.392
4-Step	2.112	2.046	3.125
5-Step	2.592	2.541	1.967
6-Step	2.673	2.661	0.448

如表 1-8 所示，虽然超参数优化前后对功率数据的变化趋势均有不错的预测结果，但采用超参数优化后的模型相比于未优化模型的改进率为正值，即预测的风电功率更接近实际值。

1.5.6 小　结

本节提出了一种新颖的同质集成预测方法，将多个 LSTM 嵌套在 Stacking 模型中，并对子模型的超参数进行优化。由于所提方法将多个不同超参数的机器学习算法进行有机结合，因此其预测结果更为有效。通过风电算例证明，所提出的基于 Stacking-GA 的风电功率预测方法相比于现有方法具有更精确、更稳定的多步预测性能，1 步至 6 步的 MAPE 控制在 3%以内，误差绝对值在 0 ~ 0.8。目前风力发电资源是世界上发展最快的可再生能源，该方法可为电网的安全运行带来巨大的好处。

1.6 本章总结

现代工业的发展带来了社会的进步，但同时给自然环境和人类生活也带来了巨大影响。就电力系统而言，电力的发展满足了人类的基本生活条件，但也造成不可再生能源的逐渐枯竭，自然环境逐渐恶化。因此，如何提高化石能源的利用效率以及实现可再生能源的大规模并网对于电力系统来说至关重要。然而，利用燃气轮机和蒸汽轮机的结合达到能源循环利用的联合循环电厂，在发电机组的温度、湿度等多环境变量下难以实现对发电功率的准确预测。且在可再生能源方面，风能的开发与利用受到世界各国的青睐。但由于风的间歇性和随机性等特点，给电力系统供给侧带来了一定的威胁，而实现对风力发电功率的准确预测可以有效降低风险。发电厂根据发电功率的预测情况调整发电能源的消耗量以及机组的运行方式等等，在很大程度上给电力系统的安全运行提供了保障，降低了能源利用成本。本文对发电功率的预测问题提出基于 Stacking 集成与超参数优化的方法，同时进行了以下研究：

（1）基于 Stacking 集成的异质模型融合思想，针对联合循环电厂的能源循环过程，考虑多环境变量下复杂的发电情况，提出基于 Stacking-GS 的联合循环电厂功率预测方法。为减少不同量级和冗余变量带来的预测误差问题，对收集的数据进行标准化处理和相关性分析。利用 Stacking 集成的框架特点，融合差异性较大的几种基学习器，深度神经网络、支持向量机和决策树，以及在选择元模型时，选择人工神经网络作为元学习器，并利用 GS 对子学习器的超参数进行优化。以某联合循环电厂的 9000 多个数据点作为算例进行预测与分析，结果表明，所提方法相比于传统单一机器学习方法以及其他集成方法，有效提高了联合循环电厂的发电功率预测精度。

（2）基于 Stacking 集成的同质模型融合思想，针对风能固有的波动性和间歇性，考虑连续时间下不同高度测风塔的风向风速变化，提出基于 Stacking-GA 的风电功率预测方法。将风电信号利用小波变换分解为多个模态，以减少风信号在预测过程中的波动行为。利用 LSTM 消除输入之间的长时间滞后，克服梯度消失问题，适用于非线性预测的优点，将多个 LSTM 嵌套在 Stacking 集成模型中。同时为了解决 Stacking 集成模型的超参数难以确定问题，采取了 GA 寻优法对预测模型的超参数进行了调整。将某地区风电场的实际运行数据作为该预测模型的算例，进行 1 ~ 6 步的风电功率预测，证明了所提方法的有效性。

2 基于集成学习的用户异常用电检测方法

2.1 引 言

2.1.1 本章研究背景及意义

电力工业作为支撑国家战略发展的重要支柱产业之一，其健康稳定发展关系到社会的平稳运转。而电能作为全社会必不可少的基础性能源，自然而然受到了电力企业的高度重视。如何提高供电可靠性和满足企业和人民多种多样的服务需求，成为了电力企业的重中之重。

输配电过程中的电能损耗对电力系统安全、优质和经济运行影响巨大，主要包括技术性损失和非技术性损失。技术损失是能量传输固有的损耗，这一部分损耗不可避免，只能通过提高输送电压等一些手段减少损耗。而非技术性损失主要由用户的窃电行为间接导致，造成供电公司的净利润大量流失，在科技飞速发展的今天，甚至还出现了比特币挖矿窃电等新颖的窃电手法，使得企业用电管理和调度形势更加严峻。窃电现象在某些国家较为严重，据统计，在有的国家非技术损失占全国用电量的 6.42%，而在部分其他国家，这一数值达到了惊人的 16.85%和 26.2%，中国近几年来每年由窃电所带来的经济损失也不少。电力公司目前的窃电检测方法主要是通过人工稽查的形式去查看电表是否异常，不仅效率低下，而且准确度也得不到保障。如今，窃电方式更先进化、多样化和隐秘化，这与相对落后的传统的异常用电检测技术及用电管理模式的矛盾日益突出，因此如何提高异常用电检测效率和准确率的问题亟待解决。

现如今，智能电网不断发展，高级量测体系（AMI）日益完善，智能电表作为高级量测体系重要组成部分，高频率采集到大量的用电负荷数据，为解决异常用电检测问题提供了新的方向。智能电网将信息流和能源流相结合，通过先进的数据挖掘技术对用户负荷数据进行深入分析和挖掘，可以发现窃电者异常的用电行为模式，对提高窃电检测精度和效率、降低电网非技术性损失有着重大意义。

基于以上背景，本章依托数据挖掘理论，构建了适用于异常用电检测的集成学习模型，研究异常用电检测的意义主要总结为以下几点：

（1）有效减少电网的非技术性损失，保证电力公司的切实经济利益。

（2）提高窃电检测效率，代替传统人工稽查模式，提高电力公司的服务水平。

（3）准确定位窃电用户，有效地震慑不法分子窃电的犯罪行为，可以大大降低窃电案件的发生率。

总之，将数据挖掘理论与先进的人工智能算法结合运用到窃电检测领域，可以为电网公司准确识别窃电用户提供有效的理论支撑，提高电力工作人员的工作效率，还能够更好地提高电力企业的服务管理水平。

2.1.2 研究现状

尽管在努力建立合法化和标准化的电力销售环境的同时,加大了对于非法窃电用户的打击力度,但是,某些不良企业和个人用户在巨大利益的驱使下,仍然冒险采用各种先进的手段进行偷电、窃电等非法行为。究其原因主要是大多数电力企业目前采用的传统的物理窃电检测方法很难适应当今越来越隐蔽和先进的窃电手法。传统的物理窃电检测方法主要有人工巡检、线损分析、电量分析和功率因素分析等四类,如图 2-1 所示。

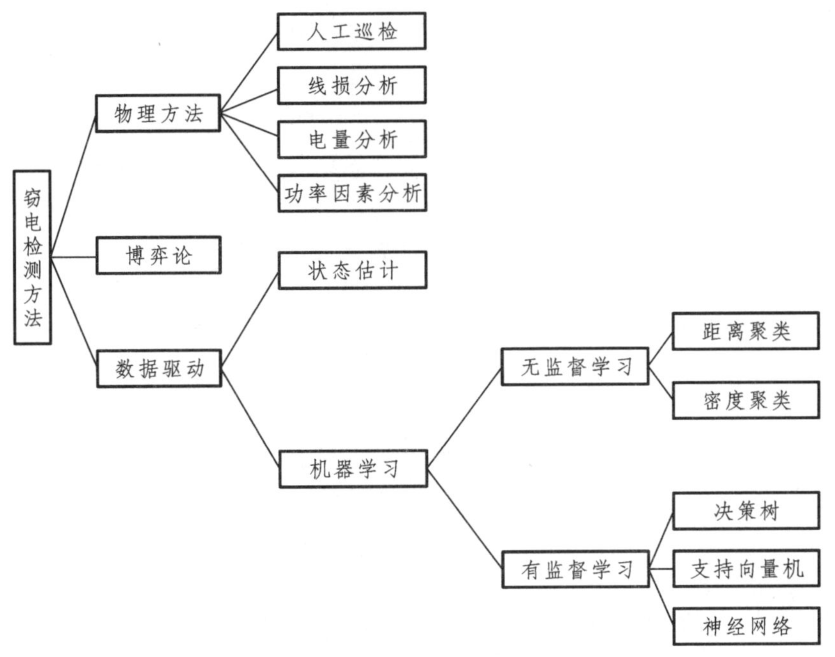

图 2-1 窃电检测方法分类

人工巡检通过专门的巡检人员定期检查电能计量装置的使用情况,结合自身经验,判断当前用户是否存在异常。线损分析方法将重点锁定在线损率较高的区域,对其进行重点排查,从而找到异常用电的用户,可以在一定程度上提高稽查效率。电能分析法通过分析智能电表的相关电能消耗参数来识别窃电。如果相关的功耗参数偏离其正常范围很远,则该用户被确定为潜在的窃电用户。功率因数分析法则通过分析电能计量设备反馈的功率因数值间接推断用户是否存在窃电行为。正常用户的功率因数处于稳定状态,而非正常用户的电能计量设备反馈的功率因数波动较大。传统的窃电检测方法不仅耗费巨大的人力物力,而且检测精度和效率也不尽如人意。

第二类是基于博弈论的检测方法,在经济领域应用较为广泛,主要研究的是双方利益关系之间的相互博弈,有学者将此技术延伸到异常用电检测领域。电力公司与窃电用户之间的关系可以抽象为一个博弈的过程,在此决策过程中,双方的目的都是寻求自身的利益最大化。窃电用户与正常用户的决策行为会有明显的区别,表现在用电量和用电费用的分布上相应地也会受到影响,正是基于这种差异来识别窃电用户。有研究方法提出了一种基于双层电力市场结构的贝叶斯竞价博弈模型,提高了竞价市场的效率并降低售电公司的风险。有研究方法通过结合窃电比例和讨论电价等重要参数和似然比检验来建立博弈模型。

但该方法仅仅是理论上的模拟，并没有在实际情景下进行验证。有研究方法将蜜罐技术运用到博弈论，建立相关的博弈模型找到对于博弈双方之间的最佳策略。但该方法没有考虑不同用户用电习惯存在的差异，且只是经过了理论的论证和分析，是比较理想化的状态，同样没有得到有效的实际验证。总体来说，基于博弈论的方法在异常用电检测领域的应用还处在发展阶段，并没有得到太多实际的应用。因此，该方法在窃电检测中的进一步研究需要解决一些实际的问题。

目前异常用电检测发展的趋势是基于数据驱动的方法，又可分为两大类：分别为基于状态估计和基于机器学习的异常用电检测方法，随着越来越先进的人工智能算法得到突破和应用，后者也是未来异常用电检测研究发展的趋势。

第一类是基于状态估计的方法，由于电网自身的物理特性导致了各个节点的电压和功率等状态量具有强耦合性，同时满足有功和无功功率等约束方程，所以可以根据其他节点的量测量估计目标节点的状态量，电网本身也需要进行状态估计。有研究方法使用加权最小二乘法来估计系统的状态，然后建立有效的系统目标函数用于异常用电检测。该方法检测精度高，误检率低，但速度较慢，且需占用大量的内存，对计算机的性能配置要求较高。另外该异常用电检测方法需要结合配电网的拓扑结构与相关的节点电压、电流、注入功率等参数，而实际配电网络的拓扑结构和相关参数需要随着结构的变化而不断调整，模型的建立比较复杂。有研究方法在数据挖掘技术的基础上，将窃电分析预警系统部署在大数据平台上，从而可以实现三相电压电流以及线损的全过程一体化分析与计算，具有一定的创新性。状态估计法往往需要知道电力网络的拓扑结构和各个节点具体的量测信息，一旦实际配电网的拓扑结构改变，该类方法的检测效果就很难保证，因此该类方法并不适合电网的大规模实际应用。

第二类是基于机器学习的模型，近几年来，通过科学家和学者的不断努力，机器学习算法取得长足发展，越来越多的机器学习算法被运用到电力用户用电信息的挖掘，通过分析可以迅速找到数据集中潜在的信息，从而进行窃电用户的识别。机器学习之所以受到青睐，主要由于它极强的训练学习能力，只要有相对完整的训练数据集，模型就可以快速学习到数据的内在规律，整个过程没有人为干预，需要做的只是设置好模型的各个参数。

机器学习可分为无监督学习和有监督学习。无监督学习旨在揭示无标签数据中的隐藏模式，用于异常用电检测领域的无监督学习算法主要是基于距离和基于密度等聚类原理的离群点检测方法。基于距离的聚类方法将用户的特征集合经过距离划分后，将离聚类中心较远的离群点视作异常点。有研究方法采用模糊 C 均值方法对用户用电数据集进行聚类分析，数据集包括工业、商业、居民及政府单位的用电负荷，通过计算用电量与所属聚类簇典型向量间的欧氏距离，来评估其存在窃电的风险。有研究方法针对采用欠压法和欠流法窃电的用户，通过分压或分流窃电时的计量数据对应离群点的特征，尤其针对高损台区的一些低压用户进行聚类分析。基于密度聚类的基本原理可以理解为将零散的低密度区域的点定义为异常点。有研究方法结合线损相关性分析与针对日负荷曲线的密度峰值快速搜索聚类，采用爱尔兰当地用户 500 日的用电负荷数据进行异常用电检测。仿真结果表明，模型的 MAP 值和 AUC 值在不同窃电形式下均可达 70%以上。有研究方法通过提取主成分因子和网格化的局部离群因子法检测离群的异常用户，可以快速定位低密度区域的数据点，减少算法运行的时间。

有监督学习通过分析有标签的训练集推算出一个函数或某种关系，并以此对新的数据进行定位。目前专家学者们已经将各种有监督学习算法应用于异常用电检测领域，并取得了不错的效果。典型的算法有决策树、支持向量机、BP 神经网络，各种深度神经网络以及它们的改进模型。有研究方法采用决策树和贝叶斯网络的组合模型来识别异常用电的用户。实验结果表明，该组合检测方法具有较高的检测率，并且对各种不同的窃电手法泛化性能良好。有研究方法将用户信用评级作为特征输入，使用 SVM 作为异常用电检测分类器，并对 SVM 的相关参数进行了优化。有研究方法建了基于 BP 神经网络的窃电检测模型，并具体分析了运用 BP 神经网络在进行异常用电检测时应注意的一些问题。有研究方法构建了实值深度置信网络的异常检测模型，并利用萤火虫算法进行超参数优化，也取得了不错的效果。有研究方法使用 LSTM 与 MLP 的混合深度神经网络进行窃电检测，实验结果证明了该方法相比常见的机器学习方法准确率更高。

目前针对异常用电检测的数据挖掘算法仍存在着一些局限性。首先，大部分的异常检测算法极其依赖数据的纯净度，现实情况下，用电数据的复杂度较大的问题没能很好的解决，这也极大影响了模型最终的检测效果。其次，目前异常用电检测算法大多只针对特定的行业或特定的数据进行建模，对实际中跨行业杂糅用户用电行为的泛化能力不强。

2.1.3 本章主要内容

全章结构及内容安排如下：

（1）从总体上介绍本文的研究背景和意义，同时重点总结国内外异常用电检测方法的研究现状与未来的发展趋势。

（2）首先对数据挖掘技术的基本概念、主要步骤、常用的挖掘方法进行了概述，并介绍了其在电力数据挖掘领域的应用情况。其次，介绍了用电负荷数据的采集和负荷数据的特点。然后，进一步分析了异常用电产生的原因，提出了基于数据驱动的用电负荷数据异常检测模型。最后，为了验证本文所提方法的适用性和可行性，介绍了基于混淆矩阵、ROC 曲线和 AUC 值等模型评价指标。

（3）对原始用电数据进行一系列的预处理操作，包括异常值筛选、添补缺失值以及归一化等处理，减小元数据集中大量噪声对模型产生的不利影响。更为重要的是，针对电力负荷数据固有的不平衡性，采用 SMOTE 过采样技术通过现有的窃电数据来生成新的窃电样本，然后，将生成的样本与已有的样本混合，使窃电样本数据与正常数据达到一个相对平衡的状态，从而更好地训练模型。对电力负荷数据进行特征提取和相关性分析，并运用 PCA 降维方法减少数据的属性，一方面避免了“维数灾难”湮没有效属性的问题，另一方面也提升了算法运行的时间。最后分别对正常用户和窃电用户四周的负荷数据做了皮尔逊相关性分析。

（4）设计了 AdaBoost 异常检测集成模型，包括 AdaBoost 同质集成框架原理和和神经网络算法的结合。

（5）设计了 Bagging 异常检测集成模型，根据子学习器之间的多样性分析，考虑各个算法之间的差异性，优选其内部子学习器，达到最佳的学习效果。

（6）对全章所涉及的基础理论知识和主要工作进行归纳总结。

2.2 电力负荷数据异常用电检测模型构建

2.2.1 数据挖掘流程

近年来，随着智能化水平的不断提高和信息网络及相关服务的快速发展，产生了大量的数据。另外，数据的存储及处理的成本相比十年前大幅降低。因此，在移动技术、社交网络、在线商务等领域的应用中产生了大量复杂的异构数据，目前这些数据的价值还有待挖掘。一些传统的分析方法，如假设检验、维度切割和描述性统计，只能完成简单的信息探索，缺少一种模式，去管理海量的数据，摸索上千个变量之间的关系，从数据中演绎出最优认识。数据挖掘可以处理具有多个属性的海量数据，并部署一系列框架、工具和算法来智能地帮助我们处理所有数据并从中提取有价值的信息。

数据挖掘是一种对数据进行深度剖析的方法。数据挖掘之前必须要明确挖掘的目的是什么，例如本文的挖掘目标为用电数据异常检测，以此来设计针对性的具体方案和流程。然后依据设计的方案去搭建合适的数据挖掘的模型，最终实现对数据信息的有效提取。一般来说，数据挖掘主要通过以下几个关键的步骤对数据进行迭代处理。

1. 明确挖掘目标

数据挖掘首先要做的就是必须要有一个明确的目标作为指引，就是你最终想要达到什么样的目的，才能开展下一步的计划。例如本文挖掘的目标就是利用电力用户的负荷数据挖掘出存在异常用电行为的用户。

2. 数据准备

数据挖掘很重要的一环就是要有合适的、与挖掘算法匹配的、高质量的数据。首先要了解数据的特性，加深对数据本身的理解。可以用一些统计学的分析方法和工具对数据进行可视化，尽可能的呈现数据的大观。还需要考虑数据是否完整、是否有异常值、是什么样的类型和结构等等。总之，在建模之前，数据必须经过一定的处理。

1）缺失值

缺失值是影响数据质量的关键因素之一。处理缺失值时，第一步应该了解这些数值缺失的原因是什么。缺失值的处理方法主要有直接删除、均值、插值等，具体要根据实际情况而定。

2）数据类型和转换

数据各个不同的属性可能存在不同的数据类型，比如数值型、整数型、类别型。不同的算法需要对应或者接受跟它匹配的数据类型，这就要根据具体情况进行数据类型间的转换。

3）离群点

作为离群点本身来说，并不一定就是错误数据，也可能是正常数据存在偏离的现象。对于异常用电检测来说，有些正常用户某段时间的负荷数据可能偏离正常值，有可能是这段时间出差或其他原因导致。所以我们需要了解离群点产生的原因，并用一些特殊的方法处理它们。

4）特征选择

特征，也即数据集的属性。数据集往往包含很多个属性，并不是所有的属性都十分重要，或者说对于数据挖掘的目标来说这些属性不是都能发挥作用。保留过多的属性反而会使模型的复杂度增大，有效属性湮没在大属性群中。绝大多数时候，都需要对属性进行规约，使保留的数据信息在一定阈值的情况下尽可能删掉一些无用或者影响小的属性。

5）数据采样

从原始数据集中选出具有代表的部分数据用作数据分析和建模，这个选择的过程叫做采样。在构建预测分析模型时，一般把数据划分为训练集、验证集和测试集。根据不同的任务要求，采样的形式也各不相同。对于异常用电检测这类比较特殊的分类问题，异常样本明显少于正常样本，还可以考虑分层抽样。通常我们会采用一些数据增强的手段来生成异常类的样本数据。

3. 模型构建

模型是数据和自身内部各种关系的抽象概括，其构建步骤如图 2-2 所示，数据集可以划分为训练集、验证集和测试集，训练集用于模型的构建，验证集用于模型的优化，测试集用于模型的评估和最终确定。

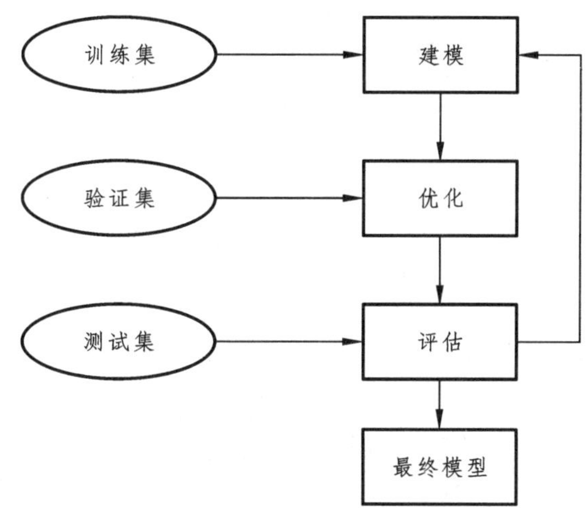

图 2-2　模型构建的步骤

4. 模型评价

建模完成之后，需要对构建模型的性能进行准确的评估，可以选用该领域行业内通用的一些评价指标或者和其他机器学习算法在相同的数据集下进行对比分析，这样就能比较全面客观的对模型做出合理的评判。

至此，可以总结出数据挖掘的基本流程，如图 2-3 所示。

如图 2-3 可知，首先确定数据挖掘的目标，然后针对具体问题准备数据，进行数据预处理操作，达到建模的要求，然后选择合适的算法进行建模，不断优化模型提高模型性能，并做出最终的决策。

广义而言，数据挖掘问题可以分为两大类：有监督学习和无监督学习。简单地说，有监督学习是对具有标记的训练样本进行学习，以尽可能地对训练样本集外的数据进行分类预测。而无监督学习是对未标记的样本进行训练学习，以发现这些样本中的结构知识。根据实际情况，经常把有监督学习和无监督学习结合使用，发挥各自的优势。

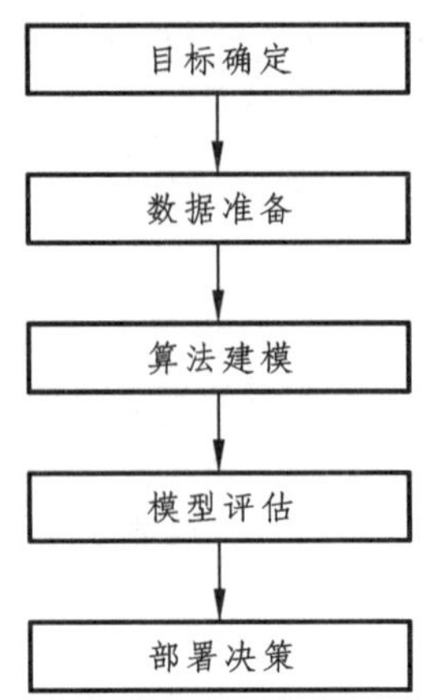

图 2-3　数据挖掘基本流程

数据挖掘问题可以依据目标分为以下几类：回归、分类、异常检测、关联分析、时间序列、文本挖掘，如图 2-4 所示。

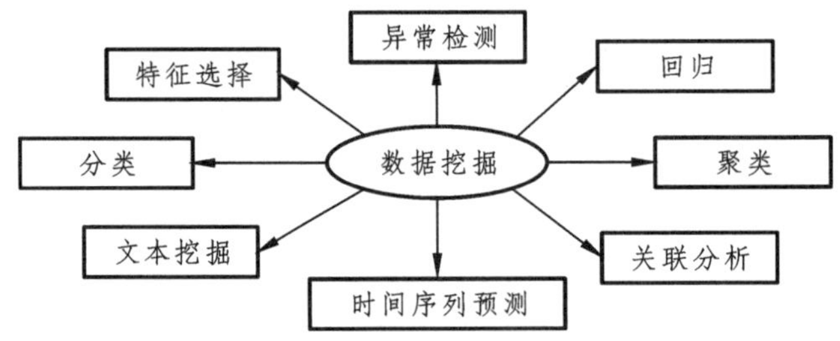

图 2-4　数据挖掘问题分类

分类和回归分析方法都是基于过去已知的数据构建模型，以输入变量来预测目标变量。聚类可以识别不同数据归属于何种类群，属于无监督数据挖掘，最终的决策还得靠人来判断。异常检测一般用于识别某些点远远偏离数据集中的大部分点的情况。时间序列预测有回归建模、平均法和平滑方法等等。

对于用户异常用电检测问题来说，从大的方向看，它属于一个分类问题，即把正常用户和异常用户分离出来，但同时它又是属于异常检测，存在一些离群点，在特征提取和分析时，也可以采用聚类的方法，区分不同规律的用户，从数据的角度看，它是连续时间的负荷数据，又可以归为时间序列数据。所以，在本章数据挖掘的不同阶段，会用到多种多样的算法模型。

2.2.2　电力负荷数据采集

近年来，我国智能电网发展迅速，基于庞大的人口数量和广阔的区域，智能电表也基本实现百分百覆盖，作为满足电网智能化发展的重要感知设备，智能电表的功能及定位不断向智能化、模块化的用电终端发展。智能电表内部包含 MCU（微控单元），MCU 使得电能表的功能更丰富，助力自动化和智能化程度进一步提高。AMI 系统中所采用的智能表计相比传统电能表还有测量电量、电压、有功功率、无功功率等更多种物理量的功能，也可以定时采样（如 5 min、15 min 等），由此对应形成不同量测模块，如图 2-5，统一称为多功能双向的用户侧终端装置（Customer Portal Terminal，CPT）。

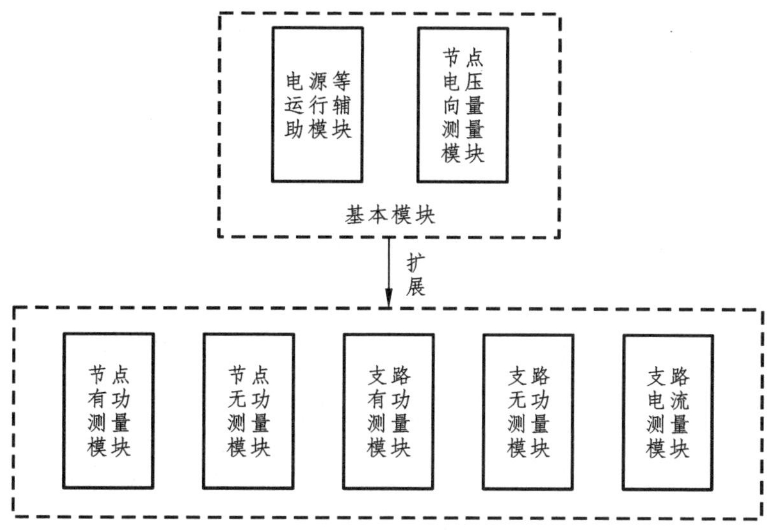

图 2-5　AMI 智能量测模块组成

基于双向互动特性的智能电表主要支持以下功能：

（1）双向电能计量功能。

（2）用户用电信息采集功能。

（3）用户负荷控制功能。

（4）定时抄表功能。

（5）用户智能管理的监测和警告功能。

（6）防窃电功能。

电力负荷数据由智能电表采集，总体来说，具有以下几个特点：

（1）数据体量大、价值高。

目前，国内数据采样频率大都为 15 min 一次，即正常情况下一天内每个用户就能产生 96 个数据点。电力负荷数据因为用户种类的差异，包含的用电方式等信息也各不相同，所以，需要利用一些数据挖掘技术对数据进行深度分析，挖掘出数据隐藏的内部信息，这些信息可以反映配电网的运行状态以及用户的用电情况，对提高电力公司的用电管理和负荷预测具有非常重要的意义。

（2）存在缺失值、异常值。

在数据采集和电力传输的过程中，会有许多因素造成数据的缺失，比如量测与传输系统受到较大的随机干扰或出现偶然故障；由于电力系统快速变化中各测点间的非同时测量，使得最终计量数据产生异常；系统正常操作或大干扰引起的过渡过程等等。需要对这些“无价值”数据进行相应的预处理操作，消除或尽量减弱不良数据对数据整体信息的干扰，这也从侧面诠释了数据预处理步骤的重要性。

（3）不平衡度大。

电力负荷数据存在严重的类别不平衡问题，实际情况下，电网的正常用户数量要远远大于异常用户，这使得异常用户信息很可能湮没在正常用户数据中，数据极大的不平衡性对人工智能算法的性能产生不利的影响，所以在进行数据挖掘模型构建之前需要采用合适的数据增强方法，削弱数据不平衡带来的负面影响。

2.2.3 负荷数据异常的原因和异常检测模型构建

虽然电力企业也想了一些办法去预防窃电现象的发生，但是由于巨大的经济利益驱使和高科技的窃电手法使得各种方式的窃电仍时有发生。常见的窃电手法分为技术原因和计量装置导致两类。

技术原因的用电异常主要包括计量设备和输电线路自身故障导致。与计量装置相关的窃电主要包括欠压型、欠流型、移相型和扩差法窃电。

(1)欠压法主要是采用断开电压回路导线、断开电压互感器二次引线、串入分压电阻、电压贿赂压皮接线、拧松电压回路接线端子等手段，使智能电表的计量数值减小，从而达到少交电费的目的。

(2)欠电流法是采用断开电流回路导线、短接电流互感器二次段和电表电流端子、使电流互感器二次端子接线不良等手段，以达到偷电的目的。

(3)扩差法是通过改变电流互感器变比、外力损坏电表、干扰电表计量和更改电表存储数据，扩大电能表本身的误差，以达到窃电的目的。

(4)移相法采用的方式是改变电压互感器和电流互感器至电表的相序、调换电压互感器和电流互感器一次或二次进出线、外接电容或电感等手法达到窃电、偷电的目的。这是一种隐蔽性很强的窃电手段。

由于电力系统的复杂性，会产生各种各样的用电异常数据。另外，智能电表高频率采集到大量的负荷数据，电务工作人员很难做到精确识别全部数据的异常，一般只能在最终电费统计时才能发现异常，这时窃电行为很可能已经发生过一段时间，因此电力公司对异常用电数据的检测往往具有一定的滞后性和被动性，基于数据驱动的异常检测方法研究势在必行。

传统用电异常检测方法具有很大的局限性，很难适应如今体量巨大、实时性强的大数据时代，下面重点研究基于数据驱动的异常检测模型，本文所构建的用电数据异常检测模型如图 2-6 所示。

用电数据异常检测模型主要步骤如下：

步骤 1：首先，对通过智能电表采集的电力用户的历史负荷数据进行数据预处理操作。由于各种人为或者计量装置故障，数据存在缺失、数值为零、数值明显异常等情况，需要对原始负荷数据进行清洗、缺失值插补、异常值筛选和标准化等处理。

步骤 2：考虑到数据集的不平衡问题，将预处理后的用电数据采用相关方法进行数据增强，避免检测学习模型偏向正常样本，影响模型检测准确率。其次用特征分析方法进行维度规约，克服了高维数据可能湮没数据有效特征的问题，同时也降低了算法运行的时间，节省了空间内存。

步骤 3：设计异常用电检测模型，把预处理好的数据集分成训练集、验证集和测试集，其中训练集用于基础模型的学习，验证集用于选择最优的模型超参数，测试集用于模型效果验证以及与其他算法效果的比较。

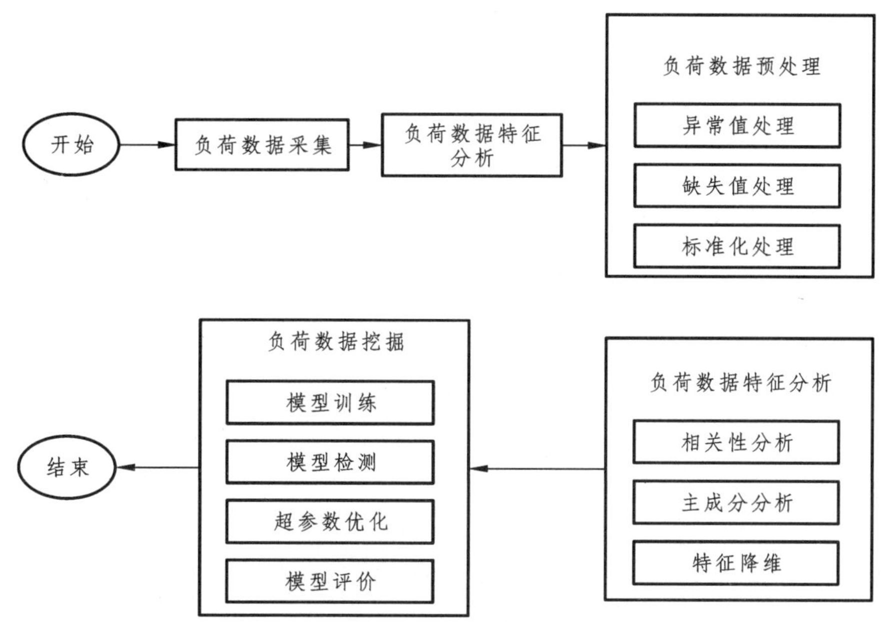

图 2-6　异常用电检测流程图

步骤 4：利用启发式智能优化算法对模型的超参数做进一步的优化，最后输出最佳的超参数集，也就得到最终的异常用电检测模型。

2.2.4　模型评价方法

考虑到实际生活中正常用户样本远远超过窃电用户的样本，假设每 1000 个电力用户中存在 990 个正常用户与 10 个窃电用户，不经过学习直接将所有用户认定为正常用户，按公式计算该分类器分类准确率高达 99%，但对实际来说并没有意义，因此单纯地将准确率的高低作为模型好坏的评价指标非常片面。为了对分类器性能做出更加科学合理的评估，通常需使用如表 2-1 所示的混淆矩阵。

表 2-1　窃电检测中的混淆矩阵

用户类别	检测为窃电用户	检测为正常用户
实际为窃电用户	TP	FP
实际为正常用户	FN	TN

TP：表示检测结果为窃电用户，实际样本也为窃电用户。

FP：表示检测结果为正常用户，实际样本为窃电用户。

FN：表示检测结果为窃电用户，实际样本为正常用户。

TN：表示检测结果为正常用户，样本实际也为正常用户。

在混淆矩阵的基础上，可以推导出其他几个有针对性的评价指标：

准确率（*Accuracy*）表示模型全部预测正确的样本占全部样本的比例，计算公式为：

$$Accuracy = \frac{TP + TN}{TP + TN + FP + FN} \tag{2-1}$$

查准率（*Precision*）又叫精度，表示检测结果为窃电用户的样例在真正的窃电用户中的占比。

$$Precision = \frac{TP}{TP + FP} \tag{2-2}$$

查全率（*Recall*）又叫召回率，是针对原始样本而言的，表示检测结果为窃电用户的样例在所有检测样例中的占比。

$$Recall = \frac{TP}{TP + FN} \tag{2-3}$$

假正例率（*False Positive Rate*）简称 *FPR*，表示检测为正常用户的窃电用户在实际窃电样本中的占比。

$$FPR = \frac{FP}{FP + TN} \tag{2-4}$$

假负例率（*False Negative Rate*）简称 *FNR*，表示检测为窃电用户的正常用户在实际正常样本中的比例。

$$FNR = \frac{FN}{TP + FN} \tag{2-5}$$

真正率（*True Positive Rate*）简称 *TPR*，又称为灵敏度（sensitivity），表示检测结果为窃电用户的样例在所有检测样例中的占比，和查全率的公式相同。

$$TPR = Sensitivity = \frac{TP}{TP + FN} \tag{2-6}$$

真负率（*True Negative Rate*）简称 *TNR*，又称为特异度（*Specificity*），表示检测结果为正常用户的的正常样本在实际正常样本中的占比。

$$TNR = Specificity = \frac{TN}{TN + FP} \tag{2-7}$$

由上式可知，$FPR=1-Specificity$，$FNR=1-Sensitivity$。

由于准确率或者精度等都被用于评估模型的综合表现，因此一般来说，随着我们不断优化模型，这些指标都会提高。此时要特别注意模型可以取得很高的准度，但查全率或者灵敏度可能会很低。这就要求我们同时照顾多个指标，在此消彼长之间寻求合理的平衡，由此引入了另一个综合性评价指标——ROC 曲线。ROC 曲线最早出现在信号检测领域，现在在机器学习、数据挖掘等领域也得到了广泛的应用。ROC 曲线的横坐标是（1-特异度），纵坐标是灵敏度，如图 2-7 所示，ROC 曲线非常的形象直观，从对角线划分成上下两个区域，上方区域代表模型预测结果好于随机猜测，而下方区域的点则代表模型预测结果不如随机猜测。顶点（1，0）代表所有的分类完全正确，这是最完美的分类点，实际情况中一般不存在。

ROC 曲线下方区域的面积定义为曲线的 *AUC* 值，正常的分类器预测效果都要好于随机猜测，所以它们的取值范围在 0.5 到 1.0 之间。在多个分类器的比较中，它们的 *ROC* 曲线之间可能会存在部分交叉的现象，这就不能直观的看出哪个分类器的效果更佳或者不能准确的的评价分类器到底好多少，而利用 *AUC* 值作为分类器好坏的评价标准就完美解决了这个问题。因为 *AUC* 指标是一个具体的数值，不同分类模型之间可以通过直接比较 AUC 值大小判断优劣，进而量化分类模型的预测效果。当 *AUC* 值在 0.5 以下时，说明分类器预测的结果还不如随机猜测好，这种模型就没有任何的意义。当 *AUC* 值在 0.5 以上时，分类模型的预测结果要优于随机猜测，可以调节参数进一步优化模型，一般认为 *AUC* 值大于 0.8 为优质模型。当 *AUC*=1.0 时，理论上分类模型已经趋近完美。但是在实际情况中，这几乎是不存在的。

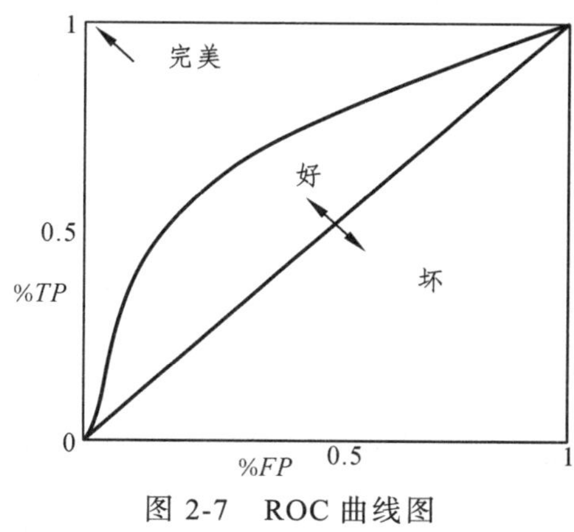

图 2-7　ROC 曲线图

2.2.5　小　结

本节首先概述了数据挖掘的主要工作流程、关键技术以及在数据挖掘在异常用电检测中的重要性，并介绍了用电信息的采集及电力负荷数据的特点。随后，分析了造成用电异常行为的原因以及基于数据驱动的异常检测方法的构建流程。最后，介绍了窃电领域常用的评价指标，包括混淆矩阵、综合性指标 ROC 曲线及 *AUC* 值等等，为验证本章所提方法的可行性提供了理论支持。

2.3　电力负荷数据预处理技术和特征提取

2.3.1　负荷数据预处理技术

实验数据来源于文献中的某公共数据集，记录了 1035 天中某地 42 372 名电力用户每日的用电量。（横坐标是从 2014 年 1 月 1 日—2016 年 10 月 31 日排列的时间序列，纵坐标是 42 372 名互相独立的普通用户）。表 2-2 给出了原始数据集中正常用户与窃电用户的分布情况。

表 2-2　正常用户与窃电用户分布情况

数据描述	原始数据集
数据采集区间	2014/01/01—2016/10/31
总人数/人	42 372
正常用户数量/人	38 757
窃电用户数量/人	3 615

由表 2-2 可知，在全部的 42 372 名电力用户中，正常用户占 38 757 名，窃电用户占 3615 名，一方面说明有地区确实存在较为严重的窃电现象，另一方面显示了窃电检测存在严重的类别不平衡现象，正常用户的数量占了总人数的 90%以上，需要考虑相应策略加以解决。

表 2-3 和表 2-4 分别给出了原始数据集中部分窃电用户和正常用户的基本情况。

表 2-3　部分窃电用户

CONS_NO	FLAG	2014/1/1	2014/1/2	2014/1/3	2014/1/5	…	2016/10/28	2016/10/29	2016/10/30	2016/10/31
1	1					…	13.35	12.17	11.16	9.75
2	1					…	0	0	0	0
3	1	2.9	5.64	6.99	3.32	…	7.33	6.69	6.47	6.06
4	1	11.02	7.92	8.41	9.66	…	20.71	24.61	29.82	33.93
5	1	1.91	2.11	1.69	1.72	…	10.13	10.77	15.09	13.36
6	1	5.2	2.35	2.56	1.46	…	19.15	21.08	13.31	18.45
7	1	19.92	14.81	13.11	14.51	…	20.28	15.92	17.7	14.09
…	…	…	…	…	…	…	…	…	…	…
3615	1	9.52	9.36	11.21	13.45	…	10.47	7.75	8	7.97

表 2-4　部分正常用户

CONS_NO	FLAG	2014/1/1	2014/1/2	2014/1/3	2014/1/5	…	2016/10/28	2016/10/29	2016/10/30	2016/10/31
1	0	11.2	5.63	3.64	3.76	…	5.67	5.07	2.62	4.65
2	0					…	12.7	11.37	5.03	9.31
3	0	43.3	27.06	19.11	18.81	…	1.3	1.57	1.66	1.43
4	0	0	3.3	0.27	1.17	…	10.45	11.12	10.56	8.73
5	0					…		0.03		
6	0	2.37	2.54	2.03	2.81	…	0.09	0.09	0.09	0.09
7	0	0.96	1.05	1.26	1.69	…	8.23	9.94	6.81	9.42
…	…	…	…	…	…	…	…	…	…	…
38757	0	0	1.49	2.41	2.34	…	0	0	0	0

如表 2-3 和表 2-4 所示：“CONS_NO”代表每个用户的编号，“Flag”是用户标签，“0”表示正常用户，“1”表示潜在窃电用户。时间序列下面的数据是每个用户的日负荷，单位为千瓦时。在原始数据集中，还存在一些缺失值和无效值，需要对数据做预处理，便于更进一步挖掘数据的内在联系，以达到数据挖掘的要求。数据预处理的过程非常重要，一般占整个数据挖掘过程时长的 70%左右。

在采集的数据中有时会出现负值的情况，这是因为计量设备在更换的过程中初始数值置零所致。可以采用直接删除或者求其平均值处理。因为数据中包含了用户的用电信息，若大量删除异常数据值，可能会导致有效信息的缺失，从而影响特征信息的提取，最终影响窃电检测的准确性。一般来说：对于某个时间序列的负荷数据中负值所占比例大于 15%时，直接删除处理；对于时间序列中负值占比小于 15%时，就按照缺失值进行处理。

数据不可避免的存在部分丢失的现象，这是由于人为操作失误或者设备故障造成的。对缺失值数据的处理方式如下：

1. 直接删除

最原始也是最直接的方式就是把缺失值的整条数据全部删除，包括缺失值及其相关的所有要素。但是大量删除异常数据值，会造成有效信息的丢失，从而遗漏掉某些关键的信息，最终影响窃电检测的准确性，所以这种方法只适合缺失数据量较少的情况。

2. 平均值法

当缺失的数据量较大时，平均值法也是一种较为常用的数据补充方法，一种是在缺失值附近前后各选取 3 ~ 5 个数值求得平均值，另外一种是在缺失值附近随机选取若干数据，然后重复操作设定的次数再后将所求的平均值求和得到最终的填补值，这样就尽可能的还原了缺失值。

3. 拉格朗日插值法

对于缺失值的处理，还可以采用拉格朗日插值法，具体操作是分别取出缺失值前后的各五个数值，若遇到为空或不存在的则直接舍去，根据取出来的十个数据组成一组，利用拉格朗日插值公式计算得到填补值。

由于直接删除数据可能会导致有效信息删减，而就近补齐方法定义相似标准比较困难，所以，本节采用拉格朗日法来添补原始数据中的缺失值，具体公式如下所示：

$$L_n(x)=\sum_{t=0}^{n} l_i(x)y_i \tag{2-8}$$

$$l_i(x)=\prod_{j=0,j\neq i}^{n}\frac{x-x_j}{x_i-x_j} \tag{2-9}$$

其中，x 代表第 x 个用电负荷数据，y_i 代表样本值，$l_i(x)$为拉格朗日多项式，$L_n(x)$为新生成的用电负荷数据。

数据的标准化处理主要是为了消除指标之间的量纲和取值范围差异的影响。一般情况下，我们所收集的数据是有单位的，比如收集到一份个人信息，其中包括人的身高和体重两个指标，身高有单位 cm，体重有单位 kg，消除指标的量纲就是消除它们的单位，当不同指标的量级差别很大时，消除量纲是有必要的，否则，数据的分析结果可能由量级较大的指标值决定，而忽略了量级小的指标，所以消除量纲，使之全部变成没有单位的数据，便于之后的分析。

数据标准化的处理中，使用最广泛的一种标准化方法是最大最小归一化方法，本章用其来对原始数据进行标准化处理，其原理也非常简单，首先在数据集中找出最大值和最小值，通过公式变换的方式将所有值都固定在[0，1]。具体公式如下：

$$NL=\frac{L-\min(x)}{\max(x)-\min(x)} \tag{2-10}$$

在公式中，L 代表数据归一化之前的用电负荷原始数值，max(x)代表数据归一化之前所在的维度下用电负荷的最大值，min(x)代表数据归一化之前所在的维度下用电负荷的最小值，NL 为归一化的特征值。

此方法简单有效，可以将取值范围较广的用电负荷数据快速固定到[0，1]的范围，对于数据维度较为敏感的模型有很大帮助，还可以进一步提高模型的收敛性。

表 2-5 和表 2-6 分别给出了原始数据集中部分窃电用户和正常用户归一化后的数据结果。

表 2-5 窃电用户数据归一化

CONS-NO	**FLAG**	**2014/1/1**	**2014/1/2**	**2014/1/3**	**2014/1/5**	⋮	**2016/10/28**	**2016/10/29**	**2016/10/30**	**2016/10/31**
1	1	0.273	0.172	0.916	1	⋮	0.000	0.001	0.000	0.001
2	1	0.232	0.055	0.074	0.074	⋮	0.155	0.154	0.310	0.467
3	1	0.000	0.000	0.016	0.039	⋮	0.068	0.057	0.055	0.058
4	1	0.261	0.238	0.227	0.247	⋮	0.295	0.499	0.468	0.212
5	1	0.000	0.000	0.000	0.000	⋮	0.142	0.141	0.140	0.167
6	1	0.687	0.440	0.340	0.339	⋮	0.382	0.246	0.226	0.144
7	1	0.000	0.000	0.000	0.000	⋮	0.142	0.141	0.140	0.167
⋮	⋮	⋮	⋮	⋮	⋮	⋮	⋮	⋮	⋮	⋮
3615	1	0.000	0.000	0.000	0.000	⋮	0.546	0.472	0.459	0.513

表 2-6 正常用户数据归一化

CONS-NO	FLAG	2014/1/1	2014/1/2	2014/1/3	2014/1/5	⋮	2016/10/28	2016/10/29	2016/10/30	2016/10/31
1	0	0.000	0.000	0.000	0.000	⋮	0.000	0.000	0.000	0.000
2	0	0.319	0.233	0.305	0.372	⋮	0.236	0.472	0.454	0.555
3	0	0.000	0.000	0.000	0.000	⋮	0.356	0.409	0.325	0.230
4	0	0.000	0.000	0.000	0.000	⋮	0.532	0.529	0.532	0.537
5	0	0.000	0.000	0.000	0.000	⋮	0.000	0.000	0.000	0.000
6	0	0.187	0.353	0.211	0.356	⋮	0.257	0.233	0.221	0.161
7	0	0.495	0.359	0.399	0.457	⋮	0.182	0.229	1.000	0.462
⋮	⋮	⋮	⋮	⋮	⋮	⋮	⋮	⋮	⋮	⋮
38757	0	0.539	0.492	0.000	0.000	⋮	0.480	0.510	0.326	0.328

2.3.2 负荷样本增强技术

由于在实际生活中，窃电用户与正常用户相比数量较少，所以获得的窃电样本数量也偏低，利用正异常样本数据量相差较大的数据集训练出来的模型，预测得出的结论往往也是有偏的，即分类结果会偏向于较多观测的类。那么有什么办法可以解决呢？最直接的办法就是把两边的数据量构造成各占 50%，一种是采用欠采样的方式将数据量大的一方直接删掉多余的部分，另一种是采用过采样的方式不断在少数类中有放回的抽样补齐数据。

但这两种方法都存在一定的问题，对于第一种方法，删除的数据会导致大量有用信息的丢失，尤其对于窃电检测问题，需要删除80%以上的数据量，这显然不可取；而第二种方法中，有放回的抽样形式会造成数据简单的复制，很可能又会使模型产生过拟合的现象。

本章采用SMOTE过采样技术来解决用电负荷样本集的类别不平衡问题，即合成少数过采样技术，它是基于随机过采样算法的一种改进方案。算法对原始样本集的异常样本进行过采样处理增加其数量，使样本集达到相对平衡，避免数据不平衡对算法模型带来的不利影响。

SMOTE算法是通过在两个少数类样本间以线性插值的形式合成新的样本，从而扩充少数类样本的数量，可以有效缓解数据的过拟合问题。SMOTE算法原理如图2-7所示。

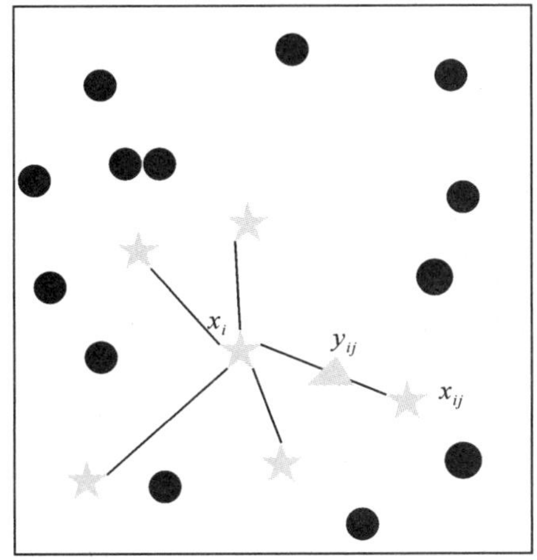

图 2-7　SMOTE 算法原理图

生成新样本的步骤如下：

（1）假设异常数据样本数量为 M，过采样倍数为 N，异常类中样本为 x_i（i=1，2，…，M），以欧氏距离为依据搜索 x_i 的 K 个近邻，选取其中 N 个近邻样本 x_{ij}（j=1，2，…，N）。

（2）根据样本 x_i 以及选取的近邻样本 x_{ij}，合成新的少数类样本 y_{ij}。

$$y_{ij} = x_i - rand(0,1) \times (x_i - x_{ij}) \tag{2-10}$$

其中，函数 $rand$（0，1）为取 0 ~ 1 的随机数。

2.3.3　特征维度规约

主成分分析法简称PCA算法，其本质上回答的问题是：在所有的特征中，哪些特征最能解释存在于数据集中的隐含的信息。有点类似于80/20法则，PCA试图回答的问题是：能否通过20%这一小部分属性，去解释数据集中至少80%的信息量。这种变量筛选或特征选择的方法，将非常利于后续模型的构建，并且使对结果进行解释也更容易一些。

PCA是把已有的自变量转换为一系列名为“主成分”的新变量，且各个主成分有以下性质：

（1）彼此毫无关联性；

（2）积累性地解释数据的方差；

（3）通过比重因子可以对应原变量。

PCA 通过某种机制高效地移去比重因子较低的一些自变量，最关键的一步就是如何准确的计算满足以上三种性质的主成分，记作 z_m。以二维数据为例，分别记作 v_1 和 v_2，如果变量 v_1 和 v_2 具有相关性，可通过简单的线性转换，把它们转换为两个新的变量 z_1 和 z_2，从而满足刚才提到的三条性质。结果为 z_1 的坐标轴最大程度解释了数据的方差，因此它是第一主成分；同理，z_2 解释的方差紧随其后，而且它与 z_1 的方向垂直，借助这两个新变量 z_1 和 z_2，我们足以解释全部方差，而且二者绝无相关性。随着原变量数目的增多，我们会发现，只需排名前几的主成分就足够解释数据全部的方差了。每一个主成分 z_m，其实都是各个原变量 v_m 的一种线性组合，即

$$z_m = \sum w_i \cdot x_i \tag{2-11}$$

从二维出发拓展到高维，问题就变成了我们如何使用原变量计算出这一系列主成分。我们只要求解原始属性的协方差矩阵的特征向量和特征值，就可以找到答案。即：一个 $n \times n$ 的矩阵记作 A，一个 $n \times 1$ 的向量记作 $\vec{x}$，如果存在一个常数 λ 使得公式 $A\vec{x} = \lambda\vec{x}$ 成立，那么非零向量 $\vec{x}$ 就称作矩阵 A 的一个特征向量，λ 是对应该特征向量的特征值。协方差矩阵的意义是衡量两个变量相对各自的均值是如何分布的。如果二者相对于各自均值都倾向于分布在同一侧，那么二者的协方差大于 0，否则小于 0。

$$Cov_{ij} = E[V_i V_j] - E[V_i]E[V_j] \tag{2-12}$$

其中期望值 $E[v] = v_k P(v = v_k)$。在进行特征值分析时，将会首先计算协方差矩阵。

解出最优的一些主成分后，研究它们与原始变量之间的线性关系，只关注那些对主成分有很大比重贡献的变量，即可将本来属于降维方法的主成分分析法用于特征选择。

用户的用电负荷数据包含大量的隐含信息，过少的属性维数会导致信息缺失，无法对所收集数据进行全面分析；而过多的属性维数会导致计算量增大和泛化能力的降低，因此在模型训练之前选择合适的特征维度很有必要。本文利用 PCA 降维方法来选择关联度最大的特征属性。PCA 方法通常是在数据预处理之后进行的，本质上是一种数学变换方法，它的作用是将高维的向量组转化为低维的向量组。降维后的数据特征相比于原有的高维度特征，相互之间的关系明显弱化，每一组向量所代表的信息之间重复度明显减少。这样的向量组能够更好地去表征原始数据的信息，且向量之间所代表的信息不再冗余，使得模型有更好的预测效果。设用电负荷样本集 $X=\{x_1, x_2, \ldots, x_m\}$，样本集进行中心化处理，即 $\sum_i x_i = 0$，投影变换后的新坐标系为 $W=\{w_1, w_2, \ldots, w_m\}$，其中 w_i 为特征值 λ_i 对应的特征向量，将其转化成标准的正交基，$\|w_i\|_2 = 1$，则样本点 x_i 在新空间的投影为 $\boldsymbol{W}^{\mathrm{T}} x_i$，为使方差最大化，可以表示为：$\sum_i \boldsymbol{W}^{\mathrm{T}} x_i x_i^{\mathrm{T}} \boldsymbol{W}$，于是优化目标为

$$\max_w tr(\boldsymbol{W}^{\mathrm{T}} \boldsymbol{X}\boldsymbol{X}^{\mathrm{T}} \boldsymbol{W}) \quad s.t. \quad \boldsymbol{W}^{\mathrm{T}}\boldsymbol{W} = 1 \tag{2-13}$$

对于式（2-13）使用拉格朗日乘子法，可得

$$\boldsymbol{X}\boldsymbol{X}^{\mathrm{T}}\boldsymbol{W} = \lambda \boldsymbol{W} \tag{2-14}$$

将求得的特征值大小进行排序，主成分的个数取决于累计方差贡献率的设定，一般累计方

差贡献率大于 80%时对应的前 P 个主成分便能包含数据集的绝大部分信息，主成分个数就确定为 P 个。方差贡献率和累计方差贡献率的计算公式分别为：

$$\eta_i = \frac{100\%\lambda_i}{\sum_{i=1}^{p}\lambda_i} \tag{2-15}$$

$$\eta\sum(p) = \sum_{i=1}^{p}\eta_i \tag{2-16}$$

取前 P 个特征值对应的特征向量构成降维后的坐标系 V_p=（v_1，v_2，…，v_p），即主成分分析的解。用电负荷数据集经过 PCA 主成分分析后，维数从原来 1035 维降到 302 维，一方面避免了“维数灾难”湮没有效属性的问题，另一方面也节省了算法运行的时间。

2.3.4 基于时间维度的相关性分析

为了更加清晰地表现正常用户和异常用户不同的用电特性，本文分别从正常用户和窃电用户中选取两周的时间序列，绘制日用电负荷曲线，如图 2-7 所示。

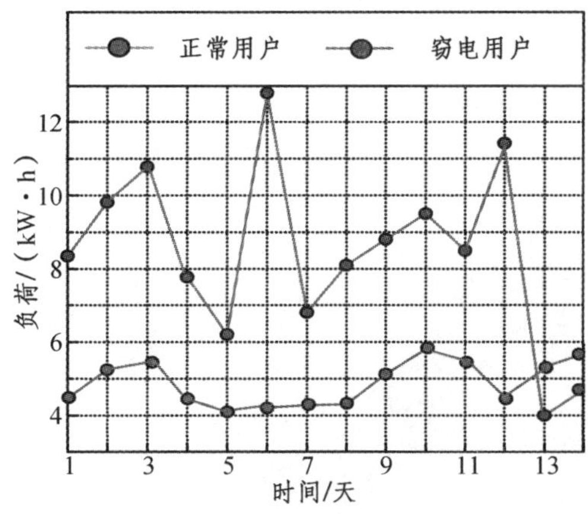

图 2-7 正常用户和窃电用户日用电负荷曲线

从图中可清楚地看到正常用户每天的用电量仅在之间轻微波动，而窃电用户的用电负荷跳变巨大，很不规律。事实上，整个数据集上都存在类似的现象。

相关性衡量的是两个变量 X 和 Y 之间的统计学关系，尤其是二者的相互依赖关系。如果两个变量之间的相关性很高，那么它们会向着相同（即正相关）或相反（即负相关）的方向，以同样的速度变化。协方差的取值如果大于零，代表两个变量之间的关系为正相关，即其中一个变量增大，另一个变量也会随之增大；一个变量减小，另一个变量也相应的减小。如果协方差取值小于零，则说明两个变量之间呈现负相关。如果一个变量增大，那么另一个变量反而会减小。如果协方差值正好等于零，则代表两个变量之间不存在线性关系。协方差的具体公式如下所示：

$$Cov(X,Y) = \frac{\sum_{i=1}^{n}(x_i - E(X))(y_i - E(Y))}{n-1} \tag{2-17}$$

式中，*Cov*（*X*，*Y*）代表 *X* 和 *Y* 的协方差，*E*(*X*)代表 *X* 的均值，*E*(*Y*)代表 *Y* 的均值。

在统计学中，两个变量之间的相关性通常用 Pearson 相关系数（r）来衡量，计算的是二者线性依赖性的强度。

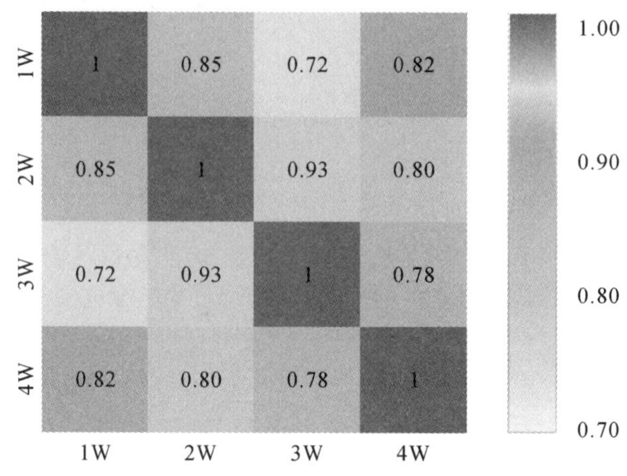

图 2-8　正常用户皮尔逊相关性分析

皮尔逊相关系数的绝对值越大，表明两者之间的相关性越强，相关系数越接近于 1 或-1，相关度越强，相关系数越接近于 0，相关度越弱。为了更好地分析用户用电负荷的周期性，利用 Pearson 分别对正常用户和窃电用户四周的用电负荷数据进行了相关性分析，结果如图 2-8 和 2-9 所示。

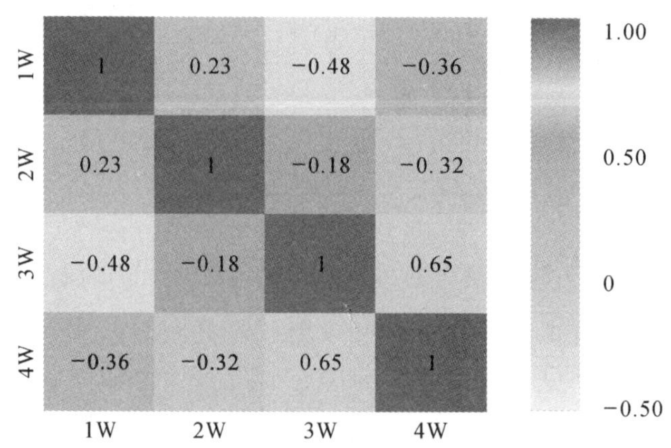

图 2-9　窃电用户皮尔逊相关性分析

如图 2-8，可以看到正常用户的皮尔逊系数都为正数，并且大部分值都大于 0.8，这说明正常用户的用电负荷之间确实存在很强的相关性。反观图 2-9，异常用户的皮尔逊系数值大部分都小于 0.3 且出现了很多负值，再次说明了窃电用户的用电负荷之间的用电规律难以捕捉。

2.3.5　小　结

本节首先对原始数据进行了一系列的数据预处理操作，包括异常值、缺失值和标准化处理，以达到数据挖掘的要求；其次，采用 SMOTE 过采样技术克服数据不平衡的问题；

最后运用主成分分析法对特征进行降维选择以及基于皮尔逊系数的相关性分析，为后续的模型检测提供高质量的数据。

2.4 AdaBoost 异常检测智能算法设计

2.4.1 AdaBoost 同质集成学习框架

在概率近似正确学习的框架中，某个类别，如果存在一种智能算法能够捕捉到它的绝大部分信息，学习到类的基本规律，那么就称这个类是强可学习的；某个类别，存在一种智能算法只能够捕捉到它的部分信息，学习的效果仅比随机猜测好一点点，那么就称这个类是弱可学习的。

弱学习算法的构建通常要比发现强学习算法容易很多，但问题的关键是，如果已经找到了一些合适的弱学习算法，如何将它们组合成一个学习能力更强的算法显得尤为重要。专家学者们也做了很多组合方法的研究，也提出了一些有效的组合模式，其中最具代表性的是 Boosting 算法。Boosting 算法的基本思想是采用组合学习方法，将多个相同的预测识别精度相对较低的弱分类器提升为能达到人们要求的、预测精度高的强分类器。而 AdaBoost 作为 Boosting 最受欢迎的实现方法，具有极强的适应能力。AdaBoost 模型的原理流程图如图 2-10 所示。

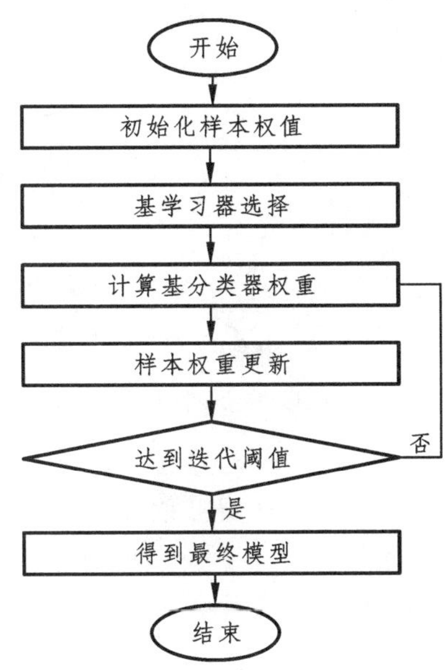

图 2-10　AdaBoost 训练流程图

AdaBoost 建模过程是迭代的、线性的。首先将全部训练集分成若干个训练子集，每个子集赋予相同的权重。选择合适的“弱学习器”对每个训练子集进行学习。而后，新训练好的模型会应用于所有训练集进行测试。如果样本分类错误，则赋予它更大的权重，如果样本被成功分类，则相应地降低其权重值，这样做的好处是，分类错误的样本在下一轮抽样时被抽出的概率就更大。这样每一轮抽中的训练集总是含有许多上一轮分类错误的样本，这样不断迭代下去，最后强学习器就会更加集中精力处理那些未被正确分类的样本，模型的检测准确率自然得到提高。

2.4.2 深度学习算法

最早是在 1943 年，受到生物学中神经网络理论的启发，著名的数学家 Pitts 和 Mc Culloch 开创性地提出了人工神经网络这一全新的概念。传统的人工神经网络属于机器学习的一种，是模拟生物学系统中神经网络信号递质的传送机理提出的，由许多个神经元连接而成，主要由神经元之间的连接、求和节点和激活函数这三个部分组成。直到 2006 年，Hinton 等人在人工神经网络的基础上首次提出了深度学习这一十分重要的概念，一直沿用至今。它通过模拟人脑的神经系统，抽象出深层的神经网络，像人脑一样具有分析、学习、推理、识别和记忆等高级的能力，主要是利用加深神经网络隐含层的层数来实现，这样神经网络可以深入地映射所学对象的具体特征，同时还可以处理复杂度相对较高、数据集庞大的问题，且具有很强的泛化能力。截至目前，专家学者们在原始深度神经网络的基础上改进了多种学习适应能力强，特征提取能力优秀的深度神经网络，主要包含 BP 神经网络、循环神经网络、卷积神经网络、长短期记忆网络、生成式对抗网络等等。深度神经网络基本结构如图 2-11 所示。

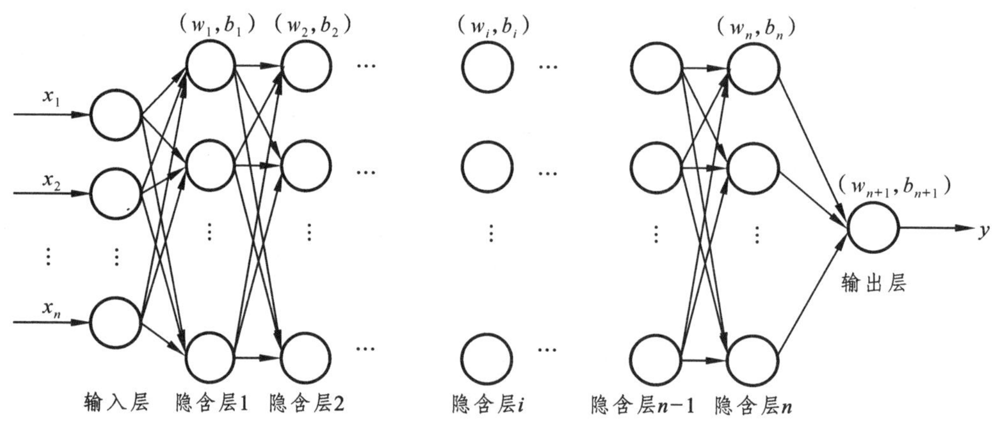

图 2-11 深度神经网络基本原理图

在图 2-11 中，x_1，x_2，…，x_n 分别为输入的高维特征，(w_i，b_i) 表示隐含层的权重与偏置，网络的每个隐含层从它的前一个隐含层获取输入向量，利用该隐含层的激活函数进行非线性变换，再把输出的向量逐层传递给下一层的神经元，最后传给输出向量 y。其具体过程为：

设隐含层的输入向量为

$$a^{(l-1)} = (a_1^{(l-1)}, a_2^{(l-1)}, \cdots a_i^{(l-1)}, \cdots a_x^{(l-1)})^{\mathrm{T}} \tag{2-18}$$

则当前全连接层的输出向量 $a^{(l)}$ 可表示为：

$$a^{(l)} = f(\sum_{i=1}^{a} W_{l-1} a_i^{\,l-1} + b_{i-1}) \tag{2-19}$$

其中，f 为激活函数。

逐层迭代到后续处理网络的最终输出层：

$$y = f^{n+1}(\sum_{i+1}^{\beta} W_{n+1} f^{n} + b_{n+1}) \tag{2-20}$$

式中，β 为最后一层隐含层的神经元数量，f^n 为全连接层迭代计算到输出层的函数表达。

神经网络中较为常用的激活函数主要有 Sigmoid、Tanh 以及 ReLU 等。

Sigmoid 激活函数的取值范围在（0，1），它的曲线大致呈形，如图 2-12 所示。

Sigmoid 激活函数比较适合处理数据之间特征差异不太明显的情况，缺点是有可能出现梯度消失的现象。Sigmoid 激活函数通常在二分类问题中应用较为普遍。其计算公式如下：

$$f(x)=\frac{1}{1+e^{-x}} \tag{2-21}$$

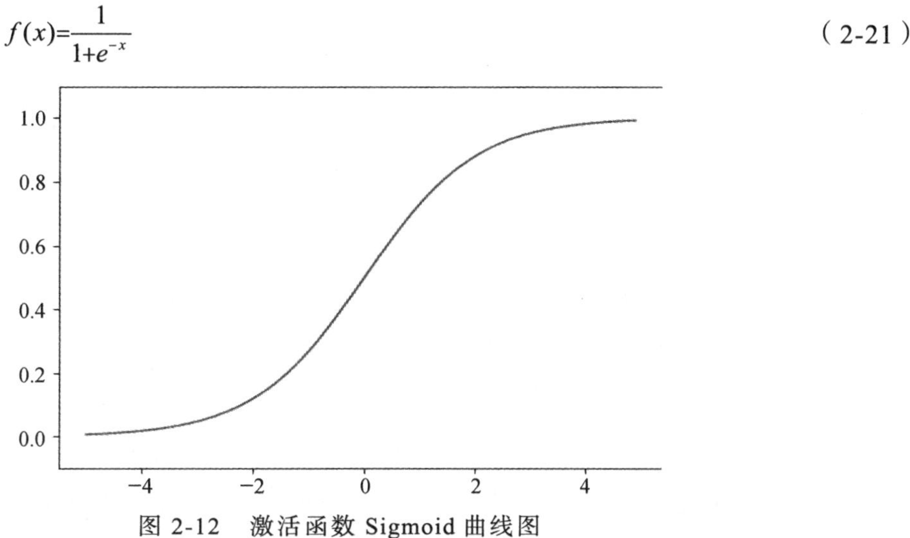

图 2-12　激活函数 Sigmoid 曲线图

Tanh 激活函数的输出值在（-1，1），呈一条双曲线，如图 2-13 所示。Tanh 激活函数在处理特征具有明显差异的情形下会表现出良好的效果，相比于 Sigmoid 激活函数，Tanh 激活函数对于改善梯度消失问题有较为良好的效果，但在训练过程中也有一定的局限性。其计算公式如下：

$$f(x)=\frac{e^{x}-e^{-x}}{e^{x}+e^{-x}} \tag{2-22}$$

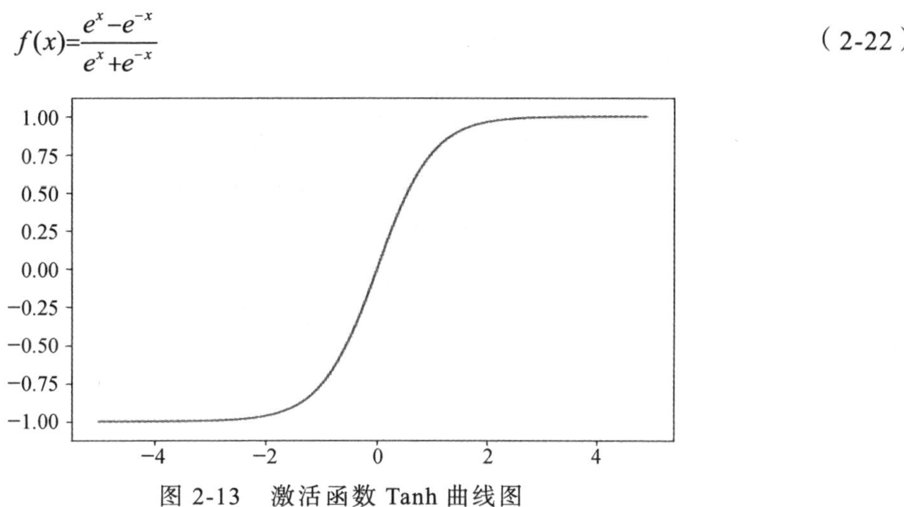

图 2-13　激活函数 Tanh 曲线图

ReLU 激活函数的特点是对函数取最大值，且当输入信号大于零时，这时输出值为函数的输入值，当输入信号小于或者等于零时，输出值为零。其曲线图如图 2-14 所示。ReLU 激活函数最大的优势在于它的训练速度相对较快，并且可以最大程度的保留数据的特征。其计算公式如下：

$$f(x)=\begin{cases}x,x>0\\0,x\leqslant 0\end{cases} \tag{2-23}$$

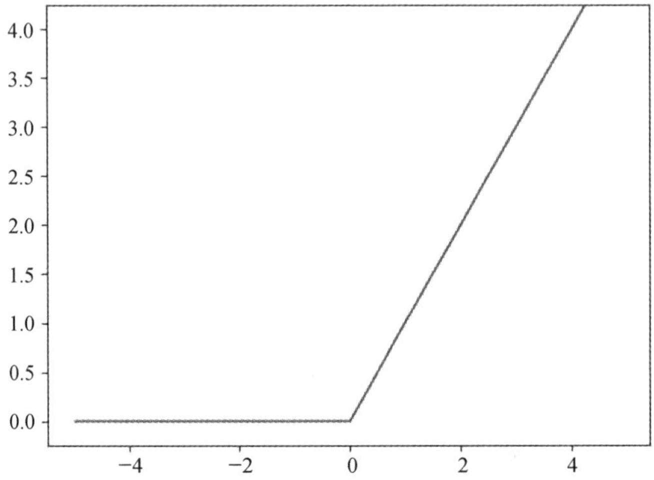

图 2-14　激活函数 ReLU 曲线图

激活函数能够将神经网络中的部分神经元激活，从而得以将激活后的信息传递到下一层网络，弥补了神经网络线性模型的表达能力不足的问题。

2.4.3　AdaBoost-DNN 异常检测模型构建

深度学习是机器学习的一个新兴发展方向，有研究方法证明深度学习算法由于可以对输入数据进行特征的分层编码，因此具有较强的非线性映射学习能力。现在经过不断发展，各种深度神经网络在很多领域都有广泛的应用，并且取得了良好的学习效果。因此，本文异常用电检测模型中选择深度神经网络作为集成学习的子学习器。通常，神经网络由输入层、一个或多个中间层（也称为隐藏层）和输出层组成。本文经过一定的测试发现，选择七层深度神经网络时，模型的训练速度和预测效果综合起来考虑都较为优秀，此时神经网络包括 5 个隐含层。

将深度神经网络作为 AdaBoost 模型的基学习器，训练原理如图 2-15 所示。

其算法主要步骤如下：

（1）样本权重初始化。每行用电负荷数据首先设定一个权值，第一轮迭代中平均分布各行数据的权值，即

$$D_1=(w_{11},\cdots,w_{1i},\cdots,w_{1N}),w_{1i}=\frac{1}{T},i=1,2,\cdots,T \tag{2-24}$$

式中：w_{1i} 为第 1 轮迭代中第 i 行用电负荷数据的权值；每行数据的权值均初始化为 $1/T$，其中 T 为数据量大小。

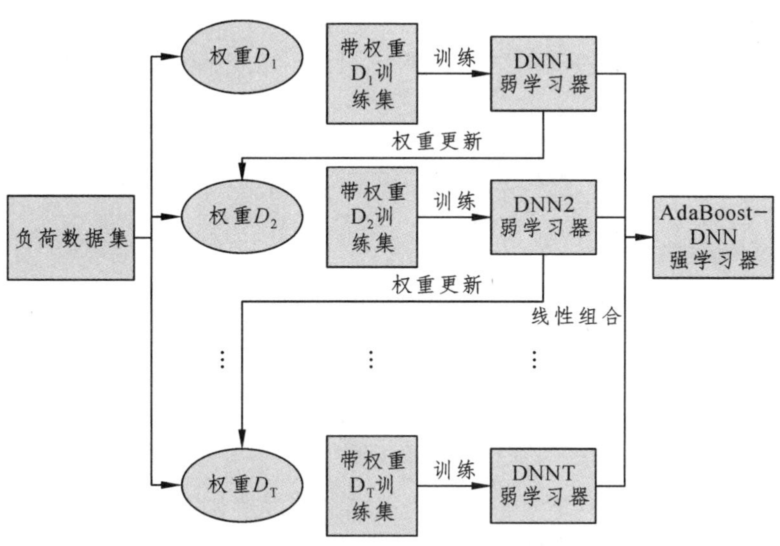

图 2-15　AdaBoost-DNN 原理图

（2）在第 m 轮迭代中：

① 使用机器学习算法学习当前权值 D_m 下的训练集，每个数据集下生成一个独立的分类器 $y_{mk}(x)$，总共生成 j 个分类器。

$$y_{mk}(x): X \to \{-1,1\}，\ k=1,2,\cdots,j \tag{2-25}$$

② 分别计算 j 个分类器在当前训练数据权值 D_m 下的加权误差率 e_{mk}。加权误差率代表所有错误分类的训练数据的权值之和。

$$e_{mk} = P(y_{mk}(X_i) \neq y_i) = \sum_{i=1}^{N} w_{mi}(y_{mk}(X_i) \neq y_k) \tag{2-26}$$

式中：w_{mi} 为第 m 轮迭代中第 i 行用电负荷数据的权值；X_i 为用电负荷序列矩阵的第 i 行数据。保留一个加权误差率最小的分类器为本轮迭代过程最终训练好的 DNN 弱分类器，记为 $y_m(x)$。记录 $y_m(x)$的加权误差率 e_m 及其对应的用电负荷 k_m，DNN 弱分类器在分类过程中只考虑其对应的用电负荷进行判断。

③ 生成 DNN 弱分类器 $y_m(x)$的权重 α_m。

$$\alpha_m = \frac{\lg \frac{1-e_m}{e_m}}{\sum_{i=1}^{m} \lg \frac{1-e_i}{e_i}} \tag{2-27}$$

DNN 弱分类器的权重与其加权误差率成负相关，即分类精度越高则权重越低。

④ 权重更新。

迭代过程中被正确分类的数据权重降至原来的 $e_m/(1-e_m)$倍，之后将所有权重重新归一化处理。该迭代过程提高了被误分类的用电负荷数据的权重，使算法充分学习每一个数据，从而获取不同的 DNN 弱分类器。

（3）生成最终的强分类器。

在迭代结束后，将各 DNN 弱分类器加权线性组合，并取其符号生成最终的强分类器 $y(x)$：

$$y(x) = sign\left(\sum_{m=1}^{M} \alpha_m y_m(x)\right) \tag{2-28}$$

式中 M 为迭代轮次总数。

将训练好的 M 个 DNN 弱分类器通过一定的策略组合成最终的强分类器，实现模型性能的提升，强分类器中所有 DNN 弱分类器的学习能力在窃电检测过程中都能够得到充分的发挥。

2.4.4 基于遗传算法的模型超参数优化

遗传算法最早是由美国的 Holland 教授提出，并对遗传算法的整个运行过程详细地进行了论证和解释。科学家们受到自然界生物圈中某些生物强大的环境适应能力所启发，因为自然界中的生物为了生存和获得配偶的需要，它们通过不断地和其他生物甚至同类竞争来获得生存的空间和资源。这样导致的后果是竞争力强的个体会产生更多的后代，而竞争力相对较弱的个体的后代不断减少。此消彼长，在不断的迭代过程中，留下的都是对环境适应能力极强的优质个体。遗传算法就是模拟生物圈中这种自然选择的过程抽象而来。

目前遗传算法由于其良好的寻优能力已经广泛应用在了各个领域，包括自动控制、数据挖掘以及图像识别等等。遗传算法的一个很大的优势是，可以在完全不依赖初始条件的情况下，做到全方位多层次地搜索求解空间的每一个角落。其他优势如下：

（1）当需要解决的问题属于一维空间时，一般的网格搜索、贪心优化算法通常都能取得很好的效果；而涉及多维空间时，一般的优化算法的效果这时就显得不够理想。遗传算法因为其本质上就是一种多维的优化算法，特别适合解决多维空间的优化问题，在原理上如果从某个方向没有找到最优解，遗传算法可以灵活地变换空间位置继续寻优。

（2）对于异常用电检测这种较为复杂的非线性问题的求解，如果通过其中一个参数单独计算求解，工作量就显得尤为庞大，而遗传算法由于使用的是并行求解，所以可以大大地降低计算量。

（3）遗传算法的另外一个优势是可以同时对多个参数进行寻取，所构建的异常检测模型中可能会涉及不同算法中多个参数的优化，例如神经网络的学习速率、决策树的树深等。遗传算法正好擅长此类问题的优化，提升了优化的整体效果。

遗传算法的基本要素如下：

1）初始种群

种群初始化的主要目的是将需要优化求解的问题从低维空间转换到高维空间。遗传算法中种群中的独立个体称为染色体，其本质是经过编码处理后得到的字符串。染色体的长度并不相同，可以将需要优化的参数编码在染色体的不同基因上，实现多参数的优化。

2）选择

遗传算法中的选择机制基本遵循自然界中优胜劣汰、适者生存的法则。通过选择操作可以将上一代优秀的染色体基因直接传到下一代。由于各个选择算子彼此存在一定的差

异，采用的选择方式也不尽相同，一般常见的有适应度比例法和最佳个体保存法等。

3）交叉

当染色体中的遗传基因通过选择操作挑选出来后，需要通过交叉过程去进行染色体重组。交叉操作尤为重要，它将会直接影响遗传算法的收敛性。交叉算法主要有两种模式：一种是个体间随机配对，基于预先设定好的交叉概率来判断交叉与否；另一种是对染色体的固定基因作为交叉点相互进行交换。

4）变异

通过交叉操作产生的后代基本遗传了双方父代的基因，在一定程度上造成了种群发展出现单一化的现象，而变异操作可以确保种群的多样性。基因变异指的是个体由于本身某部分基因的改变而生成一个新的个体，在遗传算法中引用基因变异这一跳出机制可有效的改善算法陷入局部最优的缺陷。

在一个庞大的生物种群中包含了许多个相互独立的个体，而遗传算法的优化需要依据各代种群自身的好坏程度对所有的种群个体进行排序，需要确保更多的优质种群能够遗传到下一代。遗传算法会根据自己独有的机制对模型的超参数进行全方位多尺度的寻优。

深度神经网络的学习速率是模型的一个关键超参数，其决定模型中神经元间权重等参数更新的速率大小，神经网络模型学习速率 v 决定模型各参数移动到最优值的速度，若学习速率设置过大，可能会导致模型训练时越过最优值，反之学习速率过小则会使更新参数效率过低，参数长时间无法到达最优值。以深度神经网络的学习速率优化为例，遗传算法优化模型学习速率的基本步骤如下：

（1）编码。

个体编码采用二进制编码，每个个体均为一个二进制串，遗传算法首先将空间的深度神经网络模型的学习速率参数表示成遗传空间的串结构数据，由这些基因型串结构数据的不同组合就构成不同的点。

（2）初始化群体。

随机生成 N 个初始化串结构数据，每个数据点代表一个学习速率，全部的 N 个数据就构成了一个群体，这些学习速率作为遗传算法的初始迭代点。

（3）计算适应度。

计算模型每个新学习速率的适应度值，其中适应度函数为深度神经网络模型的损失函数，适应度值是用来评价个体解的优劣性的一个指标。

（4）选择操作。

计算模型新学习速率的适应度值，其中适应度函数为深度神经网络模型的损失函数，适应度值是用来评价个体或解的优劣性的一个指标。

（5）交叉操作。

交叉操作是遗传算法中最主要的一个步骤，通过交叉操作可以得到新一代的个体。因为个体之间采用二进制编码，因此交叉操作基于实数交叉策略，第 m 个染色体 a_m 与第 l 个染色体 a_l 在 j 位的操作 a_{mj} 和 a_{lj} 分别为：

$$\begin{cases} a_{mj} = a_{mj}(1-b) + a_{lj}b \\ a_{lj} = a_{lj}(1-b) + a_{mj}b \end{cases} \tag{2-29}$$

式中：b 为[0，1]之间的随机数。

（6）突变操作。

变异是从群体中随机选择一个学习速率，对于选中的个体以一定的概率随机地改变串结构数据中各个数据的值，变异为新学习速率的产生提供机会。选取第 i 个个体的基因 a_{ij} 进行变异，变异操作方法为：

$$a_{ij}=\begin{cases}a_{ij}+(a_{ij}-a_{\max})h(g), & r>0.5\\ a_{ij}+(a_{\min}-a_{ij})h(g), & r\leqslant 0.5\end{cases} \tag{2-30}$$

式中：$a_{\max}$ 和 $a_{\min}$ 分别为基因 a_{ij} 的上、下界；函数 $h(g)=r_2(1-g/G_{\max})^2$，其中 r_2 为随机数，g 为当前迭代次数，$G_{\max}$ 为最大迭代次数，r 为[0，1]之间的随机数。

（7）判断学习速率。

判断学习速率是否满足优化条件，如不满足，重复步骤（3），否则进入步骤（7）。

（8）得到最优学习速率。

最后找到种群中适应度最好的学习速率输出。遗传算法更新深度神经网络模型的学习速率的主要步骤如图 2-16 所示。

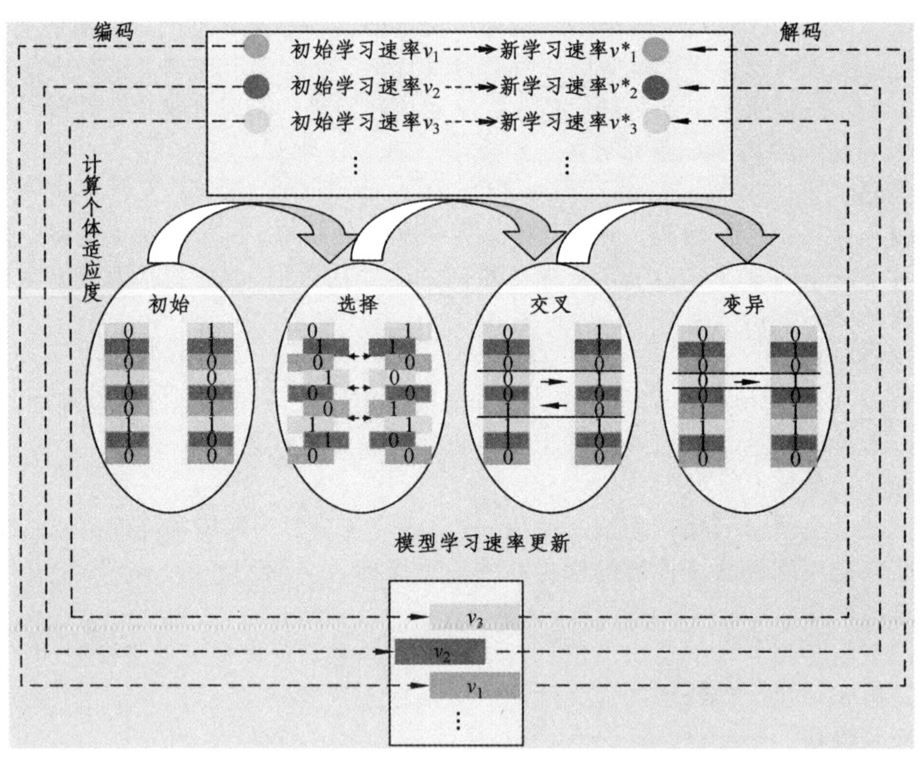

图 2-16　模型的学习速率遗传优化流程

由图 2-16 可得，深度神经网络模型的学习速率遗传优化流程主要为：先对学习速率 1、2、和 3 进行编码，然后计算这些学习速率的适应度和进行选择、交叉和变异操作直到学习速率满足优化要求，最后对预测模型的新学习速率 1、2、和 3 进行解码。

2.4.5 算例测试

利用前面经过预处理的数据集输入到 AdaBoost-DNN 模型进行测试，分别和未经过 SMOTE 过采样和 PCA 降维处理的模型、只进行 SMOTE 过采样以及只进行 PCA 降维的模型进行对比实验，观察模型在训练集和验证集上的损失值 *Loss*，结果分别如图 2-17、图 2-18、图 2-19 和图 2-20 所示。

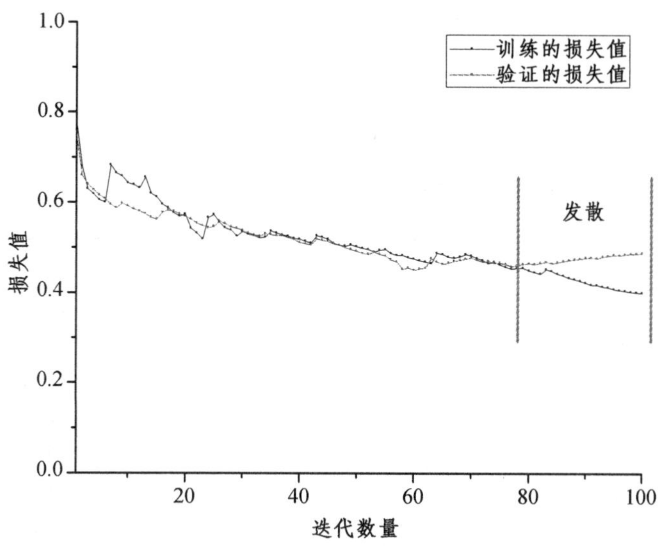

图 2-17 未经过 SMOTE 和 PCA 处理的损失值分析

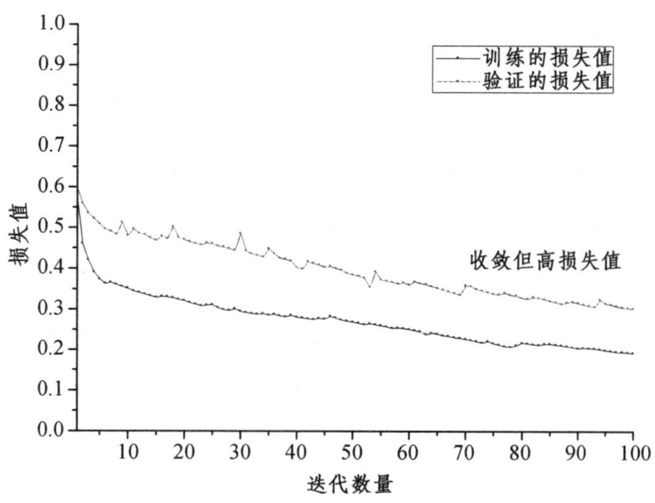

图 2-18 只进行 SMOTE 处理的损失值分析

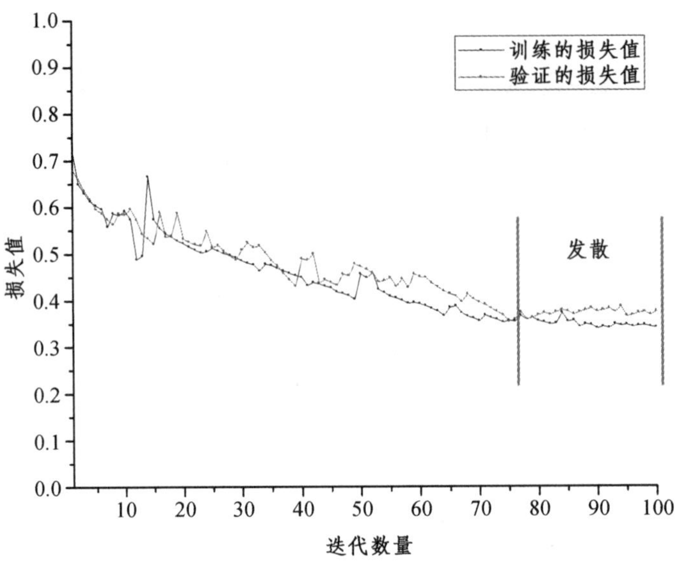

图 2-19 只进行 PCA 降维处理的损失值分析

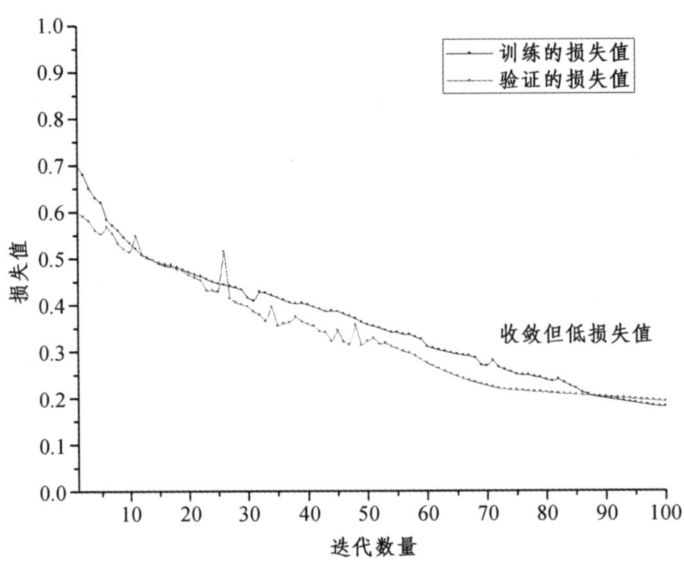

图 2-20 经过 SMOTE 和 PCA 降维处理的损失值分析

由图 2-17 可得，随着迭代次数的增加，未经过 SMOTE 过采样和 PCA 降维处理的模型表现不佳，图 2-17 和图 2-19 损失函数值未出现明显下降，且在验证集并不收敛，出现了过拟合，这是因为窃电数据的极度不平衡性造成的。如图 2-18，模型经过 SMOTE 过采样后数据集基本达到了平衡状态，所以在验证集上模型最终也逐渐收敛，但由于维数灾难湮没了一些有用信息，使得最后收敛速度偏慢且损失值并未降到一个合理的值。如图 2-20 所示，经过 SMOTE 和 PCA 处理后，模型在训练集和验证集上拟合效果最佳，损失值最终也收敛到 0.18，模型表现最好。这充分验证了原始数据集极大的不平衡性造成的影响以及经过 SMOTE-PCA 处理后数据集质量的巨大提升。

为了验证不同比例的窃电样本对检测模型的影响，得到了本方法与其他三种机器学习方法（SVM、ANN、RF）在不同比例的窃电样本下的准确率（ACC）和灵敏度值（Sensitivity）比较。结果如图 2-21 和 2-22 所示。

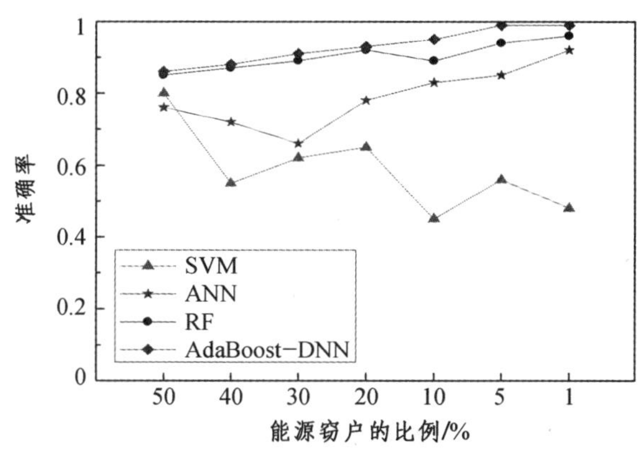

图 2-21　不同窃电样本比例下四种算法准确率对比

从图 2-21 可以看出，随着窃电样本比例的降低，其他三种算法的 ACC 值显示出显著的上升趋势。其中，AdaBoost-DNN 算法和 RF 算法的值比较接近，AdaBoost-DNN 算法的 ACC 值始终最大。

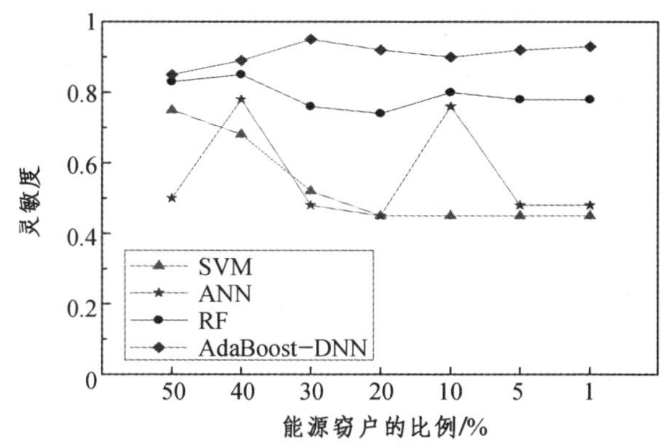

图 2-22　不同窃电样本比例下四种算法灵敏度对比

图 2-22 显示了四种算法的灵敏度值：总体而言，AdaBoost-DNN 和 RF 比 ANN 和 SVM 更敏感。随着窃电样本比例的降低，SVM 算法的灵敏度降低，ANN 算法的灵敏度波动较大，而 AdaBoost-DNN 和 RF 算法的灵敏度在 0.8 到 1.0 之间波动，其中 AdaBoost-DNN 的灵敏度始终最大。

此外，绘制了四种算法的 ROC 曲线图，如图 2-23 所示。

从图 2-23 可以直观地看出，经过高质量的数据预处理和特征挖掘后，所有模型都可以取得良好的结果，而且，Adaboost-DNN 集成模型的 AUC 值比任何其他异常检测分类模型都要大。表 2-7 给出了更详细的比较。

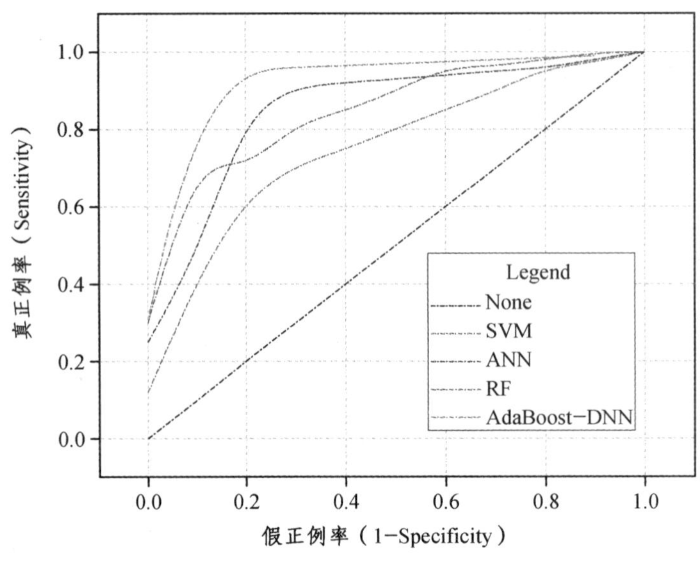

图 2-23　四种算法 ROC 曲线图对比

表 2-7　不同训练集下各种算法的性能比较

Model	Training set = 60%			Training set = 70%			Training set = 80%		
	ACC/%	TPR/%	AUC	ACC/%	TPR/%	AUC	ACC/%	TPR/%	AUC
SVM	75.8	63.1	0.719	76.2	64.8	0.726	76.5	63.2	0.738
ANN	81.2	73.5	0.820	81.4	73.8	0.812	81.3	72.6	0.814
RF	86.1	85.5	0.856	84.9	82.8	0.828	85.8	83.3	0.832
AdaBoost-DNN	94.8	93.6	0.926	95.3	94.3	0.923	95.1	94.8	0.931

表 2-7 中的测试结果表明，当训练集占数据的 80%时，由于模型的训练更充分，因此效果比 60%和 70%的比例略有改善，因此训练集、验证集和测试集的百分比分别设置为 80%、10%和 10%。

模型的超参数选择对模型的影响很大，利用遗传算法优化 AdaBoost-DNN 集成模型的超参数，对模型的学习速率进行寻优，通过不断地迭代寻找最佳学习速率，遗传算法迭代收敛曲线，如图 2-24 和图 2-25 所示。

对比图 2-24 和图 2-25 可知，遗传算法通过不断迭代寻找最优学习率，未进行遗传优化的模型很快收敛，在第 20 个周期后就只有微小波动，最终学习速率收敛到 0.083，这说明模型陷入了局部最优；而经过遗传算法优化后，模型收敛相对更慢，最后找到了最优学习速率为 0.048，实验验证模型经过遗传优化后具有更高的预测精度。

为了进一步验证模型的遗传优化效果，选择验证集中表现最好的模型进行测试，比较 AdaBoost-DNN 和 AdaBoost-GADNN 的准确率、灵敏度和 AUC 值，结果如图 2-26 所示。

从图 2-26 可以看出，经过遗传优化后，模型的准确率、灵敏度和 AUC 值都有所提高，其中灵敏度的提高幅度最大。这表明该模型对窃电检测具有较好的稳定性和适应性。

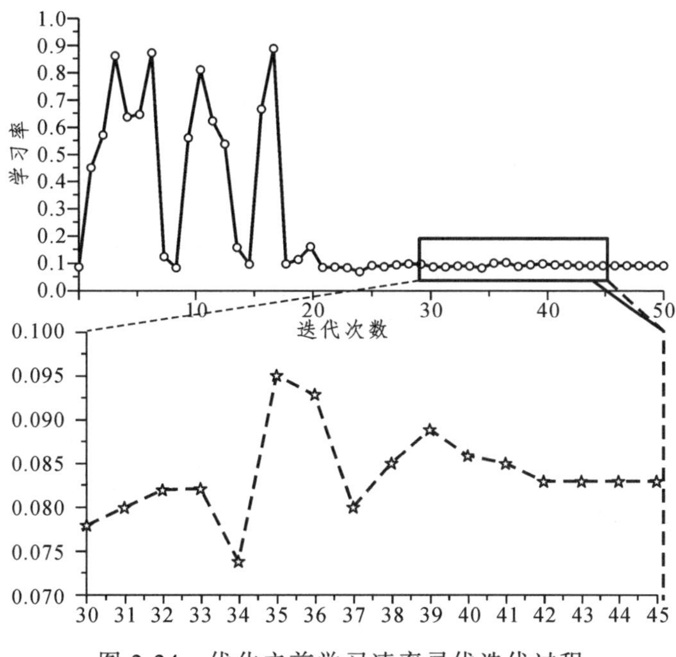

图 2-24 优化之前学习速率寻优迭代过程

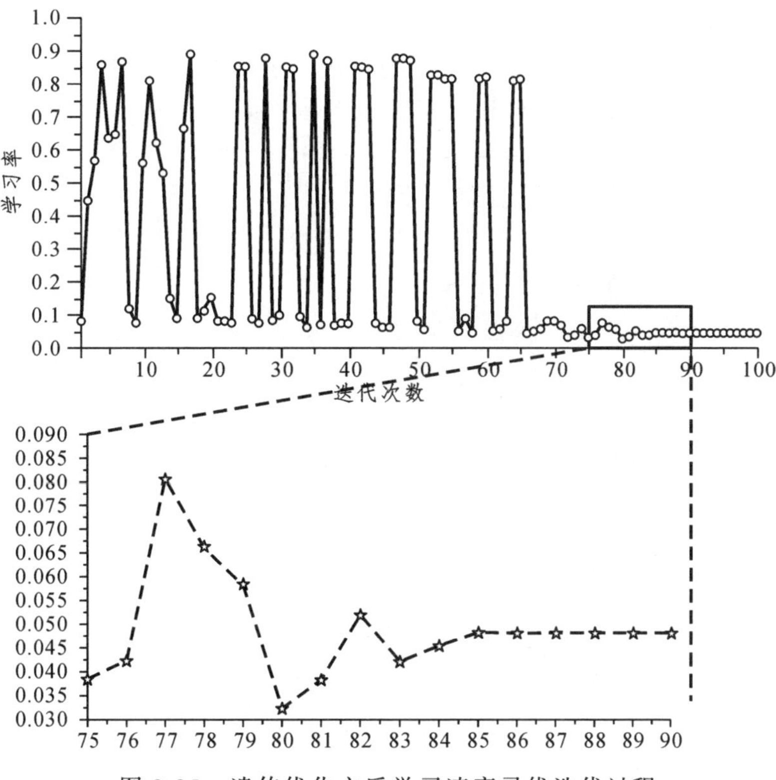

图 2-25 遗传优化之后学习速率寻优迭代过程

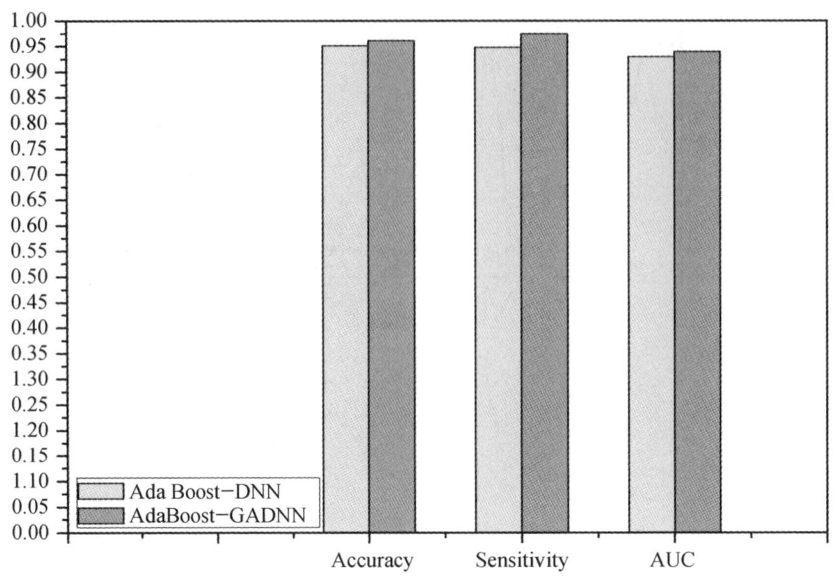

图 2-26　遗传优化前后模型性能比较

2.4.6　小　结

本节首先介绍了 AdaBoost 集成框架的基本原理和深度神经网络的结构及其主要的激活函数；其次，构建了基于 AdaBoost 异常用电检测模型；最后在国家电网公司采集的数据集上测试，结果表明所提模型相比于支持向量机、随机森林以及传统人工神经网络等检测方法在准确率、灵敏度以及 AUC 评价指标上有明显提升。

2.5　Bagging 异常检测智能算法设计

2.5.1　Bagging 异质集成学习框架

不同于 Adaboost 算法的串行集成框架，Bagging 算法则是并行集成学习框架的典型代表。所谓并行，可以是同种算法多个模型的叠加，也可以是不同算法的组合。对于窃电检测这种分类任务，Bagging 在对预测输出结果进行结合时，通常采用投票法。采用同种模型作为 Bagging 框架子学习器的学习过程可归纳为以下四个步骤：

步骤 1：从原始训练集中使用 Bootstraping 方法随机有放回采样选出 m 个样本，共进行 T 次采样，生成 T 个训练集。

步骤 2：训练 T 个子学习器，对不同的 T 个子集进行学习。

步骤 3：将 T 个子学习器分别对测试数据进行预测，得到测试结果。

步骤 4：将各个子学习器的结果综合起来，最终结果由投票得出。

Bagging 异质集成学习的结构如图 2-27 所示。

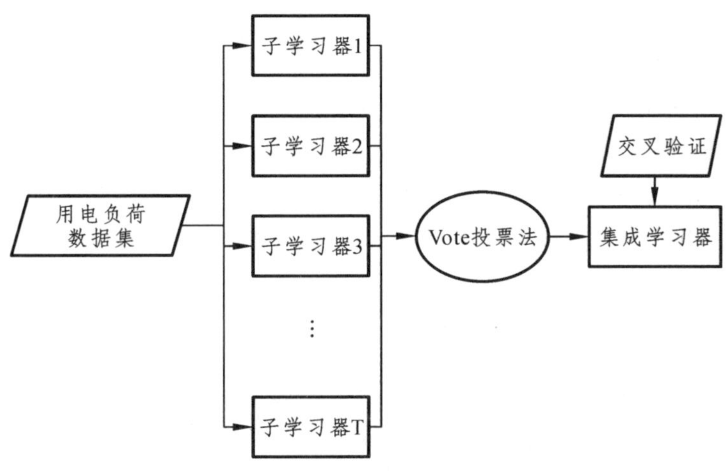

图 2-27 Bagging 集成模型原理图

Bagging 集成模型各个子学习器学习到的效果存在差异，它们之间的组合规则也会对最终的输出结果产生不小的影响，目前主要应用的决策规则主要有以下两种组合方法：

通常假设存在 T 个子学习器 $\{p_1, p_2, \cdots, p_T\}$，其中 p_i 具体实例 x 中的相应输出为 $p_i(x)$。

（1）投票法。通常是针对异常用电检测这种分类问题的预测，应用最为广泛的投票法是绝对多数投票法，假设类别集合为 $\{q_1, q_2, \cdots, q_N\}$，$p_i$ 输出的预测结果为一个 N 维向量， $p_i^j(x)$ 是 $p(i)$ 在类别集合 p_j 上的一个输出。

$$P(x)=\begin{cases} q_j, f\sum_{i=1}^{T} p_i^j(x) > 0.5\sum_{k=1}^{N}\sum_{i=1}^{T} p_i^j(x) \\ reject, \text{otherwise} \end{cases} \tag{2-31}$$

（2）学习法。当所用训练样本数据集较大时，可以考虑使用结合另一种强大的集成学习模型进行组合分析，例如 Stacking 集成方法。Stacking 分为基模型和元模型，由基模型学习到的结果再次作为元模型的输入以获得最终的分类结果。

2.5.2 基于 Bagging 集成模型的子学习器设计

多样性度量通常用于量度集成学习模型中各个子学习器的多样化程度。那么如何准确地定义和度量学习器之间的多样性显得尤为重要，不同的领域甚至不同的角度所提出的度量方法差异巨大，很难确定一个针对所有问题都统一有效的标准。

总的来说，多样性的度量标准可以分为两大类：成对的和非成对的多样性度量。成对的多样性度量指的是首先计算每一个子学习器和所有其他子学习器之间的多样性值，然后通过求其平均值来度量集成模型的多样性；非成对多样性度量则通过某种机制直接计算整个集成系统的多样性值。下面主要介绍成对的多样性度量的两个常用指标 Q 统计和双次失败度量 DF。

在分析多样性度量之前，首先定义如下符号：假设有 L 个基分类器，M 和 N 代表两个不同的分类器；$P^{11}(P^{00})$为分类器 M 和 N 都对其正确（错误）分类的样例数目；$P^{10}(P^{01})$ 则为一正一误的分类器。由此，总的样例数目 P 可以表示为 $P=P^{11+}P^{00+}P^{10+}P^{01}$，具体如表 2-8 所示。

表 2-8　两个分类器的分类结果组合情况

	N 正确	N 错误
M 正确	P^{11}	P^{10}
M 错误	P^{01}	P^{00}

Q 统计来自统计学领域，窃电属于二分类问题，两个分类器 M 与 N 之间的 Q 统计值为

$$Q_{MN} = \frac{p^{11}p^{00} - p^{10}p^{01}}{p^{11}p^{00} + p^{10}p^{01}} \tag{2-32}$$

试验研究表明，由式（2-32）可见，对于每个样例，如果两个分类器对其的分类结果是相同的，则有 $P^{10}=P^{01}=0$，即 $Q_{MN}=1$，此时它们之间的多样性程度最低；反之，如果两个分类器在每个样例上的分类结果都不同，则 $P^{11}=P^{00}=0$，即 $Q_{MN}=-1$，这种情况下多样性程度最高；对于统计独立的两个分类器，Q_{MN} 期望值为 $Q_{MN}=0$。

试验研究表明，有研究方法使用双次失败度量为分类器集合生成一个成对多样性矩阵，通过该矩阵选择最不相关的分类器。双次失败度量关注分类器 M 和 N 均将其错误分类的样例，该度量定义为

$$DF_{MN} = \frac{p^{00}}{p} \tag{2-33}$$

由公式可得，相关性低的样例越多，则两个分类器越可能在相同的样例上出错。极端地，如果对于每个样例 x，M 和 N 均将其错误分类，即 $DF_{MN}=1$，则两个分类器之间的多样性程度最低。

试验研究表明，对于单个的子学习器来说，整体性能更好的学习器会比相对较差的学习器获得更好的预测效果。而在构建集成学习模型时，各个子学习器之间差异性的大小显得尤为关键，即要想获得最佳的集成预测效果，个体学习器之间既要有不错的准确性，又要有一定的差异性。以表 2-9 所示 3 个子学习器集成为例，其中“1”代表分类正确，“0”代表分类错误，从个体角度看，表中的子学习器综合起来都只有三分之二的准确率，但集成后却达到了 100%，这就是集成模型的优势所在。

表 2-9　Bagging 集成的学习器差异性体现

学习器类别	测试集 1	测试集 2	测试集 3
子学习器 1	1	1	0
子学习器 2	0	1	1
子学习器 3	1	0	1
Bagging 集成学习器	1	1	1

可以大致得出这样的结论：差异度越大的子学习器组合在一起，往往能获得比同类学习器更好的学习效果，因为每一种类型的学习器都是从不同的数据空间角度去认识数据，所捕捉到的信息会有所差异，异类学习器之间可以形成优势互补。因此，选择差异度较大

的算法能够最大程度提升模型的整体性能。表 2-10 和表 2-11 是 5000 条数据集上的 *DF* 值和 *Q* 统计值。

表 2-10 各个子学习器在数据集上的 *DF* 值

学习器类别	*DF*						
	DT	SVM	KNN	ANN	RF	GBDT	Ave
DT	1	0.063	0.042	0.050	0.055	0.058	0.053
SVM		1	0.036	0.023	0.058	0.067	
KNN			1	0.056	0.032	0.036	
ANN				1	0.049	0.042	
RF					1	0.065	
GBDT						1	

表 2-11 各个子学习器在数据集上的 *Q* 统计值

学习器类别	*Q*						
	DT	SVM	KNN	ANN	RF	GBDT	Ave
DT	1	0.688	0.546	0.433	0.896	0.875	0.712
SVM		1	0.631	0.562	0.488	0.389	
KNN			1	0.620	0.585	0.671	
ANN				1	0.496	0.587	
RF					1	0.912	
GBDT						1	

由表 2-10 和表 2-11 可知，DT 与其他子学习器的平均 *DF* 值和 *Q* 统计值均为最高，即多样性最低，同时，DT 在检测能力上明显低于同类型的 RF、GBDT 等树型学习器，首先把 DT 排除在外。RF 和 GBDT 原理稍有不同，RF 采用 Bagging 并行集成方式，而 GBDT 采用 Boosting 串行集成方式。但结果显示 GBDT 的 DF 值和 *Q* 统计值低于 RF，故同质集成学习器中选择 GBDT 作为 Bagging 异质集成中的个体学习器，排除 RF。SVM、KNN、和 ANN 之间的训练机理差异较大，所以都作为子学习器保留。模型最终的子学习器已经全部确定，包括 SVM，KNN，ANN 和 GBDT。此时模型中各子学习器以及系统整体的 *DF* 值和 *Q* 统计值如表 2-12 所示。由表 2-12 可知，此时系统的 *DF* 值和 *Q* 统计值分别为 0.053 和 0.732，较之前均出现了一定程度下降，即系统的多样性更加丰富。

表 2-12 模型中各子学习器以及系统整体的 *DF* 值和 *Q* 统计值

学习器类别	*DF* 值	*Q* 统计值
SVM	0.053	0.732
KNN	0.036	0.591
ANN	0.049	0.638
GBDT	0.042	0.866

至此，Bagging 集成模型的子学习器全部确定，分别为 SVM、KNN、ANN 和 GBDT，其中 GBDT、ANN 和 SVM 分别为机器学习中符号主义学习、连接主义学习和统计学习的代表，最大程度上保证了算法的多样性。本文所用基于 Bagging 异质集成学习的窃电检测模型的流程图如图 2-34 所示。

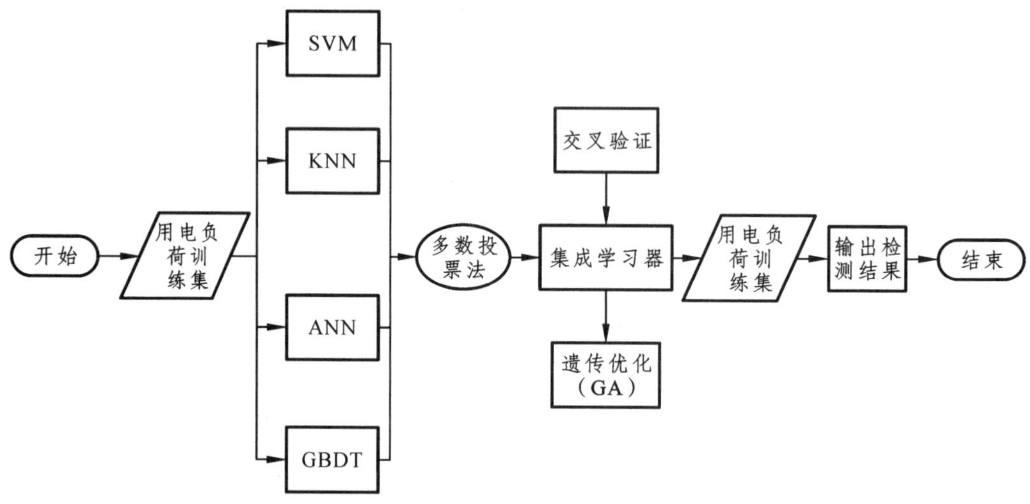

图 2-34　基于 Bagging 集成学习的窃电检测模型

首先把预处理好的用电负荷数据集构建模型训练集，通过 Bagging 集成算法进行学习，集成模型对各子学习器的输出进行结合，结合策略选用应用最为广泛的多数投票法，然后运用遗传算法对模型的超参数进行优化并对结果进行 5 折交叉验证，最后在测试集上做最后的检验。5 折交叉验证的原理图如图 2-35 所示。

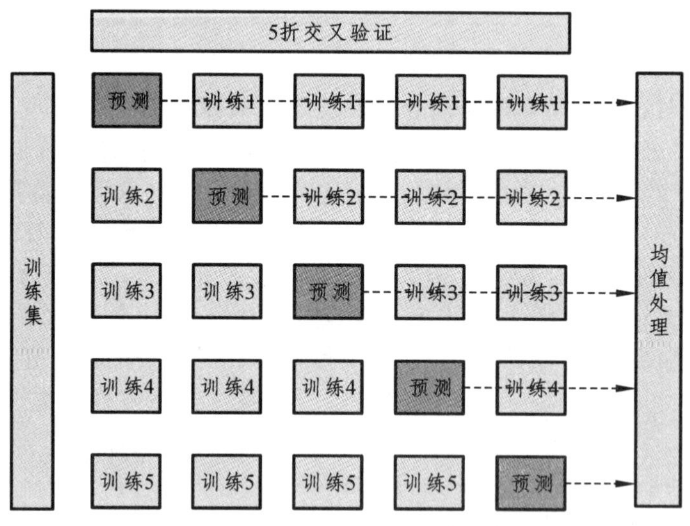

图 2-35　5 折交叉验证原理图

将数据集平均分成 5 等份，以其中 4 份数据作为训练集，另外的一份作为测试集。这样算做完一轮测试，而 5 折交叉验证指的是每份数据都要做一次测试集，也就是说交叉验证实际是把实验重复做了 5 次，这就避免了数据选择的随机性。最后把得到的 5 次实验结果求平均值，最大程度上保证了模型的泛化性。

最后，对整个建模过程总结归纳如下：首先对原始数据进行预处理，利用拉格朗日插值法补齐了缺失值。

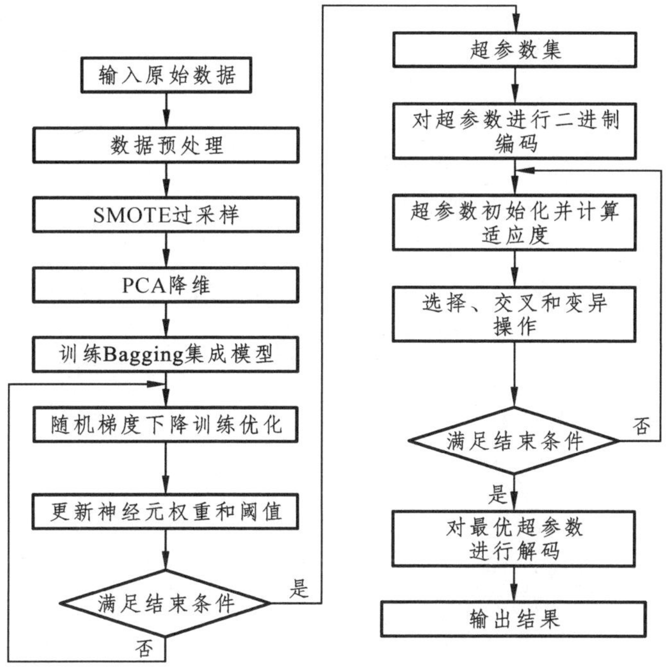

图 2-36　总流程图

然后考虑到数据集的不平衡问题，采用合成少数类过采样技术 SMOTE 对异常样本增强；其次为了克服高维数据可能湮没数据有效特征的问题，用 PCA 降维对原始数据集的特征属性进行选择；接着把处理好的数据送入搭建好的 Bagging 集成模型进行训练，对训练结果进行 5 折交叉验证；最后利用遗传算法对模型的超参数寻优，使之收敛到最优值，模型的总流程图如图 2-36 所示。

从流程图可知，为应对窃电数据严重的不平衡性带来的不利影响，整个数据挖掘的过程从数据预处理、模型建立、模型优化等多个角度都考虑到了这个问题并采取了具有针对性的解决措施，后续的测试实验也能有效验证模型的表现性能。

2.5.3　算例测试

数据集记录了 1 035 天中 42 372 名电力用户每日的用电量。将预处理好的数据输入设计好的 Bagging 集成模型中，测试训练集分别为 60%、70%和 80%时与其它四种机器学习算法（SVM、KNN、ANN、GBDT）的性能比较，结果如表 2-13 所示。

表 2-13　不同训练集下各种算法的性能比较

Model	*Training set* = 60%			*Training set* = 70%			*Training set* = 80%		
	ACC/%	*TPR*/%	*AUC*	*ACC*/%	*TPR*/%	*AUC*	*ACC*/%	*TPR*/%	*AUC*
SVM	76.3	66.2	0.748	76.8	67.5	0.756	79.4	69.2	0.779
KNN	78.8	76.5	0.832	80.5	76.8	0.838	83.6	81.3	0.848

续表

Model	Training set = 60%			Training set = 70%			Training set = 80%		
	ACC/%	TPR/%	AUC	ACC/%	TPR/%	AUC	ACC/%	TPR/%	AUC
ANN	81.6	73.7	0.844	81.8	73.8	0.852	82.6	74.6	0.861
GBDT	88.6	86.9	0.912	87.9	85.8	0.896	87.8	87.1	0.906
Bagging	95.4	95.6	0.967	95.8	95.2	0.969	96.1	95.4	0.972

由表 2-13 可得，在准确率、真正率和 AUC 指标中，Bagging 集成模型的性能均优于其他四种子模型算法，其中 SVM 的整体效果最差，GBDT 相对来说效果也很不错。另外，当训练集的比例不同时，模型训练效果也略有差异，整体上来说，当训练集为 80%时，由于训练相对充分，最终效果也优于训练数据集为 60%和 70%的情况，所以最终的训练集、验证集和测试集的比例划分分别为 80%、10%和 10%。

为了验证不同比例的窃电样本对检测模型的影响，分别测试不同方法在窃电用户比例为 50%、40%、30%、20%、10%、5%和 1%时的准确率和灵敏度，结果如图 2-37 和 2-38 所示。

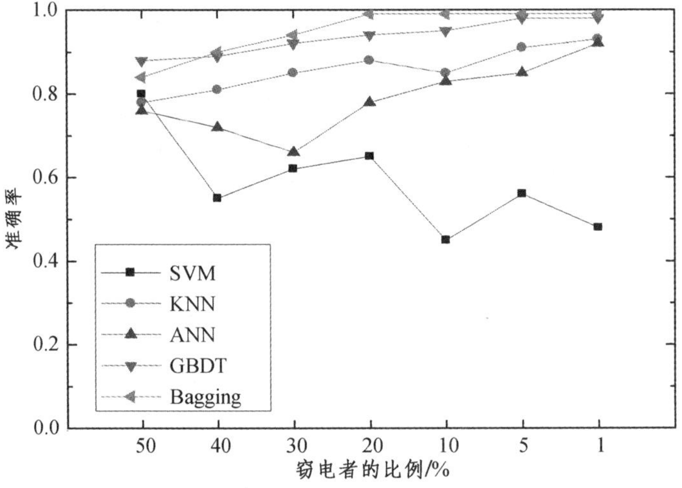

图 2-37　不同窃电样本比例下五种算法准确率对比

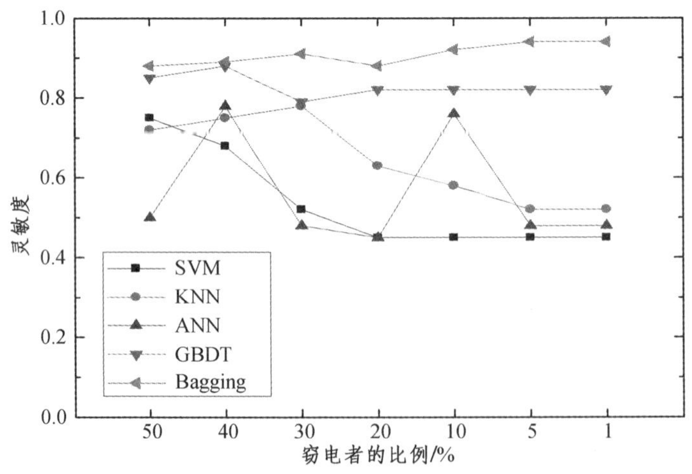

图 2-38　不同窃电样本比例下五种算法灵敏度对比

从图 2-37 可以看出，随着窃电样本比例的降低，除了 SVM 算法的 *ACC* 值呈现出明显的下降趋势，另外四种算法都保持了相对较高的准确率，本文提出的 Bagging 集成模型和 GBDT 模型整体效果相差不大，略高于 KNN 和 ANN 模型的准确率。

由图 2-38 可知五种算法的灵敏度值：总体而言，随着窃电样本比例的降低，SVM、KNN 和 ANN 算法的灵敏度显著降低，ANN 算法的灵敏度存在较大波动，而 Bagging 集成模型和 GBDT 模型的灵敏度却依然在较高水平保持稳定，其中 Bagging 集成模型的灵敏度始终最大。这说明，当窃电样本缺乏时，SVM、KNN 和 ANN 模型对信息的学习和捕捉能力明显下降，而 GBDT 针对窃电检测问题还是表现出较为优异的性能。

最后，在现有集成模型的基础上，利用遗传算法强大的寻优能力，对子模型的几个超参数进行优化，比较优化前和优化后的模型性能，如图 2-39 所示。

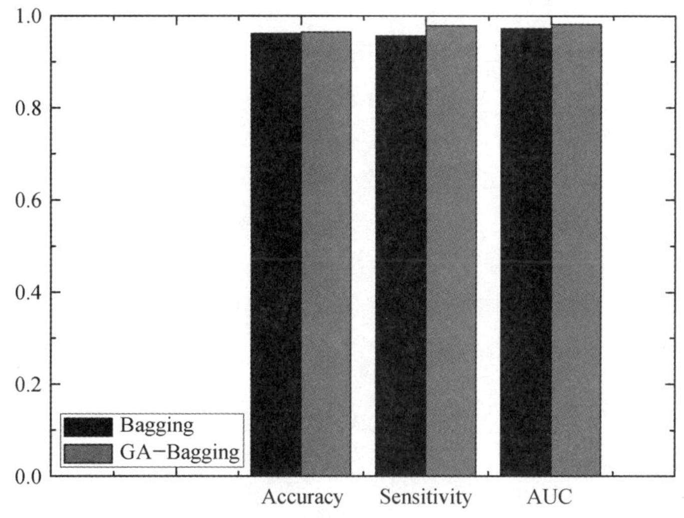

图 2-39 遗传优化前后模型性能比较

从图 2-39 可以看出，经过遗传算法优化后，模型的准确率和 *AUC* 值都有略微提高，而灵敏度的提高幅度相对较大。这表明优化后模型对窃电检测具有更好的鲁棒性和适应性。

2.5.4 小 结

本节首先介绍了 Bagging 集成框架的基本原理和 Bagging 内部子学习器的多样性分析；其次，基于 *Q* 统计和 *DF* 两个多样性度量指标构建了基于 Bagging 集成框架的异常用电检测模型；最后以国家电网公司采集的数据集为算例进行测试，结果表明本文所提 Bagging 集成模型相比于 ANN、KNN、ANN 和 GBDT 等检测方法在准确率、灵敏度以及 *AUC* 评价指标上有显著提升。

2.6 本章总结

在窃电检测问题中，传统的窃电检测方法费时费力，且很难适应现阶段出现的一些数据层面的高科技窃电方式，而基于数据驱动的机器学习方法，由于实际生活中窃电用户毕竟占少数，正异样本差距过大，采用原始数据训练模型结果往往出现很大偏差。为了探索该问题的解决方案，本章主要开展了如下研究工作：

（1）首先，针对窃电检测这类特殊的分类问题，采取了一系列具有针对性的数据预处理操作，大大减小了原始数据集中大量噪声对模型产生的不利影响。

（2）其次，为了解决数据不平衡的问题，本文采用合成少数类过采样技术 SMOTE 对现有的数据进行样本增强，制造一些和原始数据“和而不同”的高质量窃电样本，使窃电样本数据与正常样本数据达到一个相对平衡的状态，从而让模型能够更好的学习，避免出现算法偏向问题。

（3）然后，对电力负荷数据进行特征提取和相关性分析，并运用 PCA 降维方法减少数据的属性，一方面避免了“维数灾难”湮没有效属性的问题，另一方面也降低了算法运行的时间。分别对正常用户和窃电用户的负荷数据做了皮尔逊相关性分析，挖掘正常用户和窃电用户用电的周期性和规律性。

（4）最后，设计了基于 AdaBoost 和 Bagging 的异常检测集成模型，包括 AdaBoost 同质集成框架原理和深度神经网络算法的结合，Bagging 子学习器之间的多样性分析，考虑各个算法之间的差异性，优选其内部子学习器，达到最佳的学习效果。同时，利用遗传算法强大的空间搜索能力，对模型的超参数寻优，找到效果最佳的一组超参数集，进一步提升模型性能。

此外，本章从数据预处理、特征提取、算法设计和超参数优化等多个角度和层面针对窃电检测这一特殊问题进行分析研究。经过测试，该方法在检测精度和鲁棒性上相比其他机器学习方法有较明显的提升。

3　牵引供电接触网剩余寿命的预测方法

3.1　引　言

3.1.1　本章研究背景及意义

我国铁路事业发展蓬勃盎然，铁路领域的发展与建设交通强国的规划相辅相成，同时关乎现代化经济体系的建设。我国电气化铁路作为铁路系统中极其重要的一种铁路类型，从 1956 年一路发展至今，实现了从无到有、由弱到强的转变，在世界范围内运营里程数占据首位。截止至今，我国电气化铁路运营里程已超 11 万公里，预计到 2026 年，我国铁路电气化进程将会实现更大突破，电气化率将进一步提高。国家铁路局发布的《"十四五"铁路科技创新规划》明确指出要深化设备养护维修关键技术研究，提高铁路应急处置和救援能力，因此铁路牵引供电系统等关键部分的检修维护工作有了更高的标准和要求。

电气化铁路上的电力机车本身不携带能源，所需的动力能源是由电力牵引供电系统提供，电力牵引供电系统中的接触网在户外供电上起着至关重要的作用。接触网的状态关乎机车的正常运行以及整条线路的正常运作。但由于接触网架设在野外，分布距离较广，受恶劣自然环境对接触网工作状态干扰极大，同时在列车行驶的过程中，受电弓与接触线的可靠接触为电力机车输送电能，接触过程中受电弓与接触线的振动使接触网系统的整体状态不断发生变化，故接触网系统相比其他设备更容易出现故障。根据已有统计研究结果显示，接触网故系统故障率在各类牵引供电系统中位于前列，基于此，接触网系统必须得到严格的监控与维护。

目前对接触网检修主要有周期修与故障修等检修方式，而在我国主要使用的是周期修的措施，即对接触网设备按照时间周期、项目类型等进行规律的检修，此检修方式不管设备当前状态好坏，到达周期后一律进行统一检修，会造成人力物力的浪费。由于地区、气候等因素不同，对于一些环境条件差、更容易出现故障的区段，以同样的周期进行检修作业，会滞后设备缺陷的发现与处理时间，有限的天窗时间若无法完成彻底检修，易出现漏修等情况，对接触网设备质量的损害更大，最终可能将导致接触网设备质量受损并对供电安全产生隐患；故障修则是当设备出现故障，或在日常定期检查时发现缺陷时进行的事后维修。目前，状态修成为国内外研究的热门课题之一，相对于其他检修方式，状态修的经济效益更高、检修计划更加科学，而预测设备或系统的剩余使用寿命是实现状态修的有效方式。剩余使用寿命（Remaining Useful Life，RUL）的定义为设备或系统从当前到发生潜在故障之前的持续正常工作时间，又称为剩余寿命。接触网系统是处于动态变化中的可维修系统，若能实现对接触网系统综合状态的评估把控，预测其剩余维修时间，就可以安排合理维修计划以实现接触网系统的状态修，达到预知维修的高级阶段。接触网的技术状态由不同接触网动静态参数表征体现，但不同参数对接触网性能影响度也不同，筛选保留对接触网性能影响度大的关键参数，划分参数指标等级与接触网综合状态等级，并对关键参数进行科学赋权，可以实现接触网综合状态的评估。接触网由正常状态到产生故障的动态过程中，表现为接触网动静态参数变化逐渐使局部问题扩散至整体，进而导致接触网系统整体性能状态退化，因此通过接触网由正常状态到产生故障过程中的大量历史样本数据，可以挖掘获取接触网性能退化过程中的潜在变化规律，进而预测接触网不同状态的维修前剩余使用时间，实现维修维护作业计划安排在故障出现之前，可以做到预防为主，为实现接触网的状态修打下基础。

3.1.2 研究现状

接触网是电气化铁路牵引供电系统的重要组成部分，沿路轨架设为电气列车提供电能的特殊供电线路，但接触设备仍是易出现故障问题的环节。接触网系统的正常运转才能保证电气列车稳定获得供电保障，因此接触网设备的质量、安全性与可靠性等指标优良是保障列车安全运行的重要基础。接触网处在露天环境下，没有备用的供电设备进行替换，同时会经常遭受冰、霜、风、雨等恶劣气象影响，其故障率远大于牵引供电系统，若出现故障或设备损坏将会影响列车运行，危及乘客的人身安全。接触网检修模式中，周期修要求接触网设备严格遵循一定的周期进行检修作业；故障修则是当设备运行至故障时，或日常检查时发现故障缺陷进行的检修作业，两者检修效率有限，因此要加强接触网状态的评估把控，根据接触网当前状态参数对接触网综合状态进行评估，达到预防为主，实现以状态修为主要维修模式，对高速铁路的发展至关重要。

接触网状态良好是铁路安全运行的重要保障，而接触网综合状态评估已成为铁路领域研究热点。对于接触网的状态评估，有研究方法利用模糊数学处理接触网的检测数据，结合隶属度函数与熵权理论处理指标并确定指标对应的评价权重，实现对接触网健康状态的综合评估；有研究方法利用故障树分析法结合贝叶斯网络法建立接触网系统机器关键元部件的模型，进行接触网系统可靠性分析与评估；有研究方法综合运用了故障树分析法以及可信度理论等方法，首先利用梯形模糊变量、三角形模糊变量等来描述接触网部件故障率和修复率，将可靠性指标视为随机模糊函数，最后对接触网系统可靠性进行模糊评估；有研究方法提出基于证据理论的接触网健康状态评估方法，用于解决在确定权重方法中，接触网系统指标之间关系不明确的问题，并对接触网评估指标随机不确定的问题进行算法改进；有研究方法提出高速铁路接触网多维度指标综合状态评估方法，通过接触网检测数据划分其当前状态以完成状态评估。

综合状态评估最初源于电力系统领域，电力系统设备检修时需通过采集的设备数据与信息，初步判断该设备是否需要进行维修，因此需要对设备的当前综合状态进行评估判断，状态评估也由此诞生，同时随着检修模式的发展进步，状态评估理论也得到了提升与发展。包括电力系统在内的大部分工程领域内，一般设备检修模式的第一阶段为事后维修，又称为故障维修，该维修模式下，当设备、系统运行故障或在点检时发现缺陷问题会进行维修工作，该维修模式适用于系统复杂度低以及结构简单的条件下；检修模式的第二阶段为定期检修，定期检修严格按照一定的时间周期对设备进行检修，相比故障维修，该阶段能更及时的发现问题消除隐患，提高设备使用的可靠性，但到了周期无论设备好坏都需进行检修，无形中浪费检修资源并造成过度维修；检修模式的第三阶段是状态修，该阶段下的维修计划以系统或设备的状态为依据，这种方式能够有针对的对设备和系统进行检修，能保护设备的耐久度达到延长使用寿命的效果。随着检修模式的发展，综合状态评估也融合进其他领域，并在理论深度与技术方法上有了进一步提升。实现对设备、系统的综合状态评估是进行计划修的重要前提。

科技水平与电子设备的发展，使用于监督、检测作用的电子设备更广泛的应用到各行各业的系统设备中，此类电子设备除了能降低人工巡视的成本，还能更全面、更精确地采集待测设备的指标参数数据，使综合状态评估工作得到了更大的提升。实现对设备与系统的综合状态评估，需经过评估模型建立、设备数据获取、指标权重确定以及评估方法选取等步骤，当前各领域内都对综合状态评估有深入的探讨研究。有研究方法提出采用灰色聚类决策法为主体，通过将变压器健康状态进行灰度分类并建立灰类的白化权函数，实现对变压器的状态评估；有研究方法选取十数条复合绝缘子老化的评估指标，对其进行归一化处理，通过层次分析法与均衡函数获得修正权值，最后建立状态模糊综合评估模型完成状态评估；有研究方法通过数据分析提取保护装置的主要影响参数，对指标进行标准化处理后利用模糊层次分析法与熵值法初步获取权重，再利用变权原理调整权重系数，最后将加权平均算子引入模型对保护装置完成状态评估。

近些年来，综合状态评估也广泛应用于航空、交通、化工等领域的设备健康管理中，国内外研究该相关方向的科研人员也越来越多，而全球范围内计算机科学、人工智能等领域都取得了显著的成绩，将这些最新技术和前沿理论应用到设备状态评估与故障诊断方面，就会使状态评估理论快速发展完善，而研究更前沿的综合状态评估方法，能更有效地维修养护设备，节约成本的同时提高设备利用效率，保障设备安全稳定运行。

随着各大领域状态维修的兴起，针对设备或系统剩余寿命预测的课题已然成为研究热点。在状态维修方案中，首先需要在设备核心部件上安置传感器或使用传感器去采集系统、设备的数据，再利用大量数据进行分析挖掘，判断设备或系统早期的异常，最后利用算法模型预测设备、系统未来的健康情况以及潜在的故障缺陷可能性，从而在设备出现故障缺陷之前找到潜在威胁，有效避免轻微缺陷恶化导致设备出现大型故障，同时根据设备情况提前指定检修计划，节约成本、提高设备可靠性。实现状态维修的基础便是对设备的剩余使用寿命进行精准预测。剩余使用寿命指设备或子系统从当前状态到出现潜在缺陷或故障的持续正常工作时间，它通过对设备的已知数据与运行状态分析处理获得。接触网系统在铁路中起十分关键的作用，其可靠性与安全性与铁路运行效率、乘客人身安全有直接联系，因此若能够通过铁路接触网系统检测数据，对采集点处接触网的综合状态进行评估并预测其剩余使用寿命，即剩余维修时间，就能够将检修作业计划安排在设备出现故障之前，极大提高接触网系统的安全性与可靠性，为铁路行车的安全高效保驾护航。

当前剩余寿命预测方法主要有失效物理预测方法、信息融合预测方法、数学统计模型的方法以及数据驱动预测方法等。有研究方法通过分析接触网特征数据与性能退化特点，结合时变隐半马尔可夫模型建立了接触网系统级退化模型与维修时间估计的理论框架，并将接触网退化的表征数据引入模型中提高维修时间预测精度；有研究方法提出了基于退化状态的高铁动车组关键零部件牵引传动系统的隐半马尔可夫模型（Hidden Semi-Markov

Models，HSMM），改进传统粒子群算法（Particle Swarm Optimization，PSO），提出裂变式粒子群算法（Fission Particle Swarm Optimization，FPSO）优化 HSMM 模型，设计了 FPSO-HSMM 模型实现对牵引传动系统的剩余寿命估计；有研究方法通过车载系统各部件全生命周期数据，对车载系统各功能单元进行风险优先度评级，选取典型功能单元应答器信息接收单元，针对单元内各类部件的不同失效机理建立性能退化模型，实现剩余有效寿命的预测。失效物理方法需要设备的性能退化历史数据，通过历史数据建立数学模型来预测剩余寿命，其与数学统计模型方法在系统和设备的过程状态预测方面效果较好，但相对不适宜于系统中长期预测，更换场景、系统和设备时无法保持较好的泛化性；信息融合方法通过多传感器采集设备不同工作环境下、不同使用阶段的历史数据信息，通过信息融合综合考虑影响设备退化的多维指标，多方位准确地还原内设备退化过程，获得设备的剩余寿命；数据驱动方法不需要深入研究设备复杂的失效机理，传感器采集的设备多维指标参数和状态信息中，与设备潜在的物理退化过程必然相关，因此通过对大量数据分析、挖掘与处理，即可对设备进行剩余寿命预测。接触网属于可靠性高且服役寿命较长的设备，因此对接触网进行大量失效物理实验的方法不现实，而通过数据驱动的方法，可以通过采集的设备退化数据和生产数据中完成剩余寿命的非线性拟合，从而实现接触网的剩余寿命预测。

数据驱动的预测方法通过数据挖掘的方式寻找数据中与故障相关的隐含规律，从而进行剩余寿命预测。深度学习的迅速发展，使各领域中的非线性问题得以更好的处理，这也使剩余寿命预测问题有了更大的发展空间。基于数据驱动的剩余寿命预测通常利用人工智能算法和数据挖掘技术对目标性能参数进行分析和预测。有研究方法通过使用极大似然线性回归变换方法表示多传感器之间的差异，通过故障率与健康状态转换矩阵相结合的方法，建立多传感器和故障率隐半马尔可夫模型，实现剩余寿命预测；有研究方法通过工程实践积累的人工经验进行主成分分析，并在此基础上对退化过程拟合为综合性能退化量，将其结合时间序列样本进行回归分析获取模型，最后通过长短期神经网络进行性能退化的趋势拟合，根据设定的需求阈值实现剩余寿命的预测。

在实际工程中，不同设备的退化模型存在差异，剩余寿命预测结果是否精准与模型有很大关联，数据驱动方法中基于机器学习的剩余寿命预测方法可以有效避免选择退化模型，只需利用采集到的大量设备参数样本数据即可进行训练。通过不断优化算法模型，预测精度也会不断提高。

3.1.3 本章主要内容

通过对接触网综合状态评估及其剩余使用时间预测，提高对接触网健康状况的把控程度，并为实现接触网状态修提供指导是本研究的主要目标。本章主要利用主客观结合的组合赋权与粒子群算法优化赋权等方法，首先搭建接触网综合状态评估模型，并利用传统机器学习模型以及深度神经网络模型构建了接触网维修前剩余使用时间预测模型，然后以接触网综合状态评估模型与基于深度神经网络的预测模型为基模型，设计一种融合了接触网综合状态与深度神经网络（OCS Comprehensive Status-Deep Neural Network，CCS-DNN）的接触网剩余寿命预测方法，并对 CCS-DNN 模型进行超参数优化，先优化了模型的网络结构，在此基础上引入遗传算法优化模型学习速率速率、本地随机种子以及数据集迭代次

数等参数，使模型整体达到更好的预测效果。

全章结构和相关工作如下：

（1）主要阐述本文研究的背景和意义，综合国内外对接触网综合状态评估与剩余寿命预测相关领域的研究情况与其他学科领域中该方向的研究进展，分析本章研究内容的研究现状与趋势。

（2）接触网综合状态评估模型参数选取及状态等级划分，首先阐述接触网动态特征特征表征，对接触网动静态参数数据进行数据清洗工作；然后根据接触网动静态参数的重要性，选取用于进行综合状态评估的接触网动态几何参数以及受流性能参数，并确定接触网综合状态评估时所选取参数的标准值，最后将综合状态进行分级，划分成不同的状态等级。

（3）优化权重分配的接触网综合状态评估，构建接触网综合状态模型，模型首先使用熵权法、模糊评估等方法对接触网动静态参数进行初步组合赋权，再利用粒子群算法对权重进行优化，完成二次赋权，再将线路接触网综合检测的各参数数据输入接触网综合状态评估模型中，完成对应接触网的综合状态评估。

（4）基于深度学习的接触网剩余寿命预测模型，首先搭建基于传统机器学习的剩余寿命预测模型，通过线路检测数据对线路中定位点接触网的剩余寿命进行预测实验，完成对传统机器学习的预测模型精度分析；然后搭建基于深度神经网络的剩余寿命预测模型，实现对线路中接触网剩余寿命的预测，最后将搭建的深度神经网络预测模型与传统机器学习的预测模型的预测结果进行分析对比。

（5）CCS-DNN 剩余寿命预测模型构建及其超参数优化，首先在深度神经网络预测模型前引入接触网综合状态评估模型，利用状态评估模型获取训练集数据中不同定位点接触网的综合状态值，并将训练集根据设定的状态值阈值划分成不同的子训练集，测试集输入模型时首先会进入综合状态评估模型进行综合状态值评估，再根据评估结果将测试集数据送至相应状态值区间的子训练集进行训练与测试，实现 CCS-DNN 模型对接触网剩余寿命的预测。

（6）对全章所涉及的基础理论知识和主要工作进行归纳总结。

3.2 接触网综合状态评估模型参数选取

3.2.1 接触网数据采集与分析

接触网综合状态受多种因素影响，如接触线导高、硬点、跨内高差等参数，而接触网综合状态需要通过现场采集的数值型数据来进行评估。接触网的静态参数主要包括接触线高度、接触线横向偏移、接触线拉出值、接触线坡度和结构高度等参数，动态参数主要包括接触力、燃弧时间、硬点和磨耗等，动静态参数中的一些参数对接触网的综合状态有至关重要的作用，但部分参数对接触网综合状态影响并不明显，因此综合考虑参数采集难易程度、检测手段是否可行准确以及参数对接触网综合状态的影响的能力，选取合适的参数对象。

接触网动静态参数通过 1C 动检车巡检测可以得到，采集时间周期平均约为半月一次，典型的部分数据如表 3-1 所示：

表 3-1　线路数据部分定位点导高/mm

日期	2019.12.26	2020.2.11	2020.3.13	2020.4.11	2020.5.25	2020.6.15	2020.7.12
定位点 1	6 011	6 015	6 005	5 998	6 004	6 001	5 995
定位点 2	6 025	6 016	6 012	6 017	6 012	6 014	6 010
定位点 3	5 993	5 984	5 993	5 992	5 996	6 002	5 988
定位点 4	6 007	6 002	6 000	5 994	5 992	6 002	6 011
定位点 5	6 007	6 012	6 012	6 015	6 020	5 999	5 991
定位点 6	6 004	5 998	5 995	5 989	6 005	6 007	5 992
定位点 7	5 984	5 990	5 994	5 988	5 998	5 990	5 992
定位点 8	6 016	6 018	6 031	6 019	6 012	6 015	6 010
定位点 9	6 013	6 009	5 999	6 012	6 007	5 980	5 988

表 3-2　线路数据部分定位点接触力/N

日期	2019.12.26	2020.2.11	2020.3.13	2020.4.11	2020.5.25	2020.6.15	2020.7.12
定位点 1	149	153	156	163	146	154	169
定位点 2	114	118	121	136	127	139	113
定位点 3	159	149	160	159	120	140	177
定位点 4	166	148	169	154	126	134	146
定位点 5	133	122	152	129	136	141	155
定位点 6	113	122	171	156	142	117	133
定位点 7	187	168	162	166	144	171	201
定位点 8	151	140	106	171	152	144	119
定位点 9	144	138	140	109	151	162	132

表 3-3　线路数据部分定位点跨内高差/mm

日期	2019.12.26	2020.2.11	2020.3.13	2020.4.11	2020.5.25	2020.6.15	2020.7.12
定位点 1	4	32	11	6	10	0	1
定位点 2	21	0	6	9	4	4	14
定位点 3	3	2	1	7	27	21	19
定位点 4	8	6	2	1	0	3	14
定位点 5	22	4	58	5	3	9	19
定位点 6	6	1	9	18	7	23	34
定位点 7	1	20	21	48	17	65	14
定位点 8	27	1	2	9	11	1	10
定位点 9	12	1	5	10	6	13	10

表 3-4 线路数据部分定位点硬点/mm

日期	2019.12.26	2020.2.11	2020.3.13	2020.4.11	2020.5.25	2020.6.15	2020.7.12
定位点 1	0	3	0	2	−2	5	2
定位点 2	−1	0	0	0	2	1	−1
定位点 3	−1	2	0	−1	0	1	−1
定位点 4	5	2	2	0	3	1	2
定位点 5	−1	2	−11	−2	0	0	−1
定位点 6	1	2	2	3	8	1	0
定位点 7	0	3	2	−1	1	0	4
定位点 8	−1	3	3	0	2	1	1
定位点 9	4	0	−1	0	0	0	0

表 3-1 ~ 表 3-4 展示了线路检测数据中的部分数据，数据的采集是通过动检车按照一定时间周期采集获得，每次采集作业时，采集全线上所有公里标处接触网的动静态参数，其中包含公里标、速度、接触线导高、接触力等参数，剔除与本研究无关的速度、车辆编号等数据列，即可获得用于接触网综合状态评估与剩余寿命预测的数据集，进而完成后续研究工作。

接触网检测数据中的参数主要有接触线导高、拉出值、硬点以及跨内高差等，其中某种参数的变化可能会引起其他某些参数的变化，因此接触网状态评估模型与剩余寿命模型的构建之前，先要对实际线路检测数据进行深入的分析，提取对接触网性能影响大的参数，并根据科学均衡的赋权方法确定各参数所占的权重，最终实现接触网综合状态值的评估。接触网综合状态评估模型构建完成后，后续剩余寿命预测模型通过数据挖掘的方式寻找数据中与故障相关的隐含规律并对未来数据进行预测，而数据挖掘同样需要历史样本数据以及接触网缺陷统计数据。

如图 3-1（a）所示为线路检测数据中提取的接触网导高退化曲线，1C 动检车检测导高值并传送到 6C 综合数据处理中心，当导高值不在正常范围时需对接触网进行检修，检修后接触网导高恢复至正常值，图中 12 月 28 日数据导高值衰退至 5 942，被划为等级二级 B 的缺陷，此时则需要尽快进行检修；图 3-1（b）中所示为数据中接触力退化曲线，该定位点在 12 月 25 日时检测到接触力参数缺陷等级为二级 B，此时将对该定位点进行维修工作。

通过对线路检测数据和缺陷统计数据的分析，能够得出参数的退化会影响接触网整体的性能的结论，同时可以从中提取出接触网出现故障或缺陷的准确日期，结合动检车半月为周期采集的动静态参数据，能够获得接触网由健康状态良好至出现故障这一时段的各参数的历史样本数据。缺陷信息数据量较大，历史样本数据充足，因此可以满足数据挖掘的数据量大的要求。

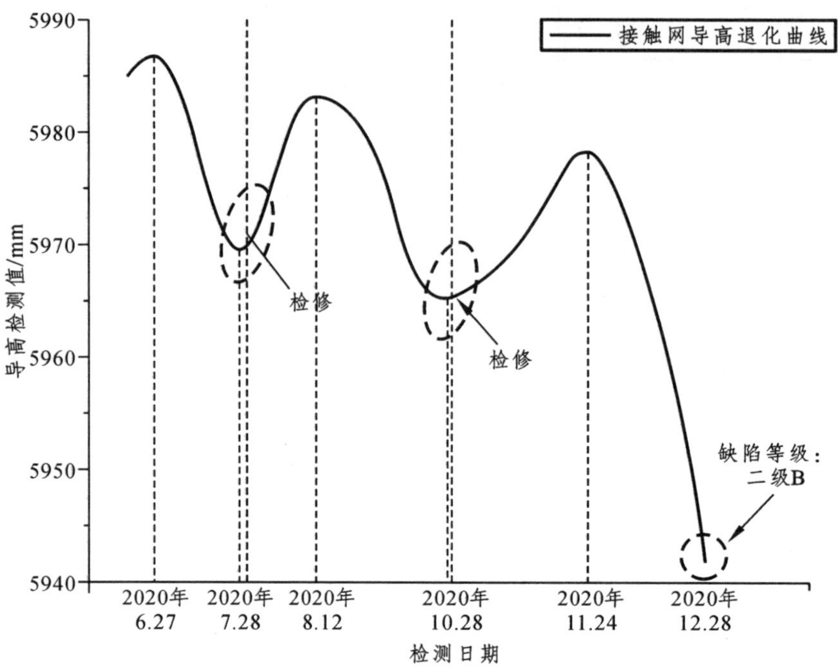

（a）接触网导高退化曲线

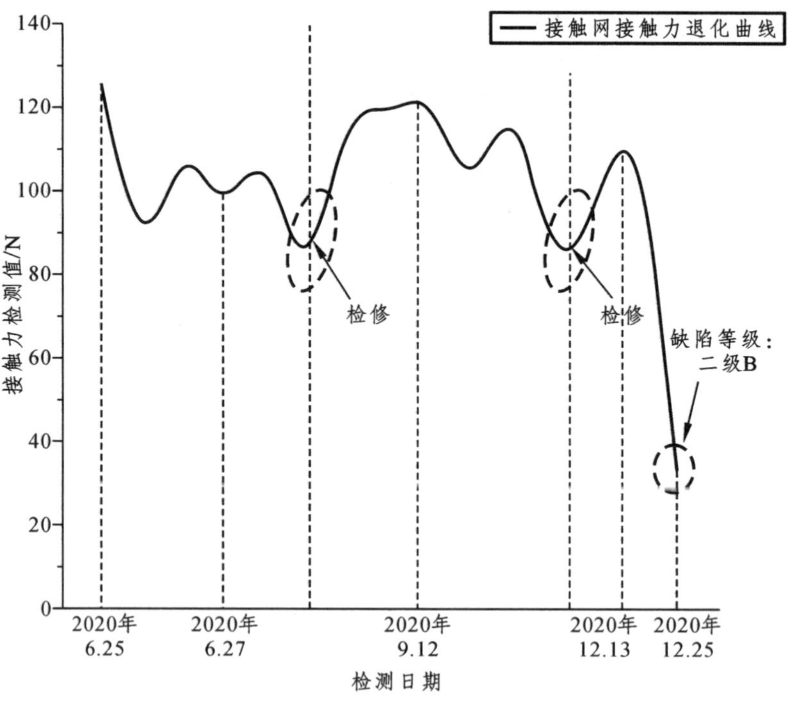

（b）接触网接触力退化曲线

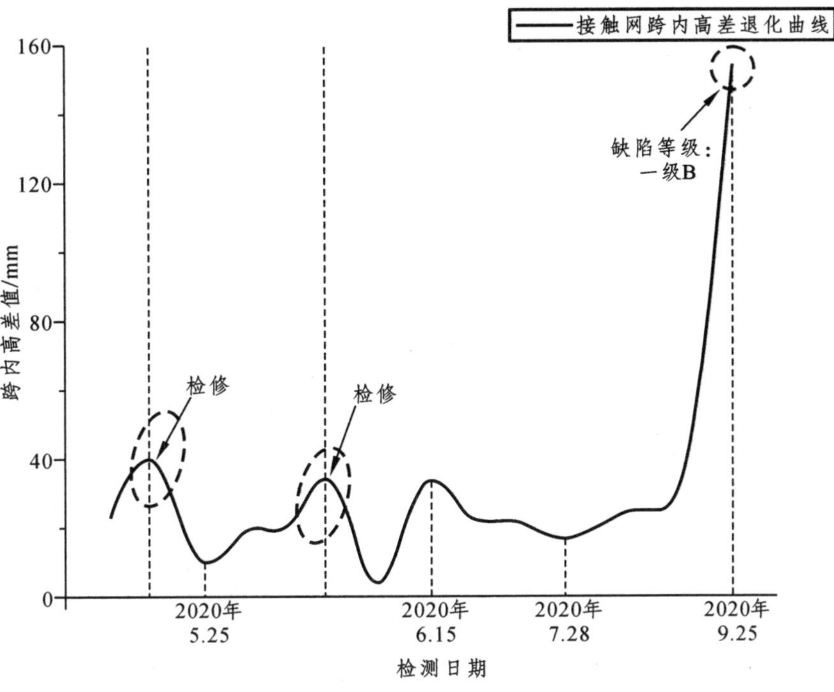

（c）接触网跨内高差退化曲线

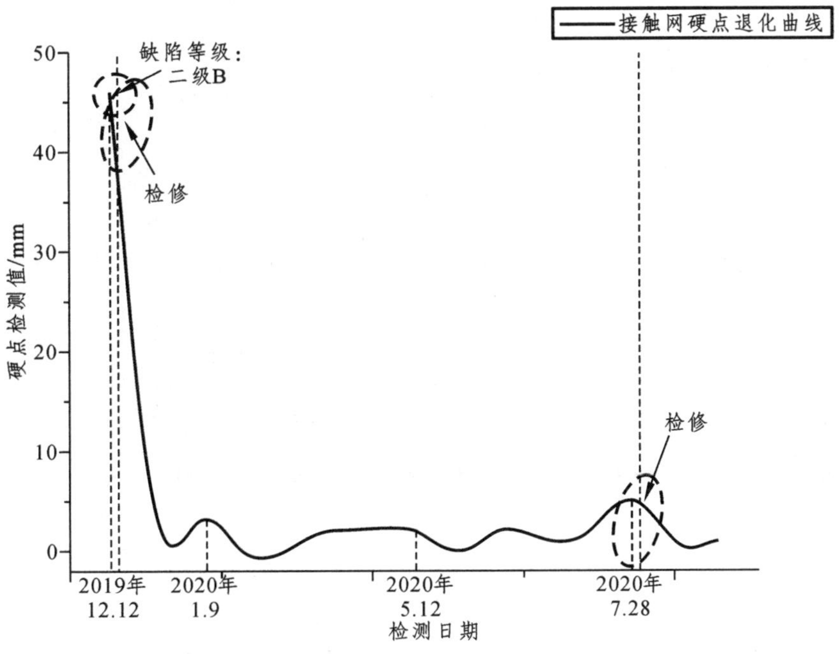

（d）接触网硬点退化曲线

图 3-1 接触网部分参数退化曲线

3.2.2 接触网综合状态评估参数选取

接触线导高表征了导线的悬挂情况，为研究弓网受流情况以及接触悬挂质量提供了参考，进而能够计算获取跨内高差以及坡度等参数，并评估接触线的平顺性能；接触线位于曲线区的布置方式与直线区有所不同，但两者统一称作拉出值。接触网的拉出值在一定程度上可以表征接触线的风偏、接触悬挂零件的工作情况，以及能否实现延长受电弓寿命的目标；接触线通过与受电弓接触向电力机车输电，接触网接触压力即为弓网接触状态的表征形式，若接触力过小会使弓网离线，导致受流中断等情况，若接触力过大则导致弓网摩擦损耗加剧，因此接触力也是一项关键参数；硬点与跨内高差为接触线平顺性参数的重要指标；网压为电气参数的主要参数，时刻需要保持在安全电压范围内。

分析东南地区某电气化铁路 2019 年至 2020 年全年中 1C 缺陷信息，可以得到接触网导高缺陷次数约占总缺陷出现次数的 60%，接触力缺陷占约 17%，其他缺陷为跨内高差、接触线拉出值、硬点与网压。综合《普速铁路接触网动态检测评价标准》《普速铁路接触网运行维修规则》以及线路 1C 缺陷信息表得出，接触线拉出值、接触线导高、接触线跨内高差、接触压力、硬点和电压能较直观的表征接触网系统状态和性能，故选取以上六种参数作为接触网综合状态评估及剩余寿命预测的参数指标。

为更加合理和准确地构建接触网综合状态评估模型，需在模型中更好地权衡各参数的出现故障的可能性大小和确定各参数所占的权重，因此对接触网动静态参数根据检修规程及标准等要求划分不同的归一化值。

接触网的综合状态参数选取后包括接触线导高、拉出值、硬点、接触线电压、跨内高差和接触线压力等。检测数据来源于东南地区某电气化铁路，根据《接触网运行检修规程》、《普速铁路接触网运行维修规则》以及线路工程实施方案，结合人工经验得出接触网综合状态的各个参数的状态等级和其对应的状态值。

表 3-5 所示为接触网综合状态评估中，各参数指标所对应的状态等级以及归一化值，在接触网综合状态评估时，根据接触网检测数据中接触线导高、接触力、跨内高差和拉出值等指标值，对应表中的不同指标等级以及取值，再利用权重分配算法实现不同指标的赋权，最后完成数据采集点处对应接触网的综合状态评估。

表 3-5 接触网综合状态参数指标等级

指标/等级	优（1）	0.9	良（0.8）	0.7	中（0.6）	0.5	差（0.4）	0.3	极差（0.2）	0.1
导高/mm	（5 970, 6 030）	6 000 ±30	（6 030, 6 050）或（5 950, 5 970）	6 000 ±50	（6 050, 6 100）或（5 900, 5 950）	6 000 ±100	（6 100, 6 150）或（5 850, 5 900）	6 000 ±150	（6 150, 6 200）或（5 800, 5 850）	≥6 200 或 ≤5 800
接触力/N	120	（120, 150）或（90, 120）	120±30	（150, 180）或（60, 90）	120±60	（180, 200）或（40, 60）	120±80	（200, 220）或（20, 40）	120±100	>220 或 <20
跨内高差/mm	0	（0, 25）	25	（25, 50）	50	（50, 100）	100	（100, 150）	150	>150

续表

指标/等级	优（1）	0.9	良（0.8）	0.7	中（0.6）	0.5	差（0.4）	0.3	极差（0.2）	0.1
拉出值/mm（绝对值）	[0, 300]	(300, 330)	330	(330, 360)	360	(360, 400)	400	(400, 450)	450	>450
硬点/mm	[0, 20]	(20, 30)	30	(30, 50)	50	(50, 100)	100	(100, 150)	150	>150
网压/kV	(23.5, 26.5)	25±15	(26, 27) 或 (22, 23)	25±2	(27, 27.5) 或 (22.5, 23)	25±2.5	(27.5, 28) 或 (22, 22.5)	25±3	(28, 29) 或 (21, 22)	≥29 或 ≤21

3.2.3 接触网综合状态评估分级

划分接触网不同工作状态下的健康等级，可以对完成综合状态评估的接触网工作状态进行分类，进而为接触网当前可能出现的问题提供参考。

目前状态分级主要依据包括人工经验和维修规则中总结的理论等，有研究方法根据变压器设备损坏程度实现了等级划分，包含完好、较好、较差、严重和失效等几种程度，并对不同等级下的变压器设备制定了对应的解决方案和处理方法，极大地提高了设备检修效率；也有研究方法将无砟轨道状态分为 5 个等级：优、良、中、次、差，再针对各层次各指标的相对重要性，并配合以调查问卷的形式，综合现场经验等因素，列出比较矩阵计算指标权重。

考虑到接触网架设在野外，自然环境的影响因素所占比重较大，同时接触网的使用以及零部件等因素对其寿命和综合状态都有较强的影响，因此针对接触网状态的具体问题，并综合考虑历史数据以及现场作业的经验，遵循理论与经验相结合的方法进行分级。

本章根据缺陷信息库以及现场作业经验，将接触网综合状态划分为 5 类状态等级，如表 3-6 所示。等级 1：完好状态，在该状态下接触网综合状态很好，正常运行且不会产生故障，无需进行维护；等级 2：较好状态，在该状态下接触网综合状态较好，性能稍有衰减，但不会产生故障，不需要进行维护；等级 3：较差状态，在该状态下接触网综合状态存在轻微故障，且一般不会出现零部件或系统严重故障等重大问题，此时需要进行部分检修维护；等级 4：严重状态，在该状态下的接触网系统存在较多隐患，不可放任不管，需要时刻监控并且着重进行维护和检修，此时接触网系统状态不稳定，有一定概率出现接触网系统故障；状态 5：失效状态，该状态下接触网综合状态已经出现或随时可能出现故障，并需要及时进行大型检修工作，排除故障来保障接触网安全运行。

表 3-6 接触网综合状态等级划分表

等级	1	2	3	4	5
状态等级	完好状态	较好状态	较差状态	严重状态	失效状态
状态含义	接触网综合状态很好，正常运行且不会产生故障	接触网综合状态较好，性能稍有衰减，但不会产生故障	接触网综合状态存在轻微故障，且一般不会出现零部件或系统严重故障等重大问题	接触网系统存在较多隐患，不可放任不管，需要时刻监控并且着重进行维护和检修	接触网已经出现或随时可能出现故障，需要及使进行大型检修工作
状态值	1	0.9	0.8	0.7	0.6

接触网划分出的 5 类状态等级的归一化状态值分别为 1、0.9、0.8、0.7 和 0.6，若在综合状态评估阶段出现 0.95 之类的中间值，即表明该接触网综合状态处于前后限值所代表状态的中间值。

3.2.4 小 结

接触网综合状态评估模型参数选取及状态等级划分，通过接触网线路检测数据以及缺陷统计数据，分析接触网的导高、拉出值等参数对接触网综合状态的影响，然后判断动静态参数的重要性并选取影响因素较大的参数作为综合状态评估的标准以及剩余寿命预测的基本参数，最后为接触网综合状态划分指标与等级，为下文接触网综合状态评估模型的构建奠定基础。

3.3 优化权重分配的接触网综合状态评估方案

3.3.1 接触网动静态参数权重分配方法

在接触网综合状态评估阶段，不同参数对接触网综合状态的影响程度不同，因此需对不同的动静态参数赋予相对应的权重，使不同参数对综合状态产生不同的贡献度，结合指标值划分以及归一化处理，得到接触网最终的综合状态以及综合状态值。目前，权重分配根据基本原理可划分为主成分分析法、熵权法、AHP 层次法以及 CRITIC 为代表的几类方法。

本章利用层次分析法与熵权法结合的组合赋权法完成初始赋权，再引入粒子群算法进行二次赋权，目的是使模型内权重分配结果具有主客观优势的基础上，通过二次赋权使指标间的均衡性同时得到优化。

对接触网综合状态进行评估涉及的参数维度较多，且无法仅通过人为经验去进行精准的判断，因此不能只运用主观赋权法对综合状态评估的动静态参数进行权重分配。接触网性能退化关键参数以及故障出现的部位通常需要通过长期现场作业经验得出，因此客观赋权法的客观性难以反映现实因素以及人工经验对不同参数的重视程度，进而可能出现误判。通过组合赋权法，弥补主观上缺乏数据支撑以及客观上缺乏人工经验的缺点，合理控制单类赋权法所造成的随机性与误判率，能够将主观赋权的公平、公正以及经验为主的优势体现出来，同时能够将客观赋权的公正、科学和真实等特征发挥出来，实现结果的高精度。主客观组合权重如式（3-1）所示：

$$W_j = \frac{\sqrt{\alpha_j \beta_j}}{\sum_{j=1}^{n} \sqrt{\alpha_j \beta_j}} \tag{3-1}$$

式中，α 为测此分析法计算所得的权重，β 为熵值法计算所获得的权重。

利用层次分析法对接触网综合状态指标进行权重分配，权重确定的精准程度决定评估方法的准确性，计算步骤如下：

（1）确定接触网综合状态评估的目标层及元素层。层次分析法进行综合状态评估需要根据评估的目标与接触网各项指标之间的关系，以一定的层次逻辑将状态量自上而下的分为多个层次，再实现评估对象的逻辑分层进而进行评估。根据接触网综合状态情况建立评估目标层，使用选定的反应接触网运行状态的最底层状态量，构建出接触网综合状态评估的体系。

（2）构建判断矩阵。比较最底层的状态评估量，可构建判断矩阵，如式（3-2）所示。

$$\boldsymbol{A}=\begin{bmatrix} a_{11} & a_{12} & \cdots & a_{1n} \\ a_{21} & a_{22} & \cdots & a_{2n} \\ \vdots & \vdots & & \vdots \\ a_{n1} & a_{n2} & \cdots & a_{nn} \end{bmatrix} \tag{3-2}$$

式（3-2）中的元素 a_{ij} 代表第 i 个状态量与第 j 个状态量相比的相对重要程度，层次分析法应用中一般采用 9 标度法进行比较，a_{ij} 具体的标度值数值及取值的重要性含义如表 3-7 所示。

表 3-7　判断矩阵标度值取值及含义

标度值	取值重要性含义
1	因素 i 相对因素 j 重要性相同
3	因素 i 相对因素 j 重要性略大
5	因素 i 相对因素 j 重要性较大
7	因素 i 相对因素 j 重要性非常大
9	因素 i 相对因素 j 重要性极端大
2，4，6，8	介于两级之间的重要程度

由表 3-7 可知，当 a_{ij} 取不同值时，代表要素 i 和 j 的重要性不同，a_{ij} 取值越大则要素之间的重要性相差越大。

（3）权重系数计算与一致性校验。根据矩阵求出矩阵最大特征根 λ_{max} 以及特征向量，该特征向量即是各个元素层状态评估量的权重。判断矩阵构造完成后，需进行检验一致性大小。一致性指标 CI 越小，即说明一致性越好。CI 计算方法如式（3-3）所示：

$$CI=\frac{\lambda_{max}-n}{n-1} \tag{3-3}$$

式（3-3）中，矩阵 $\boldsymbol{A}$ 的最大特征值表示为 λ_{max}，n 为矩阵 $\boldsymbol{A}$ 的阶数。判断矩阵 $\boldsymbol{A}$ 的一致性比率 CR 如式（3-4）所示：

$$CR=\frac{CI}{RI} \tag{3-4}$$

RI 为平均随机一致性指标，各阶矩阵平均一致性指标 RI，如表 3-8 所示。

表 3-8　矩阵一致性指标值

n	1	2	3	4	5	6	7	8	9
RI	0	0	0.52	0.89	1.12	1.26	1.36	1.41	1.46

当 CR 小于 0.1 时，正常就认为矩阵符合一致性条件，反之需要根据因素重要性对判断矩阵进一步进行调整，优化一致性直到满足要求。接触网参数构建的判断矩阵通过一致

性检验后，归一化处理该矩阵的特征向量，即得到反映接触网参数重要程度的权重向量。

根据接触网综合检测数据以及缺陷信息表数据综合分析，可以得到结论：接触线导高较易出现缺陷，接触线压力缺陷概率继接触线导高之后，跨内高差出现缺陷概率小于接触线压力，拉出值出现缺陷概率小于跨内高差，硬点与网压较少出现缺陷。在总缺陷数据的规模下，拉出值与跨内高差出现缺陷的频率相近，硬点与网压较少出现缺陷且出现频率相近，同时相近频率间的差距不足以拆分判断矩阵标度值，故在判断矩阵构建时，对以上两对参数赋予相同的标度值。根据表 3-8 进行取值，可构建判断矩阵 $\boldsymbol{A}$ 为：

$$\boldsymbol{A}=\begin{bmatrix} 1 & 3 & 4 & 4 & 5 & 5 \\ \frac{1}{3} & 1 & 2 & 2 & 3 & 3 \\ \frac{1}{4} & \frac{1}{2} & 1 & 1 & 3 & 3 \\ \frac{1}{4} & \frac{1}{2} & 1 & 1 & 3 & 3 \\ \frac{1}{5} & \frac{1}{3} & \frac{1}{3} & \frac{1}{3} & 1 & 1 \\ \frac{1}{5} & \frac{1}{3} & \frac{1}{3} & \frac{1}{3} & 1 & 1 \end{bmatrix} \tag{3-5}$$

对判断矩阵求解可得判断矩阵 $\boldsymbol{A}$ 的最大特征值 $\lambda_{\max}=6.168\ 5$ 再对判断矩阵的特征向量进行归一化，可得特征向量 $W_1=[0.427\ 4，0.195\ 6，0.131\ 3，0.131\ 3，0.057\ 2，0.057\ 2]$。根据式（3-5）可得出判断矩阵 $\boldsymbol{A}$ 的一致性指标 $CI=0.168\ 5/5=0.033\ 7$，一致性比例 $CR=CI/RI=0.033\ 7/1.26=0.026\ 7<0.1$，故该判断矩阵满足一致性要求。

归一化特征向量得基于层次分析法分配权重的接触网综合状态各指标参数所占权重为 $W_1=[0.427\ 4，0.195\ 6，0.131\ 3，0.131\ 3，0.057\ 2，0.057\ 2]$。

客观权重采用熵权法对接触网参数指标进行权重分配。在熵权法中，熵的出现源于热力学领域，其主要用来衡量一个系统的混乱程度，随着对熵的深入研究与发现，在信息论中熵的概念也得到了大量的应用，并可以用熵来衡量系统的不确定性，能够对已知数据进行分析，衡量数据中包含的有效信息量以及解决权重分配问题，熵权法也在此基础上出现。熵权法能将各种信息量综合考虑，根据指标熵值差异程度来确定权重，当指标数据存在较大差异程度时，该指标从整体角度看对评估目标的影响程度更大，故当某种指标的值之间无差别，即该指标对评估目标来说不包含可以参照的有效信息。熵权法能够避免主观因素对权重的过度干涉，所以在客观权重赋值方法选取熵权法。熵权法确定权重时步骤如下：

① 原始评价矩阵处理。由于指标不同会对数据公量度产生影响，指标的类型不同，评估量纲也不同，为了解决指标差异对数据公量度造成的影响，首先要将样本数据归一化处理。假设总共有 m 个评价指标，n 个评价对象的数据。将数据由矩阵的方式表达，可记为 $R=(r_{ij})_{mn}$，r_{ij} 表示第 i 个评价指标的第 j 个评价对象的评价值，矩阵 $\boldsymbol{R}$ 如公式（3-6）所示：

$$\boldsymbol{R}=\begin{bmatrix} r_{11} & r_{12} & \cdots & r_{1n} \\ r_{21} & r_{22} & \cdots & r_{2n} \\ \cdots & \cdots & \ddots & \cdots \\ r_{m1} & r_{m2} & \cdots & r_{mn} \end{bmatrix}_{m\times n} \tag{3-6}$$

将原始评价矩阵归一化处理，则得到矩阵 $S=(s_{ij})_{mn}$，s_{ij} 表示该数据归一化后的数值，故归一化后的 s_{ij} 计算公式为：

$$s_{ij}=\frac{r_{ij}-\min(r_{ij})}{\max(r_{ij})-\min(r_{ij})} \tag{3-7}$$

式（3-7）中，$\min(r_{ij})$和 $\max(r_{ij})$表示矩阵 $\boldsymbol{R}$ 中的同一个评价指标数据中的最小值与最大值。

② 熵值计算。假设在第 j 项指标下，第 i 个状态评价指标值的比重为 P_{ij}，则 P_{ij} 可由式（3-8）计算得出。

$$P_{ij}=\frac{s_{ij}}{\sum_{i=1}^{m}s_{ij}} \tag{3-8}$$

第 j 项指标熵值 e_j 公式（3-9）为：

$$e_j=-\frac{1}{\ln m}\sum_{i=1}^{m}P_{ij}\cdot\ln P_{ij} \tag{3-9}$$

由式（3-8）及式（3-9）可推得 e_j 公式为：

$$e_j=-\frac{1}{\ln m}\sum_{i=1}^{m}\left(\frac{s_{ij}}{\sum_{i=1}^{m}s_{ij}}\right)\cdot\ln\left(\frac{s_{ij}}{\sum_{i=1}^{m}s_{ij}}\right) \tag{3-10}$$

式中 s_{ij} 为该数据归一化后的数值，同时 e_j 大于 0，$1/\ln m$ 大于 0。

③ 熵权法权重计算。第 j 项指标的差异性系数为（$1-e_j$），从而可得第 j 项指标的权重 W_j 为：

$$W_j=\frac{1-e_j}{\sum_{j=1}^{n}(1-e_j)} \tag{3-11}$$

结合接触网综合检测数据以及熵权法，首先根据式（3-8）获得第 j 项指标下，第 i 个状态评价指标值的贡献量为 P_{ij}，例如，第 1 个指标下第 20 个状态评价指标值为 0.001 1，将第 1 个第 20 个状态评价指标得 $P_{ij}\ln(P_{ij})$=0.001 1ln（0.001 1）=−0.007 5，根据式（3-10）求其熵值，其中常数 k=ln（m），根据数据得 k=0.151 1，第一项指标下的 P_{ij} 加和为−6.590 5，则熵值 e_j=−k（−6.590 5）=0.995 5，故差异性系数 d_j=（$1-e_j$）=0.004 5，将所有指标的差异性系数 d_j 求出并加和，再利用式（3-11）可以得到第 1 个指标的权重 W_1 为 0.026 5。由此得到熵权法确定的权重 W_2=[0.026 5，0.412 2，0.025 7，0.000 1，0.079 7，0.455 8]，分别对应接触网的接触力、导高、网压、硬点、拉出值以及跨内高差。

确定层次分析法与熵权法获得的权重后，利用式（3-1）进行组合赋权，获得组合赋权权值 W_3=[0.477 3，0.081 9，0.278 1，0.116 3，0.002 7，0.043 6]，分别对应接触网的导高、接触力、跨内高差、拉出值、硬点以及网压的权重。

以公里标 108.953 处的接触网参数为例，其导高、接触力、跨内高差、拉出值、硬点以及网压数据为[6 019，78，2，−307，−2，25 794]，相对应的等级标度值为[1，0.7，0.9，0.9，1，1]，赋权后得到该公里标处接触网综合状态值为 0.935 9。

3.3.2 粒子群算法优化权重分配算法

组合赋权实现了主客观赋权的优点集结与部分缺点改进，但在综合指标均衡性方面，组合赋权法在反应重要指标数据变化带来的影响方面涉及较少，因此在组合赋权法获得初始权重的基础上，引入粒子群优化方法对指标权重进行二次赋权，使权重分配结果不仅具有主客观优势，还能将指标间的均衡性得到优化。

粒子群算法（Particle Swarm Optimization，PSO）是一种模拟鸟群捕食行为的群智能算法，该算法利用群体中的个体对信息的共享使整个群体的运动在问题求解空间中产生从无序到有序的演化过程，从而获得最优解。

粒子群据具体问题对粒子进行编码，每个粒子代表一种解决方案，即在解空间中指定粒子的位置，通过粒子群算法对接触网参数特征进行加权时，数据集中的接触网参数与接触网状态信息即为种群个体，根据目标构造目标函数 $C(x)$由式（3-12）所示。

$$C(x)=\sum_{i=1}^{n}\sum_{j=1}^{6}w_i v_j \tag{3-12}$$

式中 w 为权重取值，v_1 至 v_6 分别为接触网导高等六个参数值，通过不断迭代计算输出目标函数取最优的个体，对个体归一化处理获得赋权值。粒子群算法对初值的要求低，因此收敛速度快，容易实现。算法求解过程示意流程如图 3-2 所示。

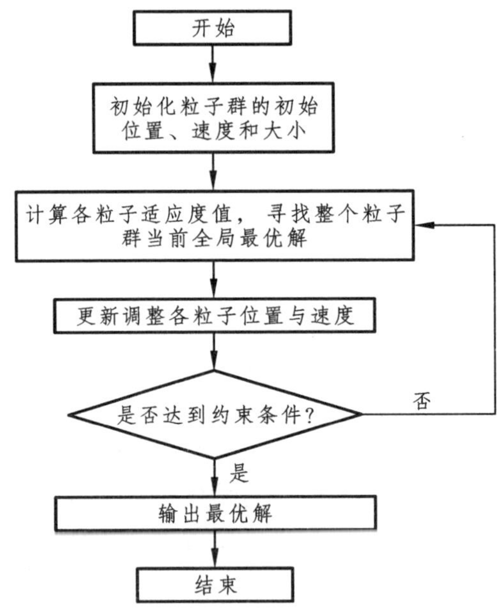

图 3-2 粒子群算法求解流程图

由图 3-2 粒子群算法求解流程可知，在粒子群算法求解时，设置最大的迭代次数以及标准化权重来激活所有权中的标准化，并选择每一次迭代个体数量，粒子群优化从个体开始，对每个粒子寻最优解，再从全局的角度从中寻取全局的最优解，随着优化算法的不断迭代，在迭代过程中实现全局最优解的优化，通过一次次的更新寻找最终的最优解。

更新速度与位置函数由式（3-13）所示。

$$V = \omega V + K_1 \text{random between}(0,1)(D_{is} - X_{is}) + K_2 \text{random between}(D_{as} - X_{is}) \quad (3\text{-}13)$$

式（3-13）中 ω 为惯性因子，是一个非负数，惯性因子的数值决定算法寻优能力，其值与优化算法的全局巡游能力呈现正相关关系，K_1、K_2 为加速常数，两者均为常数时可以获得较优解，random between（0，1）表示在 0 到 1 的区间上取随机数，D_{is} 为第 i 个变量的个体极值的第 s 维，D_{as} 为全局最优解的第 s 维。设置惯性因子 ω 为 0.8，加速常数 K_1、K_2 均设为 2，同时种群规模与迭代次数选择分别为 200 和 100 来进行优化实验。

当算法运行至达到设置的迭代次数或代数差值满足最小界限时，算法结束并输出最优解。

将粒子群算法引入模型中对组合赋权的权重进行优化二次赋权，基于组合赋权法的接触网综合状态评估流程如图 3-3 所示。

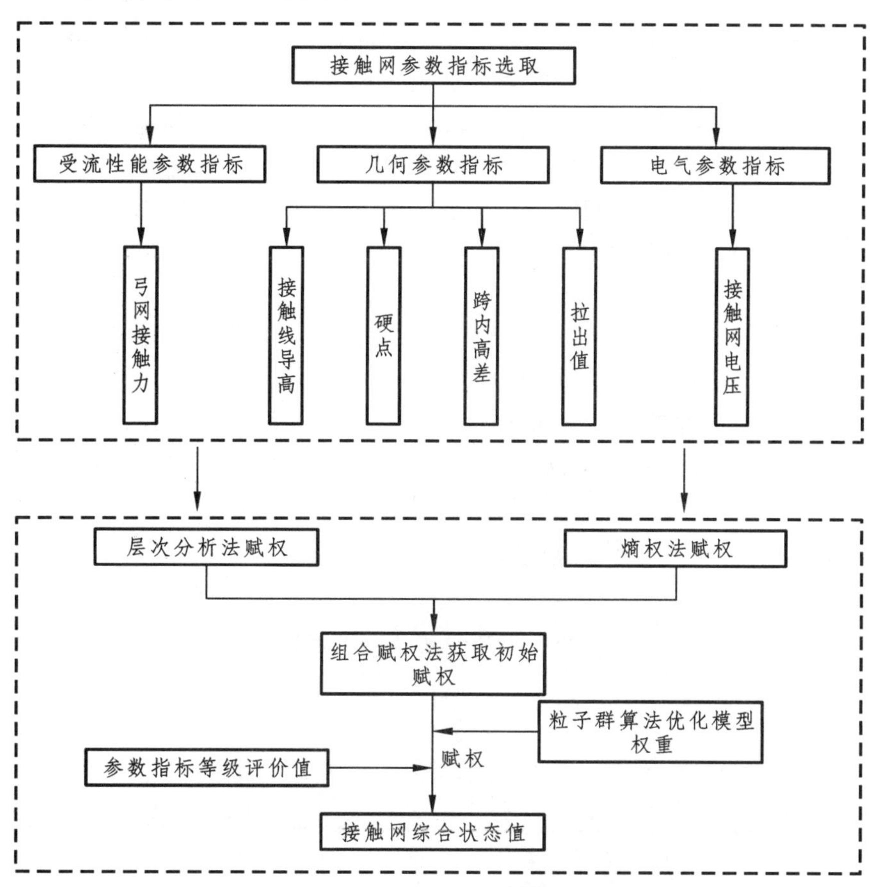

图 3-3　基于组合赋权法的接触网综合状态评估

由图 3-3 可知，进行接触网综合状态评估时，首先进行接触网参数指标筛选，选取对接触网综合状态影响密切、参数数据可获取的指标进行下一步的赋权，分别利用层次分析法与熵权法对接触网参数指标进行赋权，再利用组合赋权法结合主客观赋权的优点，完成组合赋权法阶段初始权重分配。完成初始权重分配后，引入粒子群算法优化模型权重的结果作为影响因素，对初始赋权进行二次赋权，并将权值分配至各参数值对应参数指标等级中，输出该定位点接触网的综合状态值与相应，完成对接触网综合状态的评估。

粒子群优化算法对接触网参数特征加权时，将包含接触网参数与接触网状态信息的数据集输入模型，初始化模型粒子种群，通过目标函数对初始种群计算后的的局部最优和全部最优个体进行更新，并通过动态惯性权重对运行过程中的惯性权重进行改善，到达最大代数后对输出权重进行归一化处理，获得权重分配值。最终权重分配结果如表 3-9 所示。

表 3-9　赋权法权重分配结果

	导高 v_1	接触力 v_2	跨内高差 v_3	拉出值 v_4	硬点 v_5	网压 v_6
层次分析法	0.427 4	0.195 6	0.131 3	0.131 3	0.057 2	0.057 2
熵权法	0.412 2	0.026 5	0.455 8	0.079 7	0.000 1	0.025 7
组合赋权法	0.477 3	0.081 9	0.278 1	0.116 3	0.002 7	0.043 6
粒子群二次赋权	0.483 6	0.045 2	0.312 9	0.006 1	0.036 4	0.115 8

表 3-9 为权重赋权结果，经过粒子群二次赋权后，以公里标 108.953 处的接触网参数为例，其导高、接触力、跨内高差、拉出值、硬点以及网压数据为[6 019，78，2，−307，−2，25 794]，根据表 3-5 可得该公里标处接触网相对应的等级标度值为[1，0.7，0.9，0.9，1，1]，使用优化赋权后得到该公里标处接触网综合状态值为 0.954 5，通过表 3-6 可判断当前该接触网综合状态处于较好状态。

3.3.3　小　结

本章以接触网动静态参数中的导高、网压、拉出值等主要参数作为综合状态评估的主要参数指标，状态评估模型将传统赋权法应用到接触网动静态参数权重分配中，使用组合赋权法对权重分配指标进行初步赋权，再利用粒子群算法对权重进行优化，完成了参数指标的二次赋权。将处理完成的线路检测参数通过接触网综合状态评估模型得到接触网综合状态值，并根据状态划分表获取接触网当前的综合状态。

3.4　基于深度学习的接触网剩余寿命预测模型

3.4.1　智能算法预测模型

机器学习通过计算与经验等方面的研究总结，使系统性能得到提升，同时机器学习以计算机为媒介，通过现实中人工输入的各类数据，实现对不同类型数据的建模与学习，进而当遇到新的数据及情景时，可以通过历史训练学习的模型对新场景下的情形做出判断与预测。传统的机器学习能够在历史经验数据中提取出规则，并实现预测功能，同时运行速度较快，其应用已渗透各个领域。

支持向量机（Support Vector Machine，SVM）方法通过构造一个或多个超平面来对已知数据集进行分类和回归，其原始用途是通过已知数据来训练网络预测模型，使其能对未知数据正确地进行分类。支持向量机模型属于有监督学习，这种方法可以很好地解决线性问题以及一些非线性问题。支持向量机在样本数据量小的问题上有着优异的表现，故该方法经常用来解决数据挖掘领域的预测问题。训练模型的精度主要受数据预处理效果、模型训练拟合程度以及核函数等因素的影响。

在样本空间中，划分超平面可用线性方程式（3-14）来描述：

$$w^{\mathrm{T}}x+b=0 \tag{3-14}$$

式（3-14）中 **w**=（w_1；w_2；…；w_n）为法向量，该法向量确定了超平面的方向；b 为位移项。b 表示为原点与超平面之间的距离，故样本空间内的任意点到达超平面的距离 d 可写为

$$d=\frac{\left|w^{\mathrm{T}}x+b\right|}{\|w\|} \tag{3-15}$$

针对非线性回归问题，原始的样本空间内的超平面无法将样本进行划分，在此类问题上需通过映射，使样本由不存在划分样本超平面的低维空间，到达能使样本线性可分的高维空间中。当原始空间的维度有限，属性数也相应有限，此类情形下便存在将其线性可分的高维空间。假设 $\boldsymbol{\phi}(x)$ 表示 x 映射后的特征向量，则特征空间中划分超平面所对应的模型为

$$f(x)=w^{\mathrm{T}}\phi(x)+b \tag{3-16}$$

假设超平面能够将训练样本正确分类，寻求能满足支持向量到超平面之和的最大值划分超平面，即最大间隔实现超平面的划分，则应满足的条件可由式（3-17）表示：

$$\max\frac{2}{w}\qquad s.t.y_i(f(x_i)),i=1,2,\cdots,n \tag{3-17}$$

式（3-17）中，当 y_i=1，则 $f(x_i)\geqslant 1$；当 y_i=−1，则 $f(x_i)\leqslant -1$。在基于支持向量机的接触网剩余寿命预测模型中，输入的数据参数为多维参数，线性核函数主要用于线性分类，可以快速地进行处理，但具有参数少的特质，不适用于该寿命预测模型的参数类型，多项式核函数的作用是将不存在划分样本的超平面的低维空间映射到能使样本线性可分的高维特征空间，其性能与参数中的阶数关系密切，阶数越大则映射的维度更大，运算量也相应更大。多项式核函数如式（3-18）所示：

$$\kappa(x_i,x_j)=(x_i{}^{\mathrm{T}}x_j)^d \tag{3-18}$$

基于支持向量机的接触网剩余寿命预测模型中输入为参数选取阶段确定的接触网导高、拉出值、跨内高差与接触力等参数，输出为接触网剩余寿命，由于数据集存在一定非线性关系，故基于 SVM 的预测模型引入径向基函数作为该模型的核函数，同时该模型中设置核函数参数 gamma 为 1，cache 为 200，C 值为 100 并进行预测实验。模型结构如图 3-4 所示。

如图 3-4 所示，接触网剩余寿命预测模型以接触网检测数据作为输入，经过核函数与 b 位移项处理，得到输出的接触网剩余寿命。实验以中国东南地区某线路检测数据为基础，结合线路缺陷信息数据集清洗得出约 10 000 条历史样本数据，训练集与测试集的划分使用留出法以 8∶2 的比例进行划分并完成后续实验。

将基于支持向量机的接触网剩余寿命模型搭建完成后，测试其预测性能，以东南地区某线路检测数据为算例进行接触网剩余寿命预测实验。

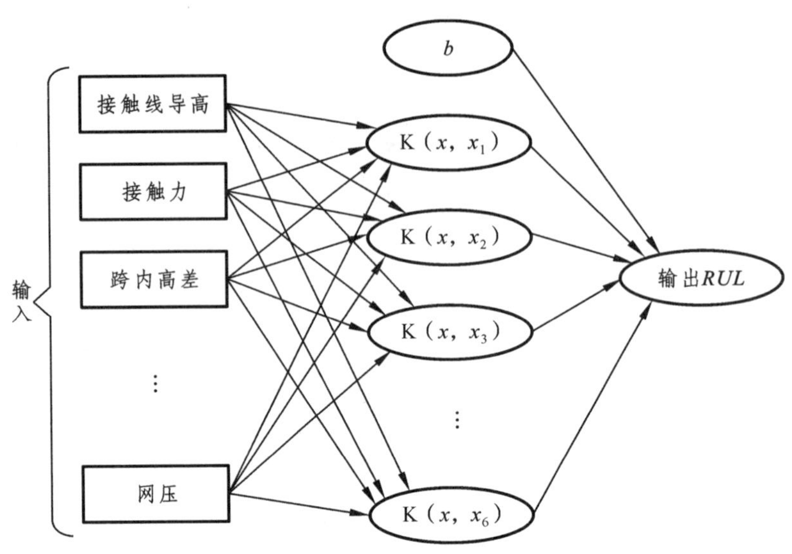

图 3-4　基于支持向量机的接触网剩余寿命预测模型结构图

表 3-10 所示为基于支持向量机的预测模型部分真实值、预测值及相对误差结果。在该模型下，接触网 *RUL* 的真实值和预测值对比曲线如图 3-5 所示。

表 3-10　基于支持向量机的预测模型部分预测结果分析

杆号	*RUL* 真实值	*RUL* 预测值	相对误差/%
220	122	119.922 5	1.703
S10	135	134.501 5	0.369
S142	150	140.838 9	6.107
S99	123	108.749 2	11.586
73	92	88.270 3	4.054
532	29	24.859 3	14.278
S46	94	92.841 1	1.233
S316	49	50.433 4	2.925

由图 3-5 可知，为更精确地反应预测模型的精度，检验基于 SVM 的预测模型预测值和真实值差异，对结果进行误差计算分析，相对误差曲线如图 3-6 所示。由图 3-6 可知，基于支持向量机的接触网剩余寿命预测模型预测的结果与真实值误差波动较大，大部分误差集中在 0 至 0.2，但还存在多数相对误差较大的情况，因此表明基于支持向量机的接触网剩余寿命预测模型的预测精度不高，需要搭建更优的剩余寿命预测模型进行预测。

决策树（Decision Tree，DT）是数据挖掘算法中，应用范围最广且最为直观的算法之一，是机器学习中有监督学习的经典方法，决策树模型的结构如同涵盖决策的流程图，模型内部节点记录待检测的属性，各条路径的终端叶节点记录该路径上满足所有条件并做出的最终决策，每一个内部节点都将数据集划分为子集，其工作原理是基于数据的同质性划分数据。

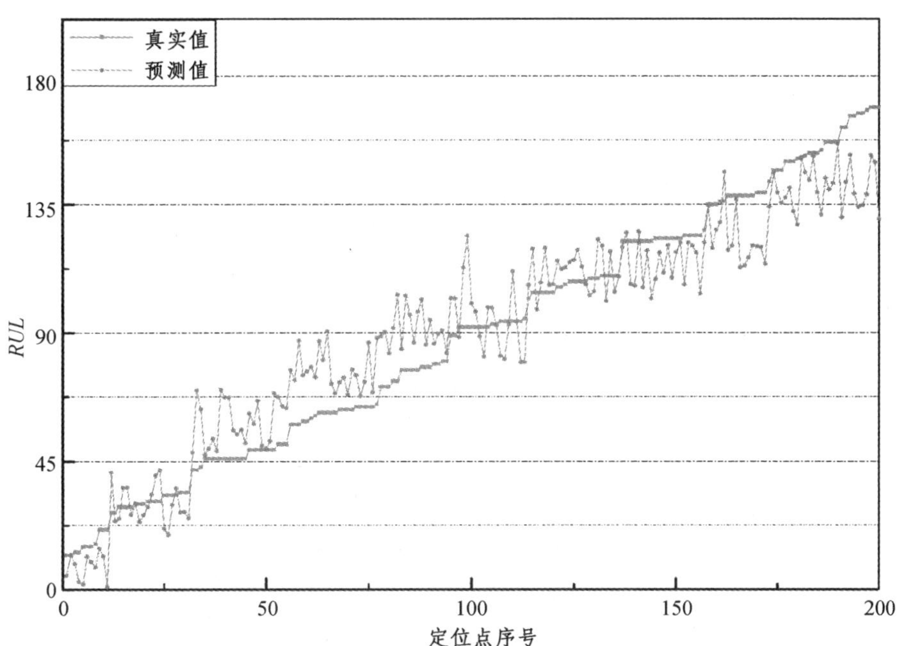

图 3-5 基于 SVM 的预测模型真实值-预测值对比图

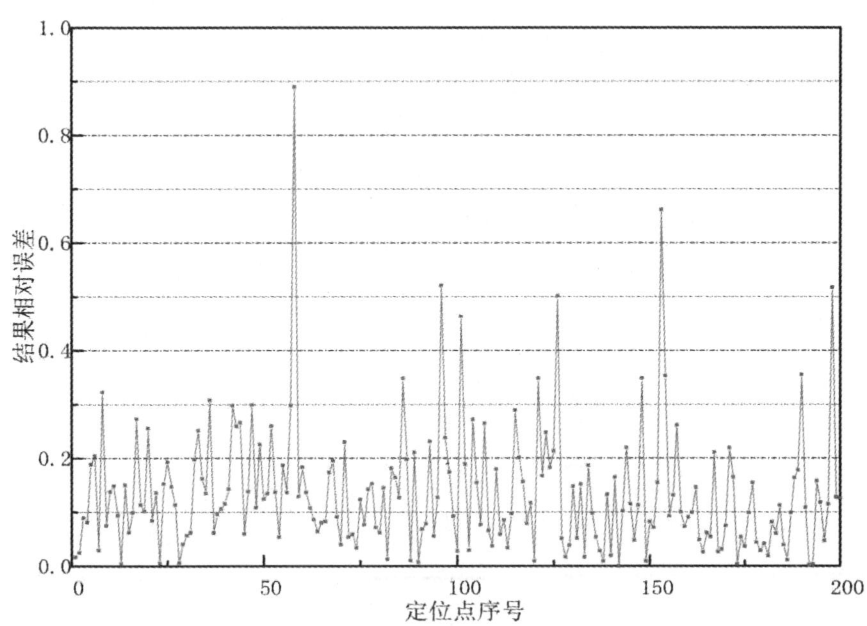

图 3-6 基于 SVM 的预测模型预测结果相对误差

建立基于决策树的接触网剩余寿命预测模型时，首先需将接触网检测参数作为输入模块，数据集分为训练集与测试集，此做法主要是为了保证模型在使用不同的数据集时，都能发挥出相似的模型性能。

完成上述步骤后，再引入建模算子并进行参数调整，以便后续能够对构建的模型进行模型评估。基于决策树的预测模型参数和指标决定着模型的精度，如信息增益、基尼指数等，在数据分析中，基尼指数的使用频率小于信息增益等，相对比信息增益率也并无太大优势，若假设样本集合 D 中第 i 类样本所占比例为 P_i，则 D 的信息熵由式（3-19）可得出：

$$E(D) = -\sum_{i=1}^{n} P_i \log_2 P_i \tag{3-19}$$

且 $E(D)$的值越小表示 D 的纯度越高。若离散属性 att 有 m 个可取值，即使用 att 来对样本 D 划分时，会有 m 个分支节点，第 j 个分支结点即包含了 D 中所有正在 att 上取值为 att^j 的样本，可将其记为 D^j，结合公式（3-19）可以得出 D^j 的信息熵，但不同的分支结点上，包含的样本数不同，因此给分支结点赋予权重$|D^j|/|D|$，分支结点的样本数越多，该结点的影响就越大，由此可以计算出 att 对样本集 D 划分所得得信息增益 G（D，att）。

$$G(D, att) = E(D) - \sum_{j=1}^{m} \frac{|D^j|}{|D|} E(D^j) \tag{3-20}$$

信息增益越大，则表示使用属性 att 来划分样本集所获得的纯度提升越大。

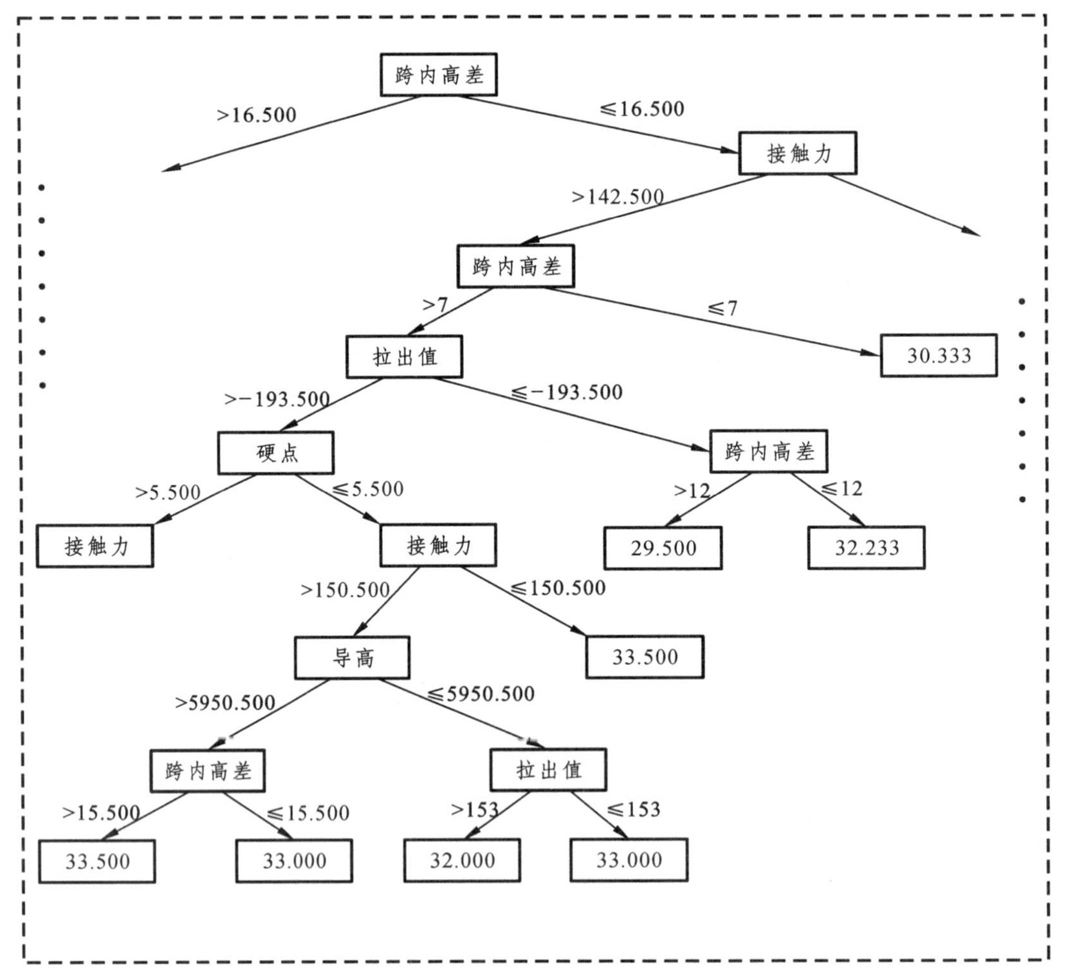

图 3-7　基于决策树的剩余寿命预测模型部分结点视图

在实验模型中的最小增益值选取了默认值 0.1，理论上最小增益值取值范围为 0 至正无穷，但在实际分析时，常选取 0 至 0.3 之间的数值。基于决策树的剩余寿命预测模型中，决策树模型的 Criterion 选择了 Least square，将最大深度设置为 10，同时允许分裂节点的最小尺寸设置为 4，树叶的最小尺寸为 2，若预先修剪将组织一个分裂，可选择的节点数设置为 3，决策树可视化模型部分视图如图 3-7 所示，由图可知，输入的接触网检测数据的每个特征都可作为该决策树预测模型潜在的分裂结点，预测模型通过遍历每个特征，并通过其强大的运算能力处理每个特征分裂时的收益，并以此为依据继续向下分裂，而收益最大的特征将成为叶子结点继续划分，如此循环至收益小于需求值时，便得到整个决策树。为测试预测模型性能，以中国东南地区某线路检测数据为算例进行实验，部分所得 *RUL* 预测值与真实值及相对误差如表 3-11 所示。

表 3-11 基于决策树的预测模型部分预测结果分析

杆号	*RUL* 真实值	*RUL* 预测值	相对误差/%
635	64	64.336 9	0.526
308	60	62.172 4	3.621
109	31	30.465 6	1.724
98	123	112.65 8	8.408
316	78	73.217 5	6.131
60	109	94.044 8	13.72
350	123	109.517	10.961
S16	154	152.466	0.996

表 3-11 所示为基于决策树的剩余寿命预测模型所得出的部分结果，主要选取了真实值、预测值及相对误差结果。在该模型下，接触网 *RUL* 的真实值和预测值曲线对比图如图 3-8 所示。

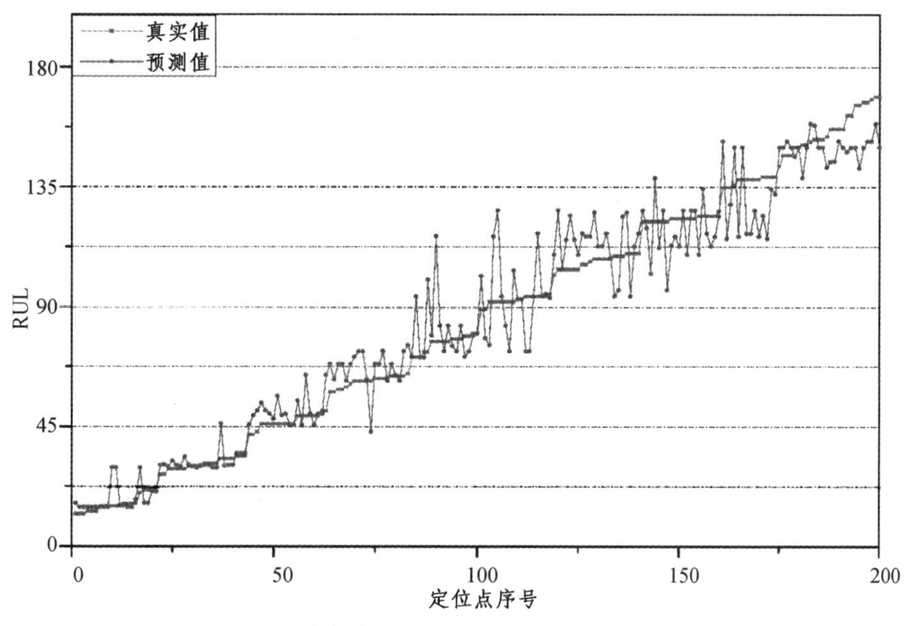

图 3-8 基于决策树的预测模型真实值-预测值对比图

如图 3-8 所示，该预测模型的真实值与预测值的差值较小，拟合程度较基于支持向量机的预测模型效果略好，为更进一步探究该模型的精度，得到基于决策树的剩余寿命预测模型相对误差曲线如图 3-9 所示。

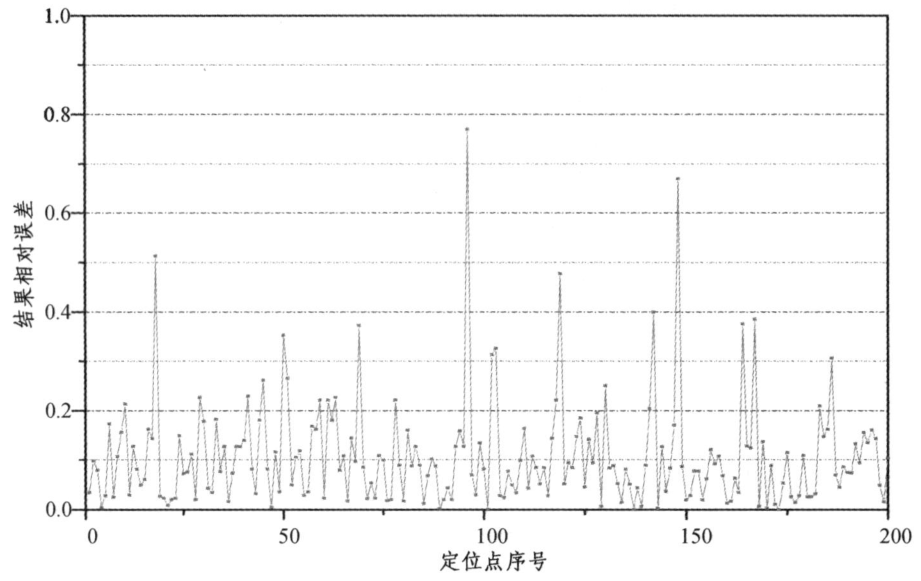

图 3-9　基于决策树预测模型预测结果相对误差

由图 3-9 所示，基于决策树的接触网剩余寿命预测模型的预测相对误差较基于支持向量机的预测模型更低，大部分相对误差集中在 0 至 0.15，但精度提升不大，需要结合适配度更高、效果更好的机器学习算法来搭建模型，提高寿命预测的精度。

人工神经网络（Artificial Neural Network，ANN）是由具有适应性的神经元模型组成的广泛并行互联的网络。神经网络中的神经元模型将生物神经网络的情形抽象为如图 3-10 所示的模型。

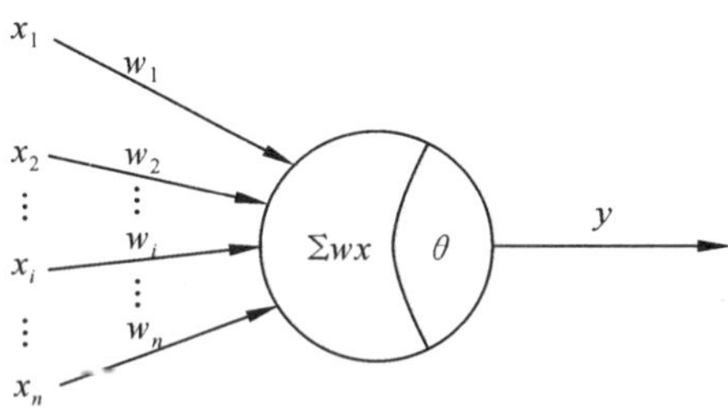

图 3-10　神经元模型

如图 3-10 所示，多个其他神经元将输入信号传递至下一个神经元中，输入信号附带权重与下一个神经元进行连接。神经网络能够进行自学习，有较强自适应能力，神经元收的多输入信号的总输入值会与神经元的阈值进行比较，再经过激活函数处理产生神经元输出，最终输出预测值。神经元的输出可通过式（3-21）获得。

$$y = f\left(\sum_{i=1}^{n} w_i x_i - \theta\right) \tag{3-21}$$

基于人工神经网络的接触网剩余寿命预测模型包括输入层、隐藏层和输出层三个部分，外界的数据、信息输入通过输入层进入模型，即通过输入层神经元输入接触网参数数据，但各参数之间没有线性相关性；隐藏层处于输入层与输出层之间，连接组成的各个部分，与输出层神经元对外界输入的信号进行分析处理等环节，输出结果通过输出神经元实现。人工神经网络剩余寿命预测模型将接触网导高、拉出值、跨内高差等参数作为输入，在基于 ANN 的剩余寿命预测模型中，神经网络隐藏层数为 1，每层包含神经元个数为 6，同时学习率设置为 0.01，其模型结构如图 3-11 所示。

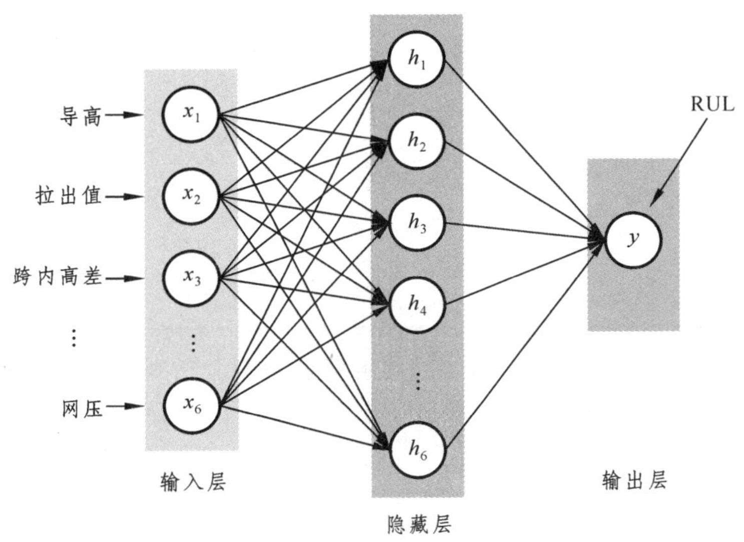

图 3-11 基于 ANN 的接触网剩余寿命预测模型结构图

由图 3-11 可知，基于人工神经网络的剩余寿命预测模型由输入层、隐藏层和输出层构成，输出层得到的为接触网的 RUL。

基于人工神经网络的预测模型通过模拟输入与输出变量之间的非线性复杂关系，在拓扑结构中引入隐藏层，并通过隐藏层结点连接前后两层节点，使用激活函数将原输入通过多种复杂组合的计算，得出最后的输出。而对于确定的网络拓扑结构，选择激活函数后，模型的训练中关键在于获取各连接所代表的权重，模型在遍历训练集样本时，会比较预测值与实际值差异，随后再读入下一个样本时，根据差异来调整权重以达到降低差异的效果。

构建该预测模型时，关键步骤如下：

第一步需要确定拓扑结构以及激活函数，在预测模型中的训练集包含参数选取阶段确定的接触网导高、拉出值、跨内高差与接触力等六项输入参数，输出变量为单个 RUL，输入输出均为数值型数据，故使用 sigmoid 函数作为激活函数；第二步将模型初始化，读入第一个训练集样本并得到输出样本变量的预测值，并通过预测值计算与实际值之间的差异；第三步则为调整权重，通过不断迭代计算，不断使用新的权重，直到误差值达到设定阈值。

预测模型实现过程中，设置六个输入节点以及一个输出节点，且所有输入变量均为数值型数据，隐藏层层数为 1，每层节点数、训练迭代次数、学习速率等参数均为默认值，以中国东南地区某线路检测数据为算例进行实验，部分所得 *RUL* 预测值与真实值及相对误差如表 3-12 所示。

表 3-12　基于人工神经网络的预测模型部分预测结果分析

杆号	*RUL* 真实值	*RUL* 预测值	相对误差/%
S40	147	144.230 1	1.884
306	59	59.731 9	1.24
S24	157	141.667 3	9.766
S162	92	87.885 9	4.472
543	136	143.887 8	5.799
91	138	122.873 2	10.961
316	124	123.139 9	0.694
282	33	37.247 1	12.87

如表 3-12 所示，基于人工神经网络的接触网剩余寿命预测模型得出的部分实验结果，为更直观地反应该模型在各定位点接触网剩余寿命预测的拟合效果，所得 *RUL* 的真实值和预测值对比曲线如图 3-12 所示。

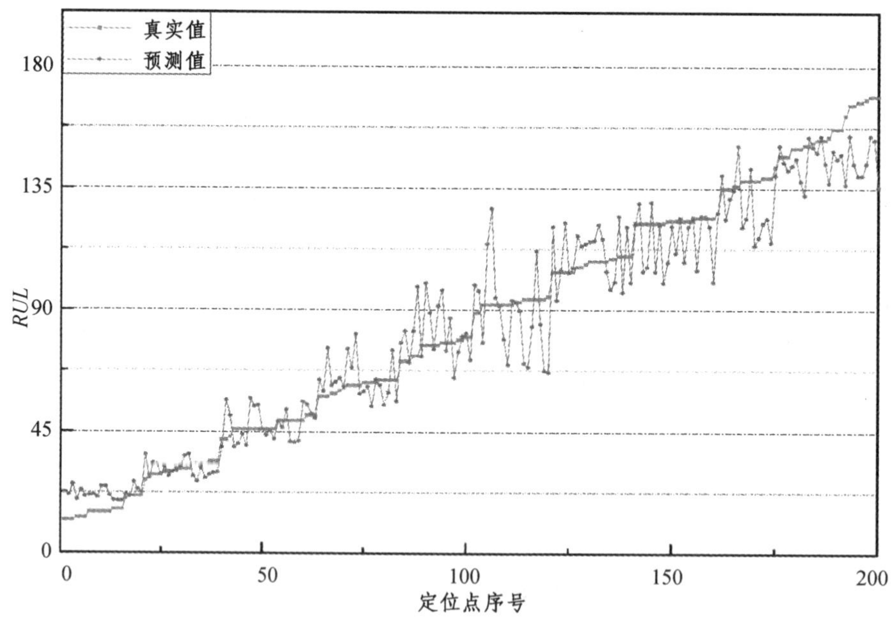

图 3-12　基于 ANN 的预测模型真实值-预测值对比图

如图 3-12 所示，基于 ANN 的预测模型的预测值与真实值中部分定位点的支柱误差较大，无法更精准反应接触网预测误差情况，因此做预测值与实际值相对误差曲线以反应误差大小，误差曲线如图 3-13 所示。

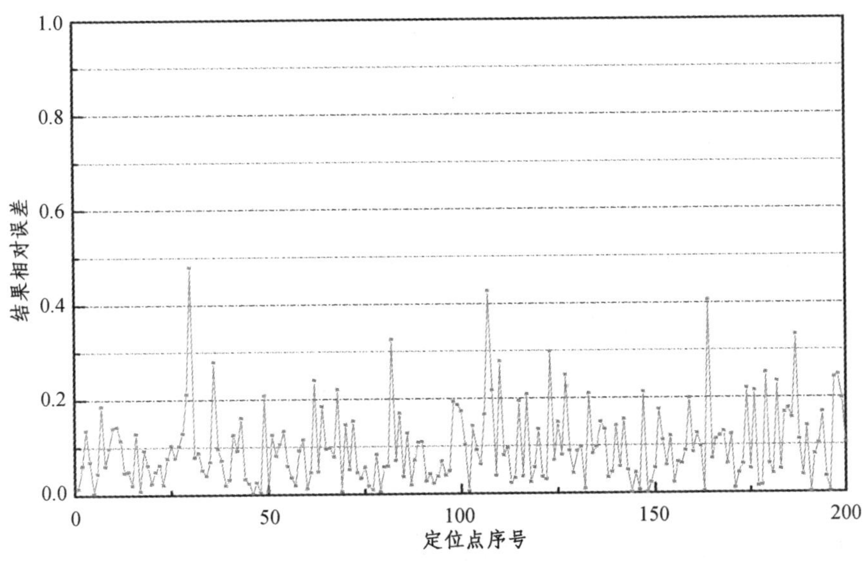

图 3-13 基于 ANN 的预测模型预测结果相对误差图

如图 3-13 所示，基于人工神经网络的剩余寿命预测模型误差起伏与支持向量机、决策树等模型相比相对较小，相对误差普遍处于 0 至 0.12 的范围内，且很多误差都在 0.05 以上，因此基于人工神经网络的预测模型预测精度仍旧不高。人工神经网络预测模型中的隐藏层数受限制，处理较复杂的函数关系时性能及效率相对较低，因此可能导致模型预测精度不高。

3.4.2 预测模型实验结果与分析

为实现接触网剩余寿命预测，分别搭建并测试了基于支持向量机的剩余寿命预测模型、基于决策树的剩余寿命预测模型以及基于人工神经网络的剩余寿命预测模型。为深入探究传统机器学习预测模型对接触网剩余寿命预测的性能，分别对三个模型使用预测评价指标 *RMSE*、*MAE*、*MAPE* 进行计算对比。

均方根误差（Root Mean Square Error，RMSE）表示预测值与真实值之间的差值与总预测数比值的平方根，RMSE 为 0 表示该模型预测值与真实值在数值上完全相同，同理 RMSE 值越大则体现出预测值真实值之间的误差越大。RMSE 为均方误差（Mean Square Error，MSE）开根号后的值，相比 MSE 其在数量级上更加直观。RMSE 可由式（3-22）得出。

$$RMSE = \sqrt{\frac{1}{N}\sum_{t=1}^{N}(PR_t - OB_t)^2} \tag{3-22}$$

平均绝对误差（Mean Absolute Error，MAE）表示预测值与真实值的差值的绝对值的平均数，MAE 能够有效地解决误差相互抵消的情况，从而更加准确地表征预测误差的大小。MAE 计算公式如式（3-23）所示。

$$MAE = \frac{1}{N}\sum_{t=1}^{N}|(PR - OB)| \tag{3-23}$$

平均绝对百分比误差（Mean Absolute Percentage Error，MAPE）为 0%时，表示当前

模型真实值与预测值无差别。当误差越大，MAPE 则越大，该统计指标常用于衡量预测准确性。但 MAPE 不可用于真实数据中存在 0 的数据集，实验中接触网数据的真实值不存在 0 值，因此 MAPE 可以很好地表征实验模型的预测效果。MAPE 可通过式（3-24）得出。

$$MAPE=\sum_{t=1}^{N}\left|\left(\frac{PR_t-OB_t}{OB_t}\right)\right|\times\frac{100}{N} \tag{3-24}$$

为更直观地对三个模型预测性能进行对比，接触网剩余寿命预测模型评价指标对比图如图 3-14 所示。

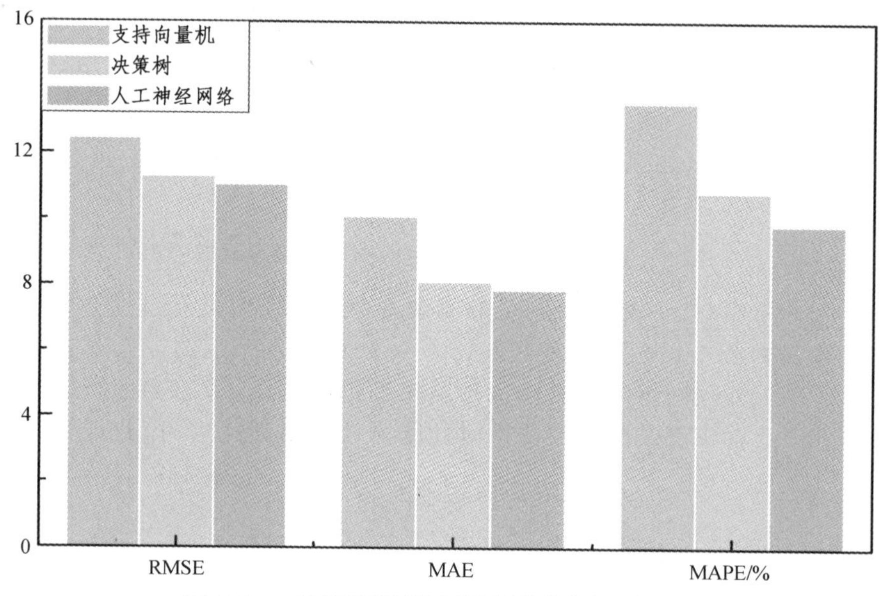

图 3-14　传统预测模型预测评价指标对比图

由图 3-14 可知，基于人工神经网络的预测模型的 RMSE、MAE 与 MAPE 更小，基于决策树的预测模型预测精度略低于人工神经网络模型，基于支持向量机的预测模型在实验中的预测精度最差。根据实验结果数据与真实值-预测值对比情况，分析得到支持向量机模型在 *RUL* 真实值较小时，拟合效果不理想，因此计算预测评价指标时真实值作为分母，导致预测指标值较差；决策树的预测模型在处理 *RUL* 真实值较小时，拟合程度优于支持向量机模型，但精度不是很高，但在 *RUL* 真实值较大的预测组中有着良好的表现；基于人工神经网络的预测模型表现出优于前两种模型的拟合效果，但仍存在预测效果不稳定、精度偏低等情况，因此需要搭建适配度更高、效果更好的寿命预测模型来提高预测精度。

3.4.3　深度神经网络预测模型

针对传统机器学习的剩余寿命预测模型精度不高的问题，本节以深度神经网络（Deep Neural Networks，DNN）为基础来构建接触网剩余寿命预测模型。基于深度神经网络的剩余寿命预测模型包含多层隐藏层，在输入实测数据时，会对数据进行更深入的特征提取、数据挖掘以及拟合，能够更准确地发现数据间相关性的本质特征，从而达到更高的预测精度。

基于深度神经网络的剩余寿命预测模型主要结构为输入层、隐藏层以及输出层三部分，输入层输入为参数选取阶段确定的接触网导高、拉出值、跨内高差与接触力等参数，输出层为模型预测得出的 RUL 值，隐藏层包含大量神经元，深度神经网络简单模型结构示意图，如图 3-15 所示。

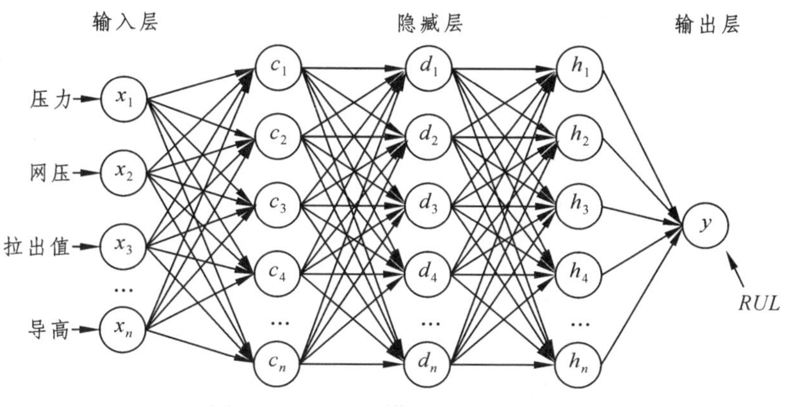

图 3-15　DNN 模型结构示意图

由图 3-15 可知，深度神经网络模型输入使用参数选取步骤中选择的导高、拉出值等参数，经过多个隐藏层的非线性变化与运算处理，得到该定位点接触网的 *RUL* 值。

使用东南某地区电气化铁路数据为例进行模型构建，输入实测数据作为参数选取阶段确定的接触网导高、拉出值、跨内高差与接触力等参数。在基于 DNN 的剩余寿命预测模型中，神经网络隐藏层数为 2，同时每层设置神经元个数为 6，其他参数与基于 ANN 预测模型中参数设置相同，进行实验分析对比。在模型中数据集划分为训练集和测试集，训练完成后，以杆号为 S152 的支柱数据为例，进入模型中的过程如图 3-16 所示。

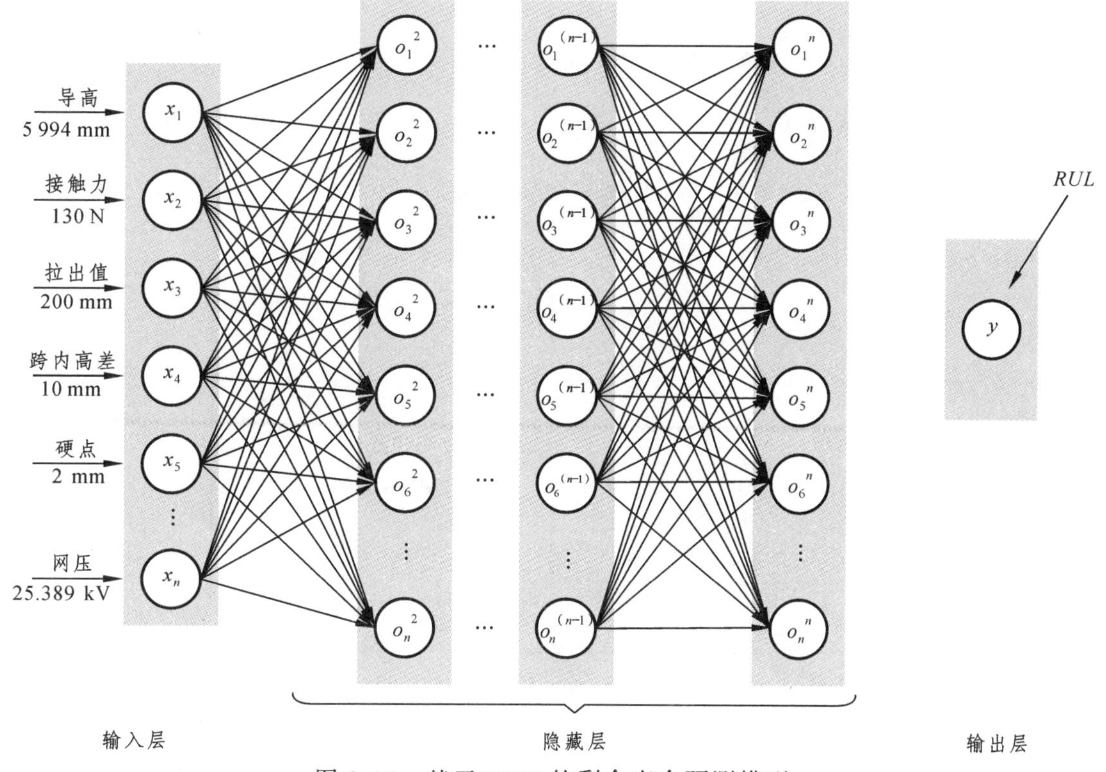

图 3-16　基于 DNN 的剩余寿命预测模型

如图 3-16 所示，输入为接触网参数数据，隐藏层中 $o_1{}^2$ 表示神经网络第二层第一个节点的输出，隐藏层为 n 层。通过 n 个隐藏层进行处理后输出该支柱的 RUL 值，模型第二层的输出可由函数如式（3-25）表示。

$$\begin{cases} o_1{}^2 = \sigma(z_1{}^2) = \sigma(w_{11}{}^2 x_1 + w_{12}{}^2 x_2 + w_{13}{}^2 x_3 + \cdots + w_{16}{}^2 x_6 + b_1{}^2) \\ o_2{}^2 = \sigma(z_2{}^2) = \sigma(w_{21}{}^2 x_1 + w_{22}{}^2 x_2 + w_{23}{}^2 x_3 + \cdots + w_{26}{}^2 x_6 + b_2{}^2) \\ \cdots \\ o_n{}^2 = \sigma(z_n{}^2) = \sigma(w_{n1}{}^2{}_1 + w_{n2}{}^2 x_2 + w_{n3}{}^2 x_3 + \cdots + w_{n6}{}^2 x_6 + b_n{}^2) \end{cases} \tag{3-25}$$

式（3-25）中，$\sigma(z)$为深度神经网络预测模型的激活函数，w 为深度神经网络的各层线性关系系数，b 是偏倚参数，将式（3-25）一般化，假设 n-1 层由 k 个神经元，即可得出第 n 层第 i 个神经元的输出为：

$$o_i{}^n = \sigma(z_i{}^n) = \sigma\left(\sum_{j=1}^{k} w_{ij}{}^n o_j{}^{(n-1)} + b_i{}^n\right) \tag{3-26}$$

由图 3-16 及式（3-26），可得出基于深度神经网络的剩余寿命预测模型输出为

$$y = \sigma(w_{1n}{}^n o_1{}^{(n-1)} + w_{2n}{}^n o_2{}^{(n-1)} + w_{3n}{}^n o_3{}^{(n-1)} + \cdots + w_{nn}{}^n o_n{}^{(n-1)} + b_n{}^n) \tag{3-27}$$

由式（3-27）即可得到模型最终输出的 y 值。由上述公式与结构图可知，激活函数在基于深度神经网络的预测模型中起关键作用，因此激活函数的选取会影响模型的精度。常用的激活函数有 Sigmoid 型函数与 ReLU 函数等，Sigmoid 函数有 Logistic 函数与 Tanh 函数，Logistic 函数与 Tanh 分别如式（3-28）和式（3-29）所示：

$$\sigma(x) = \frac{1}{1+\exp(-x)} \tag{3-28}$$

$$\tanh(x) = \frac{\exp(x)-\exp(-x)}{\exp(x)+\exp(-x)} \tag{3-29}$$

根据式（3-28）、（3-29）可得到函数图像如图 3-17 所示。

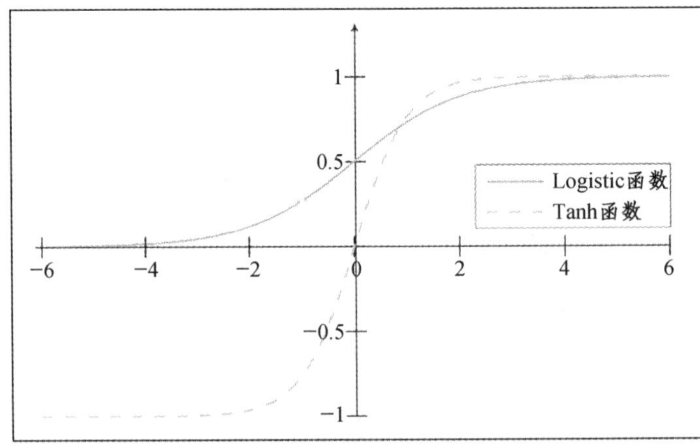

图 3-17　Logistic 函数与 Tanh 函数

由图 3-17 可以看出，Logistic 函数输出恒大于 0，而 Tanh 函数的输出是零中心化的，因此 Logistic 函数输出会导致神经元的最后一层输出产生偏移，进而使收敛速度变慢，

ReLU 函数也是使用频率较高的激活函数，其表达式如式（3-30）所示。

$$\mathrm{ReLU}(x)=\begin{cases}x, & x\geqslant 0\\ 0, & x<0\end{cases}=\max(0,x) \tag{3-30}$$

使用 ReLU 函数的神经元的操作只需进行简单的加法或乘法等操作，计算更高效。同时与 Sigmoid 函数相比，一定程度上提升了梯度下降的收敛速度，提高了模型的整体效率。在 Logistic 函数与 Tanh 函数中选择了收敛速度快、迭代次数少的 Tanh 函数，但难以在 Tanh 函数与 ReLU 函数中进行主观选取，因此采用实验方法，分别采用两种激活函数进行实验，选择性能表现更优的激活函数。

使用不同激活函数实验，部分结果如表 3-13 所示。

表 3-13　选取不同激活函数部分实验结果

RUL 真实值	Tanh 激活函数预测模型	ReLU 激活函数预测模型	Tanh 函数模型相对误差/%	ReLU 函数模型相对误差/%
122	121.571	139.059	0.351	13.984
157	148.684	151.594	5.297	3.443
51	57.064	60.528	11.89	18.681
80	80.986	81.352	1.233	1.689
21	20.94	16.499	0.286	21.43
79	83.822	74.706	6.104	5.435
150	146.07	158.294	2.619	5.529
46	40.018	40.121	13.005	12.781

通过实验结果进行误差分析可知，以 Tanh 函数作为激活函数比以 ReLU 函数作为激活函数在实验中平均相对误差低 0.141%，Tanh 函数比 ReLU 函数精度总体略优，故选择 Tanh 作为本预测模型的激活函数。

为检验基于深度神经网络的剩余寿命预测模型的精度，需对预测模型输入实测数据集进行训练，并完成测试。搭建的深度神经网络使用反向传播的随机梯度下降法训练，并引入误差函数，如式（3-31）所示。

$$J(\theta)=\frac{1}{2}\sum_{i=1}^{n}(g_\theta(x^{(i)})-y^{(i)})^2 \tag{3-31}$$

随机梯度下降算法对损失函数求导，再获取导数值并进行更新，但每次更新会存在波动，即可能寻到比当前值更优的点。但此模型误差曲面为非凸函数，算法目标是寻找曲面的最低点，若想快速达到最低点，则需要沿梯度的反方向走，即一个求偏导的过程，因此 θ 更新过程可由式（3-32）描述：

$$\theta=\theta_i-r\frac{\partial}{\partial\theta}J(\theta)=\theta_i-r(g_\theta(x)-y)x^{(i)} \tag{3-32}$$

式（3-32）中 r 为基于深度神经网络的预测模型的学习速率，θ_i 为预测模型的参数。通过 $J(\theta)$ 求偏导确定梯度下降最快的方向，再根据此方向更新接触网寿命预测模型参数，且更新参数时无需遍历所有训练集合，仅通过样本中的单个例子近似所有样本，因此接触网寿命预测模型训练时间也会减少。

反向传播法即从深度神经网络剩余寿命预测模型的最后一层开始，将模型参数的梯度反向向前一层更新，进而使接触网剩余寿命预测模型误差达到最小。假设接触网剩余寿命预测模型进行参数学习，将接触网样本（x，y）输入到模型中，得到输出为 Y，假设损失函数为 $J(y, Y)$，则需要计算算式函数关于每个参数的导数。

在对第 n 层中的参数 $w^{(n)}$和 $b^{(n)}$计算偏导数，可以先计算 $J(y, Y)$ 在参数矩阵中，每个元素的偏导数，可推得式（3-33）与式（3-34）：

$$\frac{\partial J(y,Y)}{\partial w_{ij}^{(n)}}=\frac{\partial c^{(n)}}{\partial w_{ij}^{(n)}}\frac{\partial J(y,Y)}{\partial c^{(n)}} \tag{3-33}$$

$$\frac{\partial J(y,Y)}{\partial b^{(n)}}=\frac{\partial c^{(n)}}{\partial b^{(n)}}\frac{\partial J(y,Y)}{\partial c^{(n)}}\kappa(x_i,x_j)=(x_i^{\mathrm{T}}x_j)^d \tag{3-34}$$

式（3-33）和式（3-34）中的第二项为目标函数第 n 层神经元 $c^{(n)}$的偏导数误差项，对两公式中三个偏导数求解，经过推到可得第 n 层的误差项 δ 为

$$\delta^{(n)}=\sigma_n'(c^{(n)})\odot^{\mathrm{T}}((w(n+1)^{\mathrm{T}})\delta^{(n+1)}) \tag{3-35}$$

式中，w 为接触网剩余寿命预测模型各层神经元的权重，b 表示偏置，σ 为预测模型的激活函数，⊙是向量的点积运算符，因此第 n 层的误差项可以通过 n+1 层的误差项计算得到。

为检验基于深度神经网络的剩余寿命预测模型的预测精度，以电气化铁路检测数据为例进行算例实验，在该模型下，RUL 的真实值和预测值对比曲线如图 3-18 所示。

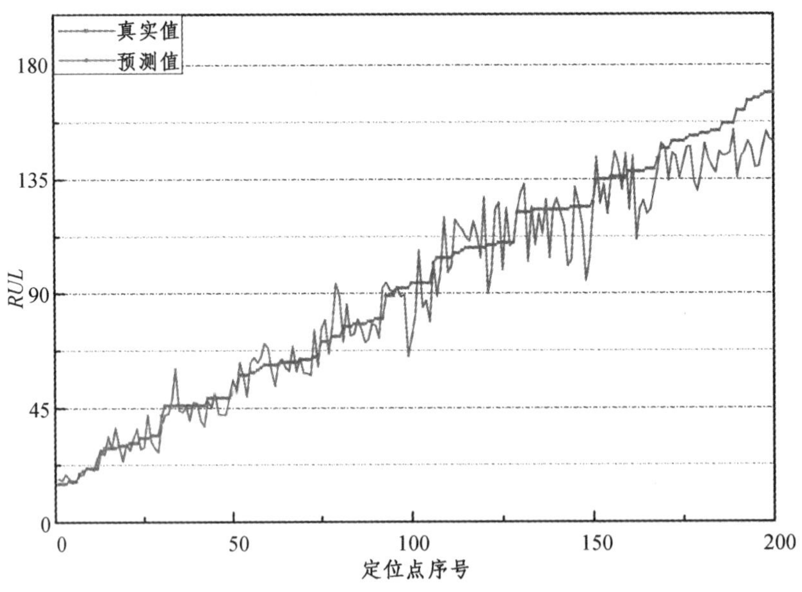

图 3-18　基于 DNN 的剩余寿命预测模型真实值-预测值对比图

由图 3-18 可得，基于 DNN 的剩余寿命预测模型在 RUL 值较小的区间里拟合效果较好，在 RUL 真实值较大的算例中进行预测时，预测值与真实值偏离较大，拟合效果不好，在该模型下的预测结果相对误差曲线如图 3-19 所示。

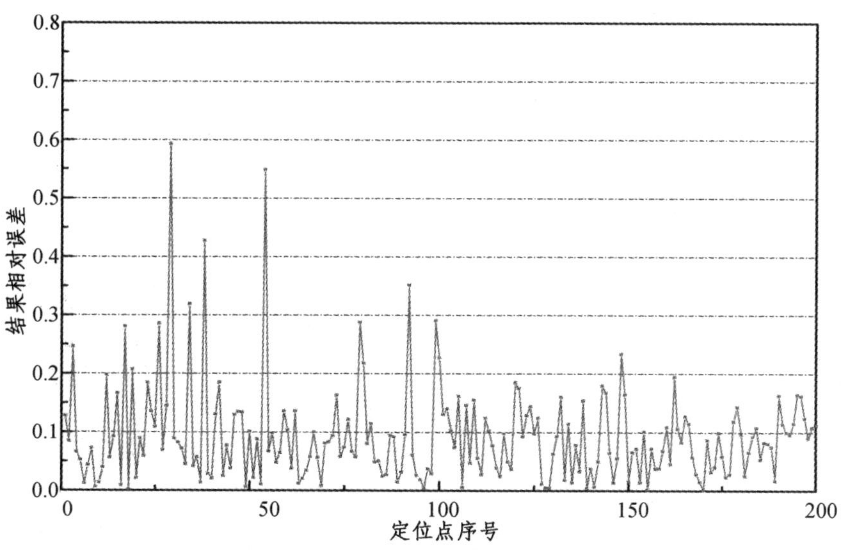

图 3-19 基于 DNN 的剩余寿命预测模型预测结果相对误差曲线

由图 3-19 可知，基于深度神经网络的剩余寿命预测模型的预测结果相对误差起伏仍然较大，但相对误差普遍集中于 0 至 0.1，平均相对误差为 0.086，对比传统机器学习模型的预测效果更好。基于深度神经网络的预测模型与传统机器学习模型的预测结果相对误差总对比曲线如图 3-20 所示。

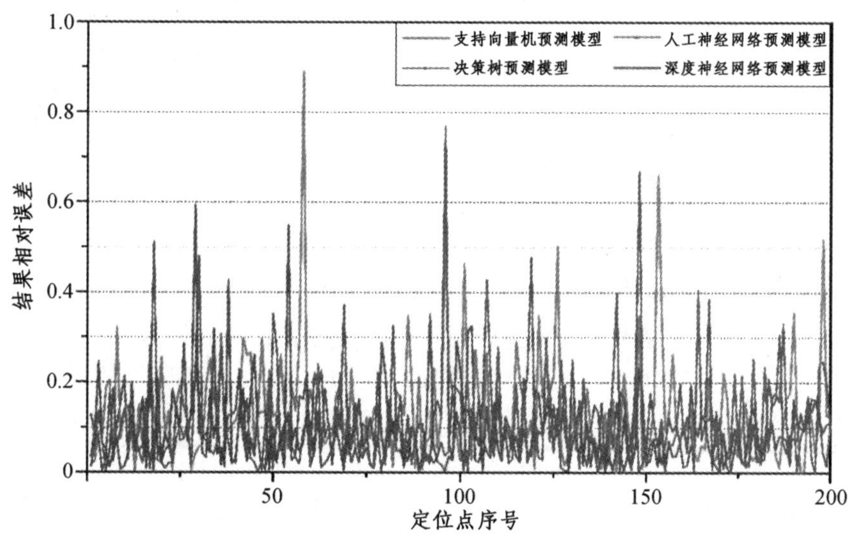

图 3-20 各预测模型预测结果相对误差对比曲线

由图 3-20 可得，基于深度神经网络的预测模型结果相对误差曲线与 x 轴围成的面积比其他传统机器学习预测模型更小、相对误差更低。以模型评估的方法进行分析，则各模型的预测评价指标如表 3-14 所示：

表 3-14　各类接触网剩余寿命模型预测结果评价

	RMSE	*MAE*	*MAPE*/%
支持向量机模型	18.29	12.729	23.122
决策树模型	16.58	12.068	18.686
人工神经网络模型	15.572	10.123	14.348
深度神经网络模型	14.825	9.127	14.026

由表 3-14 可得，基于深度神经网络的剩余寿命预测模型比基于传统机器学习的剩余寿命预测模型效果更优，由于数据集具有一定非线性特征，单层隐藏层与多层隐藏层对特征的挖掘和拟合能力不同，因此理论上 DNN 较 ANN 算法有更高的预测精度，同时通过实验得到验证。在与传统机器学习算法进行对比时，传统机器学习模型的核函数以及激活函数的选取是通过实验对比得出的相对较优组合，同时与深度神经网络对比时，控制同类型参数变量并采用同数据集进行实验，对模型性能进行评估。DNN 模型在 *MAPE* 指标上表现突出，但根据真实值-预测值拟合曲线以及相对误差曲线可知，模型的整体预测精度不高，因此需要改进原有的模型，并对模型的超参数进行优化，提高预测模型精度和可行性。

3.4.4　小结

本节将机器学习算法中的支持向量机、决策树、人工神经网络以及深度神经网络预测模型应用到接触网剩余寿命预测中，通过将接触网实测数据的接触线导高、拉出值、跨内高差和接触力等指标参数作为输入，在模型中进行非线性拟合和运算，预测接触网剩余寿命，最后对各模型预测结果精度进行分析。

3.5　CCS-DNN 剩余寿命预测模型超参数优化

3.5.1　CCS-DNN 剩余寿命预测模型

为提高区段内接触网的剩余寿命模型的预测精度，本节以接触网综合状态评估模型和深度神经网络预测模型为基模型，设计了一种融合了接触网综合状态与深度神经网络的 CCS-DNN 剩余寿命预测方法，该模型基于深度学习搭建，能在剩余寿命预测中表现出更优的性能，同时对 CCS-DNN 模型进行超参数优化以提高模型预测精度。CCS-DNN 剩余寿命预测模型主要由综合状态评估模型与剩余寿命预测模型两部分组成。

如图 3-21 所示，接触网综合状态评估模型获取训练集数据中不同定位点接触网的综合状态值，并将训练集根据设定的状态值阈值划分成不同的子训练集，测试集输入模型时首先会进入综合状态评估模型进行综合状态值评估，再根据评估结果将测试集数据送至相应状态值区间的子训练集进行训练与测试，最终输出 *RUL*，完成剩余寿命的预测。

由于线路检测数据来源于运行中的电气化铁路，且线路中的接触网绝大多数于较好状态上下浮动，即接触网综合状态值绝大多数处于 0.8 到 1，同时综合状态值处在 0.9 到 1 的占大多数，为保证划分的训练集分布均匀、各训练集内接触网状态特征集中，设定 0.8、0.9、0.95 三个阈值，将总训练集内状态值从 0 到 1 划分成四个子训练集。

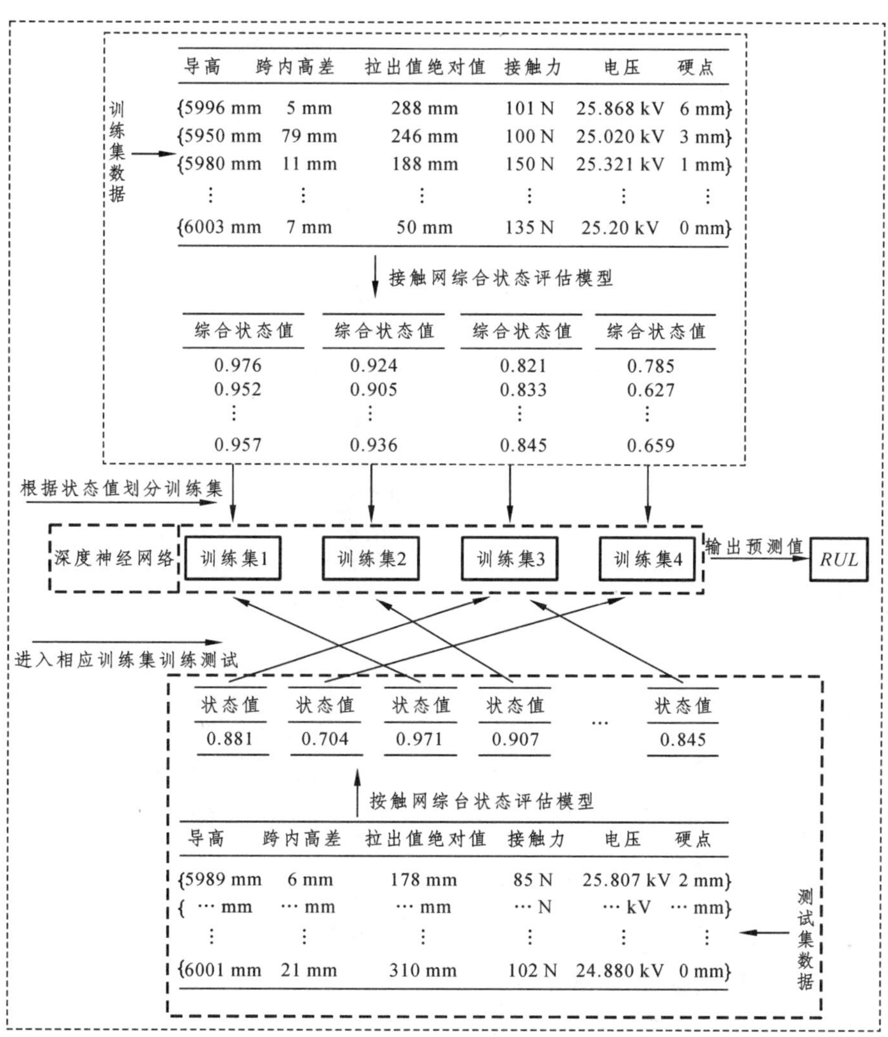

图 3-21　CCS-DNN 剩余寿命预测模型图

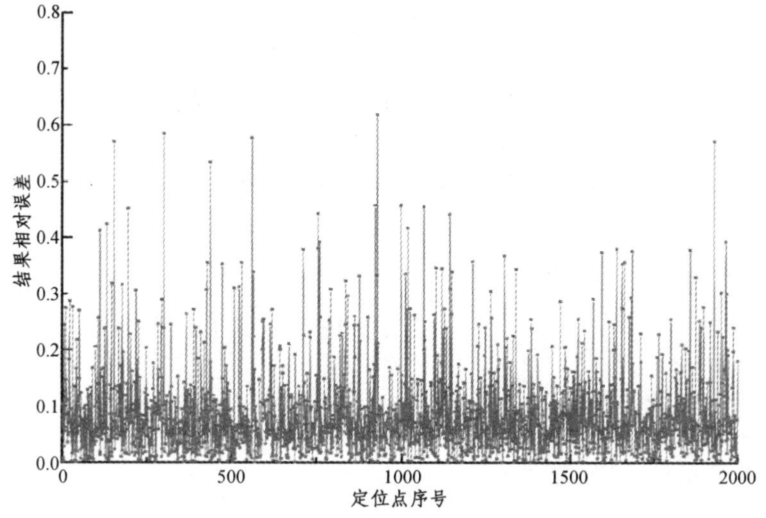

图 3-22　CCS-DNN 剩余寿命预测模型结果相对误差曲

CCS-DNN 剩余寿命预测模型将输入的定位点接触网参数匹配到与其状态类似的训练集中进行训练和预测，相对于直接使用深度神经网络模型预测的方法，剔除了大部分与其当前状态相关度低的数据，将测试集输入至与其相似的数据类型中去，能够达到提高预测精度的效果。

使用 CCS-DNN 预测模型进行接触网剩余寿命预测，对结果进行误差分析，可得模型的预测结果相对误差曲线如图 3-22 所示，由图 3-22 可知，相对误差大部分处于 0 至 0.1，根据预测结果可计算模型的预测评价指标 *RMSE*、*MAE* 及 *MAPE*，与未融合接触网综合状态模型的深度神经网络预测模型各指标值如表 3-15 所示。

表 3-15　CCS-DNN 预测模型与深度神经网络预测模型评价指标值

	RMSE	*MAE*	*MAPE*/%
基于深度神经网络的剩余寿命预测模型	14.825	9.127	14.026
CCS-DNN 剩余寿命预测模型	8.018	6.197	8.661

由表 3-15 中得到的模型预测评价指标值可知，CCS-DNN 剩余寿命预测模型预测精度得到了很大的提升。

为进一步提高预测模型的预测精度，需要对模型进行优化。根据模型使用深度神经网络进行预测的特点，可以对深度神经网络进行优化，而在神经网络中，除可学习的参数之外，还有很多超参数对神经网络的性能产生影响，而不同的预测目标对超参数的需求也不同。超参数优化主要分网络结构优化和参数优化等，故对上述参数进行优化，以达到优化模型、提高预测精度的目的。

3.5.2　CCS-DNN 剩余寿命预测模型超参数优化

首先对深度神经网络模型部分网络结构进行优化，在已搭建的基于深度神经网络预测模型中，针对深度神经网络的每层神经元个数、隐藏层层数以及激活函数等几个部分进行优化。深度神经网络的隐藏层数对神经网络性能有很大影响，理论上更深的神经网络层数会有更强的函数拟合能力，但若神经网络层数过多，则可能会产生过拟合现象，训练难度与时间复杂度增加，模型收敛更加困难。

神经网络结构设计时，按照由浅入深、由少至多的原则以及隐藏神经元的数量应在输入层的大小和输出层的大小之间，隐藏神经元的数量应小于输入层大小的两倍等通用经验原则进行。每层神经元个数通过控制变量法找到合适的数量，通常情况下对所有隐藏层使用相同数量的神经元。按照此类通用原则，可以使神经网络的预测性能得到良好体现。在其他参数相同的情况下，激活函数的选择须对比预测效果进行选取。

锁定隐藏层数量对不同神经元个数的模型进行实验，选取 1 ~ 15 个神经元个数进行预测实验，不同神经元个数下预测评价指标均方根误差如图 3-23 所示。

由图 3-23 可知，神经元个数为 1 个时预测效果最差，从 2 个神经元开始随着神经元个数增加，均方根误差起伏较小，神经元个数为 8 时均方根误差最小，因此在此模型中神经元个数设置为 8。

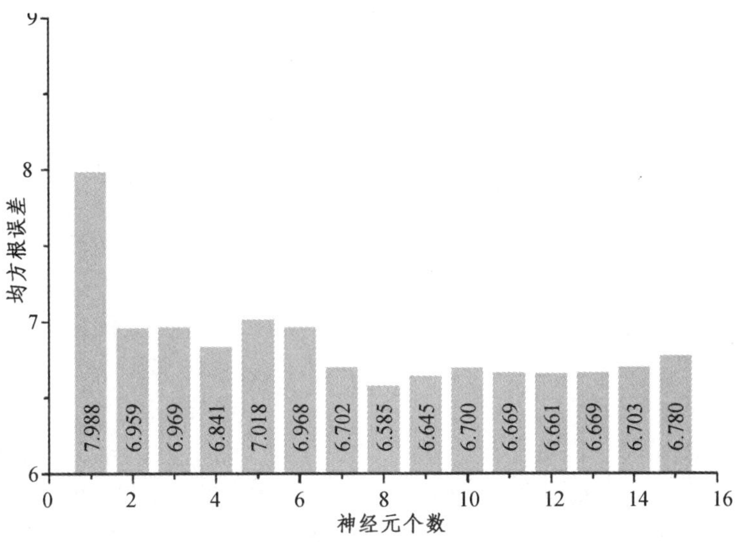

图 3-23 不同神经元个数下模型预测结果均方根误差

确定神经元个数后，再优化预测模型神经网络隐藏层层数。隐藏层数过少时仅能处理较为简单的数据集，因此多隐藏层更适合用来拟合非线性函数，但若隐藏层过多会导致过拟合，并使模型难以收敛。优化隐藏层层数时，以 1～20 为层数设置区间进行实验，不同隐藏层层数下预测评价指标均方根误差如图 3-24 所示。

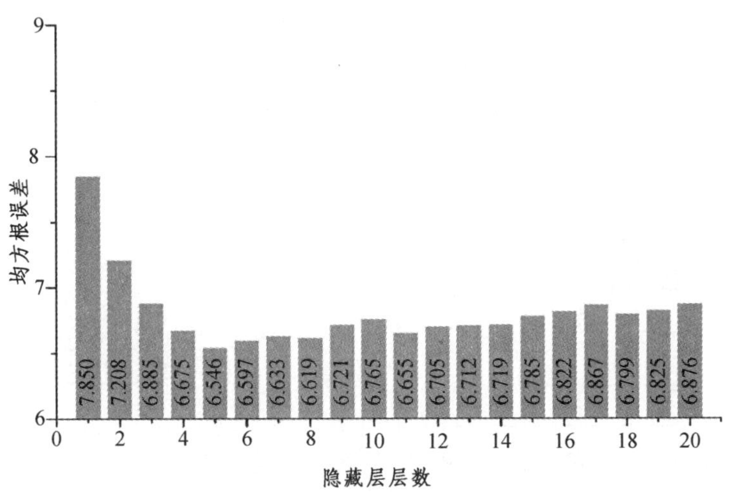

图 3-24 不同隐藏层层数下模型预测结果均方根误差

由图 3-24 可知，接触网剩余寿命预测模型的预测效果与模型的隐藏层数有关，且当模型隐藏层层数为 5 时，模型的均方根误差最小，故选择 5 层隐藏层为预测模型的最优层数。

确定隐藏层层数与每层神经元个数后，使用控制变量法，实验不同激活函数对模型预测效果的影响，结果如表 3-16 所示。

表 3-16 不同激活函数的模型预测结果均方根误差

	Tanh	ReLU	ELU	Maxout
均方根误差	6.594	6.235	6.755	7.062

由表 3-16 可知，使用 ReLU 为模型激活函数时，模型的预测评价指标均方根误差最低，因此模型激活函数选择 ReLU 函数，完成网络结构部分优化。预测模型中若含有较多超参数，参数的选取与设定则对模型的精度以及泛化性有较大影响，因此有必要对模型参数进行优化。遗传算法有较强的可扩展性与寻优性能，因此在本研究中，采用遗传算法对预测模型参数进行优化。

遗传算法最初是模拟生物基因遗传的做法，是通过对编码形成的初始群体中的个体按照适应度评估来不断进行筛选进化的过程，而随着问题规模的逐渐增大以及科研领域的需求，组合优化问题在遗传算法上的发挥空间也越来越大，在解最优解问题上，很多复杂的问题无法通过普通的算法来完成，因此将主要的工作重心转移到解得满意解，这成为重要的解决办法。

遗传算法进行优化时，首先进行个体适应度计算，再筛选优异个体进行交叉变异操作产生后代，以此一代一代地更新迭代得到最接近于最优的解。遗传算法泛化性与全局优化性能较好，能够适应各类条件以解决更广泛的问题。以优化剩余寿命预测模型中的学习率为例，优化流程如图 3-25 所示。

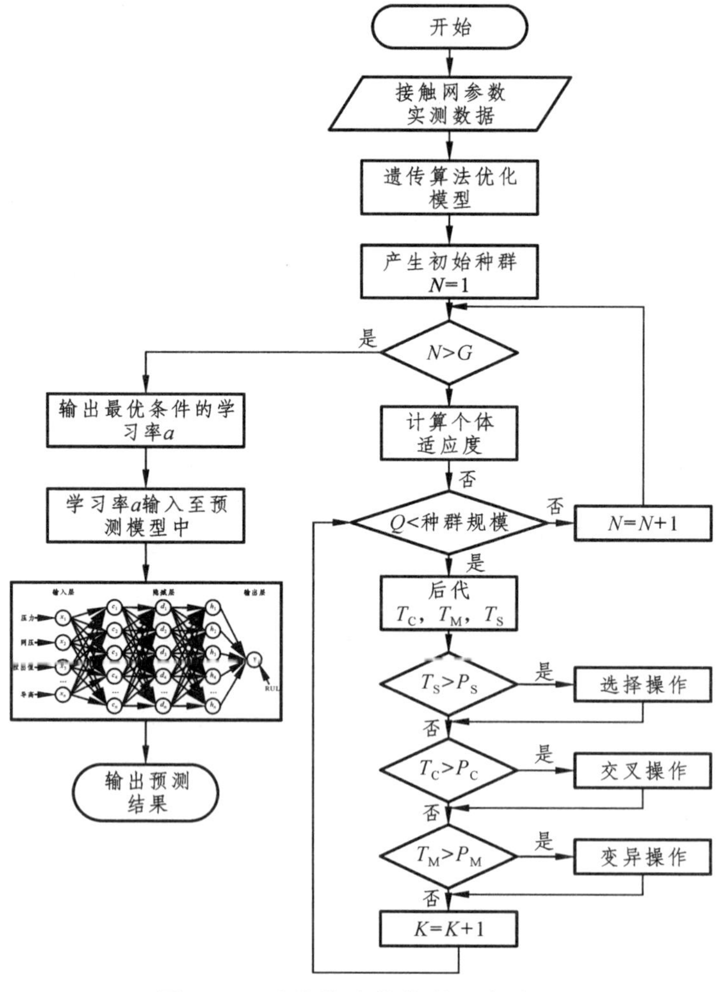

图 3-25　遗传算法优化学习率流程

如图 3-25 所示，其中 G 为后代数量，P_S 为选择概率，P_C 为交叉概率，P_M 为变异概率，通过设置合理的后代数，使群体中个体不断迭代以达到最大迭代次数，图 3-25 所示流程图的步骤具体如下：

① 将接触网参数实测数据输入模型中作为样本数据，划分训练集和测试集，数据集中输入接触力、硬点、网压、导高、拉出值和跨内高差以及每条数据对应的 *RUL* 值，如杆 S188 参数即为{106，1，25 196，5 998，-15，7}，*RUL* 值为 156。

② 在接触网剩余寿命预测模型上嵌套遗传算法模型，将剩余预测模型中神经网络的学习率 α 作为优化参数。

③ 遗传算法对接触网剩余寿命预测模型中的学习率 α 编码，并对其进行初始化产生初始种群，计算每个种群个体的适应度并进行选择、变异和交叉操作，不断更新接触网剩余寿命预测模型的学习率。

④ 更新产生的学习率 α 反馈至接触网剩余寿命预测模型中，不断迭代更新学习率直至接触网剩余寿命预测模型的学习率 α 满足最优条件，输出最优学习率，反之继续进行迭代更新。

⑤ 获取最优学习率后将学习率输入到接触网剩余寿命预测模型中，完成接下来预测模型的训练与测试。

使用遗传算法对 CCS-DNN 预测模型寻优，将超参数的不同类型进行组合优化或单个优化，并对参数优化后的模型进行预测实验以检测其性能，遗传算法寻优时，设置其种群大小为 30，最大进化代数为 100，同时交叉概率设置为 0.9，然后将配置好的遗传算法模型对 CCS-DNN 预测模型进行优化。

利用遗传算法优化接触网剩余寿命预测模型中的学习率，并进行剩余寿命预测，将优化模型得到的预测结果与未优化模型的预测结果用于计算评价指标，得到的评价指标对比结果如图 3-26 所示。由图 3-26 可得，优化后的模型在 *MAPE*、*MAE* 和 *RMSE* 三个指标上都小于未优化的模型，因此遗传算法优化学习率后的模型有更小的预测误差。

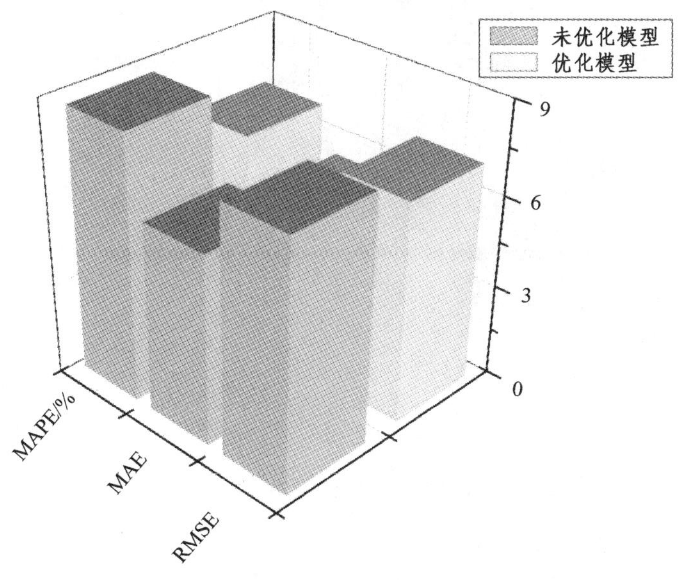

图 3-26　优化前后预测模型评价指标

预测模型中，除学习率（Learning Rate）以外，遗传算法还可以对模型中本地随机种子（Local Random Seed）、数据集迭代次数参数（Epochs）进行优化。为探究遗传算法优化参数类型对模型精度的影响，在CCS-DNN预测模型中，为在一定程度上减少算法结果的随机性，并对优化模型不同参数的设置进行配置，对随机种子进行优化，提高模型泛化性与预测精度。分别对以上三个参数单独训练和同时训练进行对比。

由表3-17可知，同时优化学习率、本地随机种子和数据集迭代次数时，模型的预测效果优于单参数优化、双参数优化的模型。为更直观地比较模型预测评估指标差异，优化不同参数的模型预测评估指标柱状对比图如图3-27所示。

表3-17 优化不同参数模型预测结果预测评价指标

被优化参数	*RMSE*	*MAE*	*MAPE*/%	模型预测精度
未优化	7.578 2	5.787 1	7.909	92.09%
学习率	3.179 4	1.973 1	2.460 4	97.54%
本地随机种子	3.154 9	1.937 1	2.336 4	97.69%
迭代次数	3.062 7	1.876 5	2.311	97.66%
Learning rate + Local random seed	3.179 3	1.951 4	2.323 9	97.68
Local random seed + Epochs	3.064 9	1.876 7	2.307 5	97.69%
Learning rate + Epochs	3.050 9	1.900 9	2.382 1	97.62%
Learning rate + Local random seed + Epochs	2.875 6	1.811 6	2.296	97.71%

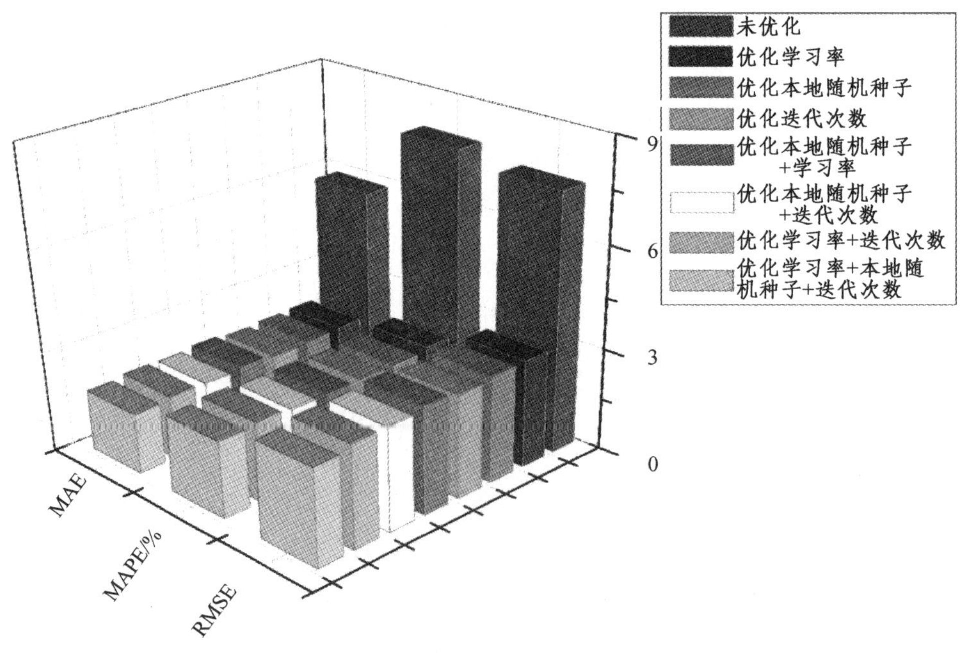

图3-27 优化不同参数模型预测评价指标柱状图

如图3-27所示，为优化不同参数时模型的预测评价指标值情况，由图3-27可直观得出同时优化三种参数时模型预测精度高于优化单参数、双参数，优化参数后的模型预测性能优于未优化参数的模型。优化参数后的模型预测结果与真实值对比曲线，如图 3-28 所示。

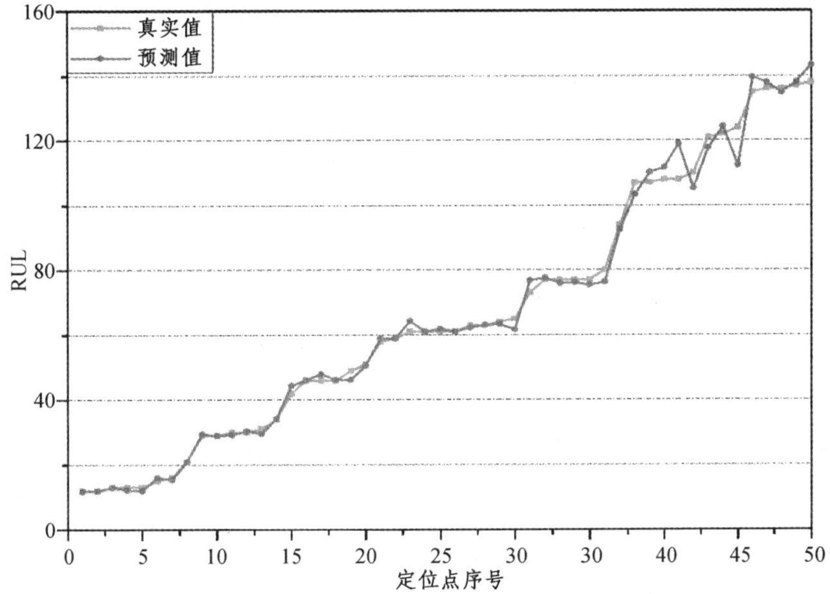

图 3-28 优化参数后预测模型真实值-预测值对比图

由图 3-28 可知，优化参数后的 CCS-DNN 预测模型真实值和预测值拟合情况较好。

由图 3-29 可知，优化参数后的预测模型相对误差较低，大部分定位点的预测结果相对误差在 0.05 以下，因此优化参数后的融合接触网综合状态的剩余寿命预测模型对接触网的寿命预测效果较好。

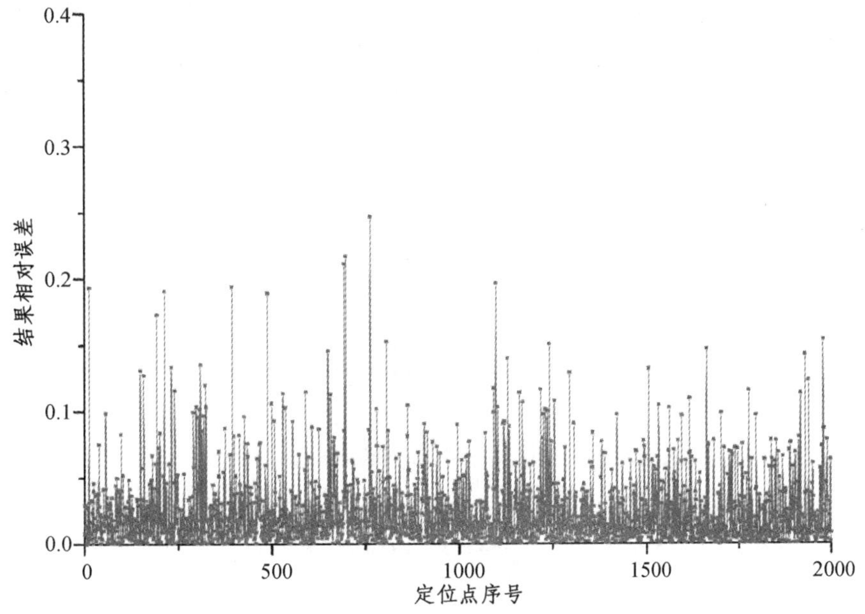

图 3-29 优化参数后模型预测结果相对误差

由图 3-30 可以看出，CCS-DNN 剩余寿命预测模型预测结果与真实值更接近，预测精度比传统机器学习等预测模型更高，故可认为 CCS-DNN 模型在进行接触网剩余寿命预测时有较优的性能。

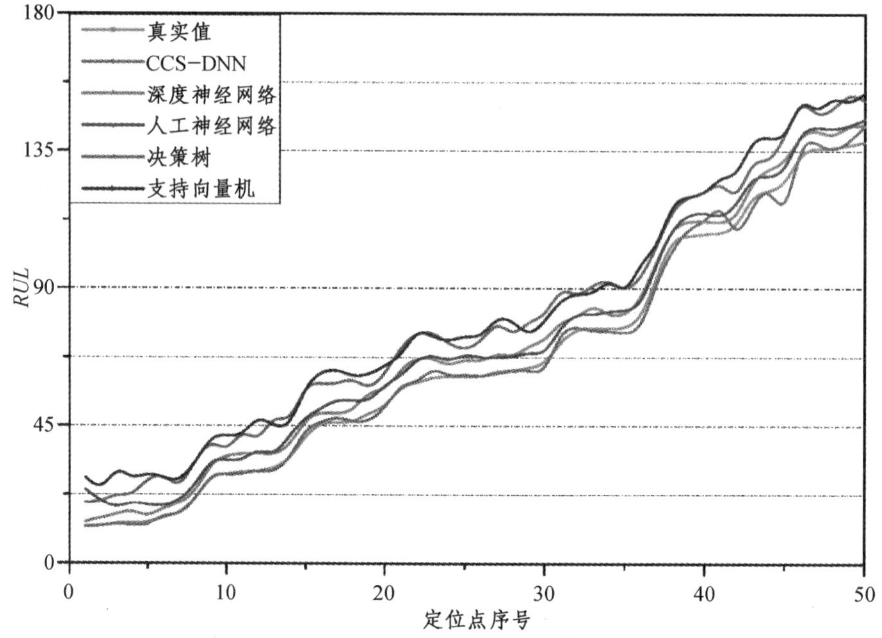

图 3-30　CCS-DNN 预测模型与传统预测模型预测结果曲线

为判断 CCS-DNN 剩余寿命预测模型预测结果的显著性，使用 T 检验的方法检验预测结果与真实位置有没有显著差异。通过统计检验试验，得到实际值样本与观测样本平均值分别为 86.496 和 87.4，标准差分别为 45.999 和 46.196，对应的检验概率 P 值为 0.166，大于显著性水平 0.05，故预测值相对于真实值无显著变化。

通过预测值与实际值计算出误差结果，将误差结果的分布概率拟合曲线如图 3-31 所示。

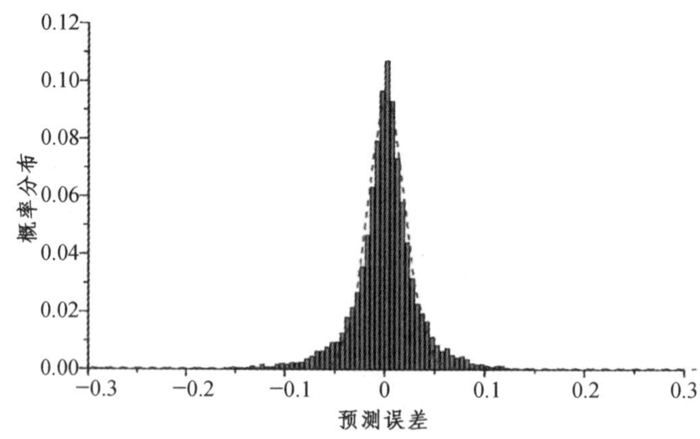

图 3-31　误差结果分布概率拟合曲线

如图 3-31 所示为预测结果误差的概率分布拟合曲线图，可以观察到结果误差的绝对值基本处于 0 到 0.1。

拟合概率分布曲线后，再将概率分布图按照根据显著性水平划分。由图 3-32 可得，

显著性水平 α 为 0.01 时置信区间为[-0.13，0.13]，α 为 0.05 时置信区间为[-0.05，0.05]，α 为 0.10 时置信区间为[-0.03，0.03]。

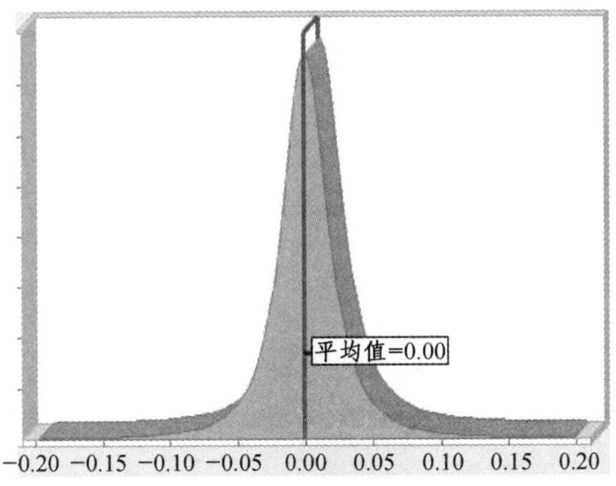

（a）平均值

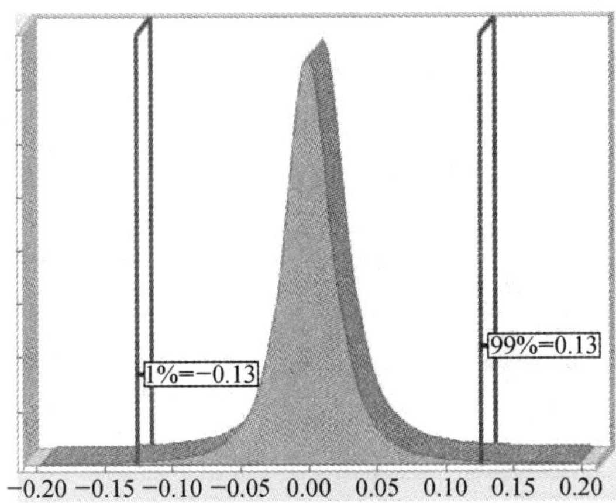

（b）α=0.01

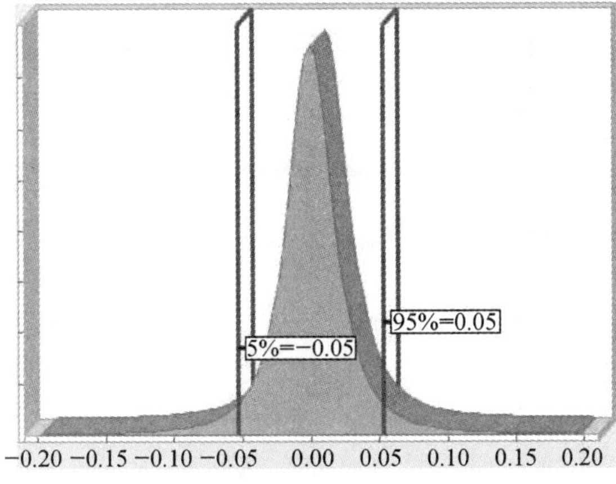

（c）α=0.05

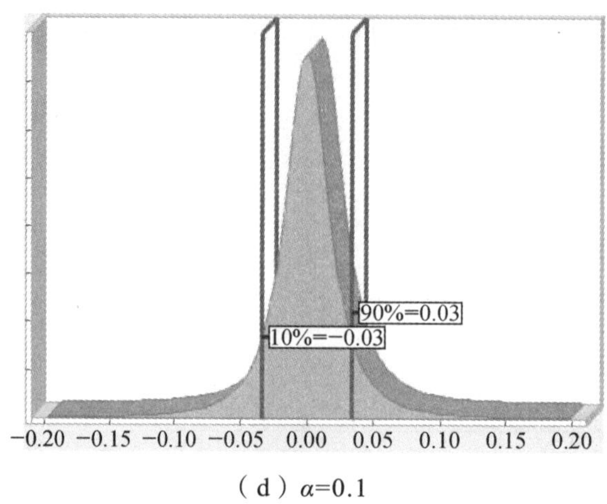

（d）α=0.1

图 3-32 不同显著性水平的概率分布曲线

3.5.3 接触网剩余寿命区间预测

CCS-DNN 剩余寿命预测模型预测结果显示，优化后的模型精度达到 97.71%，由于预测结果用于直到状态维修，不允许出现故障后再进行维修，故根据模型精度及模型评估效果，预测接触网剩余寿命区间，使故障出现的时间结点落在区间内，即在最低限进行检修同时保证接触网系统安全性最高。部分区间预测结果如表 3-18 所示。

表 3-18 接触网剩余寿命区间预测结果

杆号	*RUL* 真实值	*RUL* 预测值	预测结果
133	169	170.78	[166.85，174.71]
S120	135	137.39	[134.23，140.55]
385	49	47.98	[46.88，49.08]
119	79	77.82	[76.03，79.61]
52	108	106.18	[103.74，108.62]

若对某杆附近进行剩余寿命预测得到 *RUL* 值为 170.18，根据误差分析，使其 *RUL* 值定在[166.85，174.71]的预测的剩余寿命区间内，因此需要在 166 天之内对其进行检修，以保证接触网系统的良好状态。

综合该地区电气化铁路 2020 至 2021 年全年的现场检测数据以及缺陷信息记录进行验证，得出接触网不同定位点的 *RUL* 真实值可以较准确的落入 CCS-DNN 模型预测出的剩余寿命区间内，少数出现真实值高于预测的剩余寿命 0 区间上限值，即预测区间的区间下限值比真实值更接近当前时间，若以此预测结果作为接触网检修计划安排的依据，能够有效地避免接触网出现故障后的事后维修，因此可认为预测结果基本准确。部分定位点预测的剩余寿命区间与该点 *RUL* 真实值的曲线图如图 3-33 所示。

如图 3-33 所示为真实值与预测的剩余寿命区间上下限曲线的对比图，由图可知接触网 *RUL* 值真实值可以较准确地处在预测的剩余寿命区间内。检修作业以安全为先，为避免接触网故障发生，检修计划安排可适当提前，若延后则会增加接触网出现故障的风险，因此将预测的剩余寿命区间下限作为参考时间能够最大程度地避免故障出现后进行事后修，进而更高效地指导接触网检修工作。当未来再次检测新现场数据时，可将数据按照 CCS-DNN 模型的输入结构进行预处理，进而可以将数据输入模型中，并对此时接触网系统的剩余寿命进行预测。

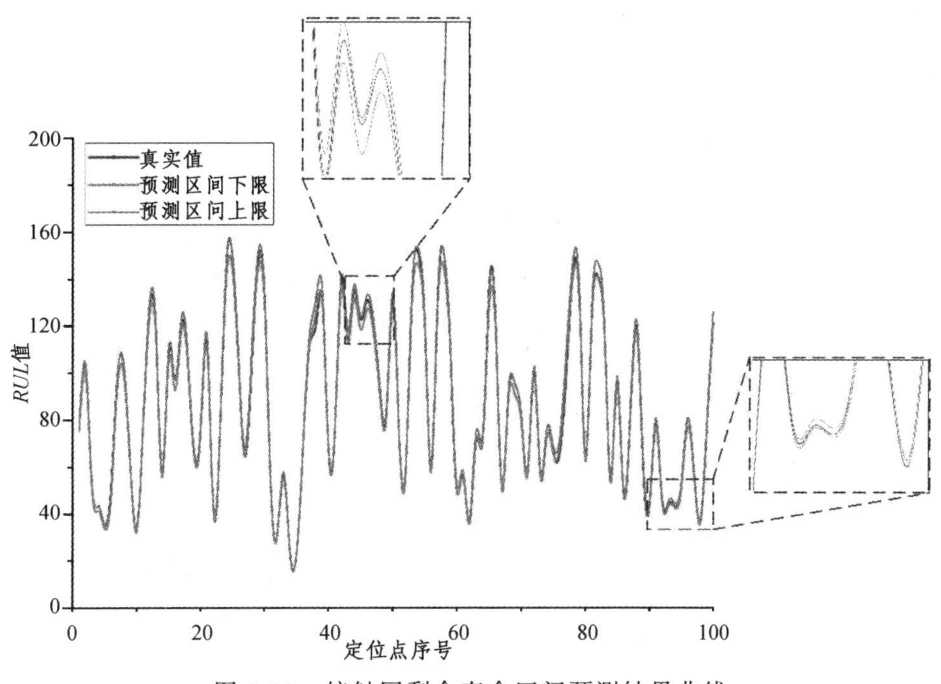

图 3-33 接触网剩余寿命区间预测结果曲线

3.5.4 小 结

本节以接触网综合状态评估模型与基于深度神经网络的剩余寿命预测模型为基模型，构建了基于接触网综合状态与深度神经网络的 CCS-DNN 剩余寿命预测模型，通过实验验证设计的模型在预测精度和性能上优于传统预测模型与原始预测模型，随后优化了模型网络结构，并引入遗传算法对模型学习率、本地随机种子和数据集迭代次数进行优化，最后以线路检测数据为例进行试验，测试超参数优化后的 CCS-DNN 剩余寿命预测模型的精度以及性能。

3.6 本章总结

实现对接触网系统综合状态的把控、掌握未来接触网系统可能出现故障的时间节点，并以此为依据对状态修提供有效指导，其核心在于实现接触网的综合状态评估及其剩余寿命预测。本章结合某地区电气化铁路线路动检车检测数据，选取对接触网影响度高的参数指标，参数指标选取后将其划分不同健康等级，利用科学均衡的赋权方法构建评估模型，实现接触网综合状态评估，随后搭建传统机器学习的寿命预测模型与基于深度神经网络的寿命预测模型，最后将接触网综合状态作为影响因素引入基于深度神经网络的预测模型中，设计了 CCS-DNN 剩余寿命预测模型。

考虑到接触网的技术状态由不同接触网动静态参数表征体现，于是通过接触网综合检测数据、指标参数影响度、缺陷信息数据以及人工经验，选择了接触线导高、拉出值、硬点、网压、压力和跨内高差作为接触网状态及寿命预测的主要参数指标。再参考电气化铁路相关规定标准与线路工程实施方案，将参数指标划分了不同健康等级并赋予归一化值，同时对接触网综合状态评估级别分级。完成分级后，再对接触网参数指标进行赋权，利用层次分析法的主观权值与熵权法的客观权值组成组合赋权法完成初始赋权，再引入粒子群算法进行二次赋权，目的是使权重分配结果不仅具有主客观优势，还能将指标间的均衡性得到优化。

实现接触网状态评估部分后，再搭建传统机器学习的剩余寿命预测模型，分别是基于SVM的剩余寿命预测模型、基于决策树的剩余寿命预测模型以及基于ANN的剩余寿命预测模型，继而搭建基于DNN的剩余寿命预测模型，并对以上模型进行预测实验及结果分析，对不同模型的误差进行对比。随后针对基于DNN的剩余寿命预测模型整体预测精度不高的问题，设计了一种以接触网综合状态评估模型、基于DNN的剩余寿命预测模型为基模型的CCS-DNN剩余寿命预测模型，通过使用线路检测数据，对CCS-DNN模型进行实验和结果分析对比。

最后对设计的CCS-DNN剩余寿命预测模型进行超参数优化，对模型网络结构和神经网络参数进行优化，通过实验确定神经网络隐藏层层数、每层神经元个数以及激活函数，并使用遗传算法对模型学习率、本地随机种子和数据集迭代次数进行优化，并对优化后的预测模型预测结果进行显著性分析。根据优化后模型的预测误差，预测不同定位点剩余寿命区间，未来可通过预测结果指导接触网状态修计划的制定。

4 接触网剩余寿命集成预测与维修优化

4.1 引 言

4.1.1 本章研究背景及意义

接触网是高速电气化铁路运输系统的重要牵引动力设备，确保接触网的安全性和可靠性是保证高速动车组稳定受流和准点运行的基础。接触网在内部因素和外部因素的综合作用下，系统性能不可避免地呈现退化的趋势，退化达到一定程度将导致系统失效。如果可以对系统的关键部件进行可靠的分析，定性定量地对系统退化程度进行监测，在系统退化初期，尤其在退化还未导致巨大损失时，对于可修系统进行维修前剩余使用时间的预测，开展剩余寿命（Remaining Useful Life，RUL）预测的研究，不仅有助于掌握系统的健康状态，而且能够为科学制定健康管理策略提供理论基础。另外，铁路牵引接触网系统主要作用是把从牵引变电所获得的电能传输给在铁路上运行的机车，如果接触网系统发生故障将会使铁路运输中断产生巨大的损失。因此针对接触网系统制定合理有效的维修策略对于电气化铁路安全高效地运行也具有十分重要的意义。

4.1.2 研究现状

RUL 预测技术通过分析传感器监测的运行数据，建立合适的退化模型，对系统或部件的剩余寿命进行提前预测。RUL 可定义为系统或部件可继续正常使用的时间长度，即当前时刻与失效时刻之间的时间间隔。RUL 预测技术主要分为两类，分别是基于模型的方法和数据驱动的方法。基于模型的 RUL 预测技术往往需要确定精确的物理或数学模型来描述系统退化过程。然而，很多复杂装备都难以建立精确的模型，对于难以确定具体退化模型的复杂装备而言，数据驱动的方法已成为了一种重要的 RUL 预测手段。数据驱动的 RUL 预测技术主要包括以下几个流程：数据获取、数据预处理、特征工程、模型建立、模型训练与预测。目前适用于建立 RUL 预测模型的方法主要有三类：第一类是统计模型方法，主要包括粒子滤波、卡尔曼滤波及其扩展算法等。基于统计模型的方法通常需要足够的先验知识构建退化过程的经验模型。第二类是传统机器学习方法，主要有 K-近邻、支持向量机、随机森林等。而传统机器学习预测方法的特征提取工作较为复杂，需要丰富的先验知识。此外，传统机器学习方法的数据拟合能力有限，难以有效处理大数据问题。而第三类深度学习方法，具有非常强的数据处理能力，理论上能以任意精度逼近任意连续函数，可以很好地实现对复杂高维函数的近似表示。除此之外，还有研究中应用贝叶斯网络提取多数据特征建立指标对接触网综合状态进行评价，还有利用层次分析法计算状态值，并提出一种基于 GA-ADNN 的深度神经网络接触网状态预测优化方法。随着机器学习和深度学习的发展，集成模型逐渐替代单一模型成为机器学习的一个新兴方向，利用多种算法组合共同发挥群体智慧。已有研究方法中的平均化集成方式采用均值计算方式，将多种算法模型或同一算法不同参数模型共同训练，预测结果取其平均值，这种方式未能充分体现群体智慧中取长补短的优势。

目前随着铁路系统的高速发展，如今国内外已有许多关于接触网系统维修优化的研究成果。有研究学者就接触网系统的维修优化模型进行改进，陈绍宽等考虑以可靠性为约束建立接触网最小维修优化模型通过案例研究证实了其正确性与可靠性。赵亚辰等将更新收益定理和时间延迟理论运用在优化模型中以维修费用最低为优化目标求解得到了较为理想的结果。程志君等运用机会维修思想建立了复杂条件下的视情维修决策模型，算例分析结果表示该模型具有较好的实用性。苏春等以隐半马尔科夫模型进行动态建模以维修费用率最小化为目标来求解，为维修计划制定提供了理论基础。张友鹏等采取基于嵌套粒子群结构的维修决策优化方法进行多目标的优化，通过验算证实了该方法可有效提高系统可靠度和可用度、降低维修成本。Pang 等采用改变模型目标值来提升解的可行性。何勇等提出分阶段预防性维护优化模型，用案例表明了多目标优化的优越性。但总的来说目前绝大多数的研究都是基于可靠性来建立维修优化模型。

也有学者对接触网系统维修优化模型的算法进行改进，李雪等建立了接触网系统可靠度和维修费用模型，并提出一种改进的混沌自适应进化算法来对接触网维修策略进行优化，该算法的优点在于改进了 NSGA2 算法的初始种群、选择策略、遗传算子三个关键算子，增强了算法的局部和全局搜索能力。通过分析验证了多目标寻优的优越性。陈民武等基于 GO 法对系统进行可靠性的评估，采用离散粒子群算法设计了维修优化策略，通过仿真分析证实了模型的实用性和可操作性。李耀华等利用自适应变异粒子群算法对目标进行求最优解，通过模型验证分析表明该算法所得最优解能有效降低成本。刘琛等在考虑接触网与供电设备的基础上，通过构建 Petri 网来进行分析计算。建立了风险相关的模型来对接触网系统因故障而导致的损失进行评估，并且将其与维修成本作为约束来制定维修成本最小的维修策略。在优化模型中还加入了役龄回退因子，运用混合 PSO 算法来得到能使系统安全可靠运行的优化方案。史振伟提出以贝叶斯网络来进行策略优化在降低维修费用，在提高维修效率等方面具有明显的优势。Sun 等提出了与混合插值算法结合的方法提升了解的精度。Li 等采用在算法中加入模糊综合评价法从非劣解中得到最佳解。Gu 等引入差分进化算法的变异和交叉来代替遗传算法以提高解的收敛性。Zhang 等通过在算法中加入 γ 向量使计算优化参数更加精确。目前关于维修优化模型的算法的研究主流是在 NSGA2 算法的基础上加以改进。

4.1.3 本章主要内容

本章为进一步改进接触网剩余寿命预测的方法，提出一种贝叶斯超参数优化的 Stacking 集成剩余寿命预测模型，在集成基模型中组合 DNN、SVM、XGBoost 和 KNN4 种差异较大的学习器，获得了比超参数优化单一模型和传统集成模型更好的预测效果。

另外，本章创新性地提出了一种多目标布谷鸟-遗传算法。在算法中采用 Tent 混沌映射生成多样性较好的初始种群；同时加入布谷鸟搜索算法中的 levy-flights 算子，提高局部和全局搜索能力；引入优化选择因子 Pr 动态调整优化机制。因此，本章也建立了以系统可靠性为约束条件，维修成本最低为目标的维修优化模型，提出了改进后的多目标遗传算法寻找最优方案进行优化。

4.2　高铁接触网

接触网是铁路牵引供电系统的重要组成部分，因其设置于户外露天环境，工作环境较为恶劣，容易受外界影响，且结构复杂，为高速铁路牵引供电系统中故障率较高的子系统，接触网示意图如图 4-1 所示。

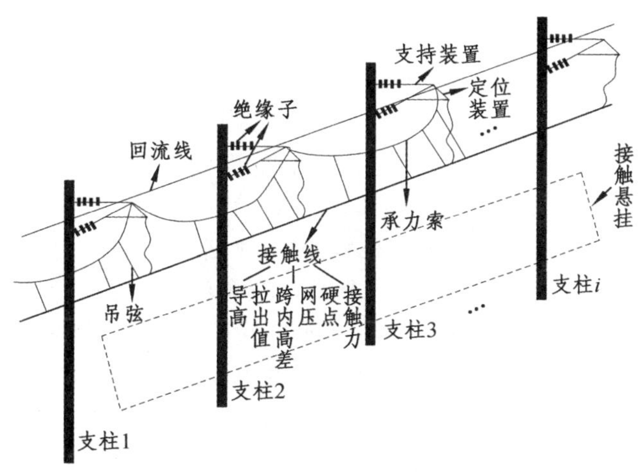

图 4-1　接触网悬挂的主要状态参数

由图 4-1 可知，高铁接触网是一个复杂的系统，一般由接触悬挂、支持与定位、支柱与基础以及保障设备安全和供电安全的电器辅助设备四大部分组成。接触网综合监测装置检测的主要参数如表 4-1 所示。

表 4-1　接触网主要检测参数含义说明

参数名称	参数含义
拉出值/mm	检测处接触线的横向偏移
导高/mm	检测处接触线到地面的垂直距离
跨内高差/mm	检测处两个支柱间接触线的高度差
接触力/N	检测处接触线与受电弓之之间的作用力
硬点/mm	接触网上接触压力突然变化的位置
网压/V	检测处接触线上的电压

其中接触线拉出值可以从侧面反映出系统可能出现零件松动或支柱倾斜；导高的变化趋势可以反映出接触网的平滑程度；接触力过大会导致接触线的异常磨损，接触力过小会使弓网接触不良，影响供电的质量甚至会引起电弧而烧坏接触线；硬点、网压、跨内高差同样也不同程度地影响着接触网的使用时间，对接触网的剩余寿命预测及及时检修有较大的参考意义。综上所述，本文将拉出值、导高、接触力、硬点、网压、跨内高差作为表征

接触网系统性能的参数。

本章的剩余寿命主要依据工程实际故障检修记录来推算，以检修时间点为接触网剩余寿命零点，倒查同一支柱号的各参数数值，并将与检修时间点的时间差设为该支柱接触网的剩余寿命。

4.3 贝叶斯优化的剩余寿命预测模型设计

4.3.1 剩余寿命预测模型设计

针对多参数下接触网剩余寿命的预测，在多模型融合的思想上建立 Stacking 集成模型，以提升剩余寿命的预测精度。在 Stacking 集成模型中设计两层结构，将多种不同的算法结合，以获得优于传统模型的预测效果。

就基学习器的预测能力而言，在实验过程中应选择预测性能较为优异的若干模型作为基学习器的备选模型。这是因为学习能力较强的基模型有助于模型整体的预测效果提升。其中，XGBoost、RF 和 GBDT 采用集成学习方式，有着出色的学习能力与严谨数学理论支撑，在各个领域获得了广泛的应用。DNN 在大数据分析和非线性问题求解中具有良好的实际应用效果。SVM 对于解决小样本、非线性及高维度的回归问题表现出特有的优势。KNN 因为其理论成熟、训练高效等特点也有着良好的实践应用效果。第 2 层选择泛化能力较强的模型，从中归纳出并纠正多个学习算法对于训练集的偏置情况，并通过集合方式防止过拟合效应出现。综上所述，剩余寿命预测模型设计架构如图 4-2 所示。

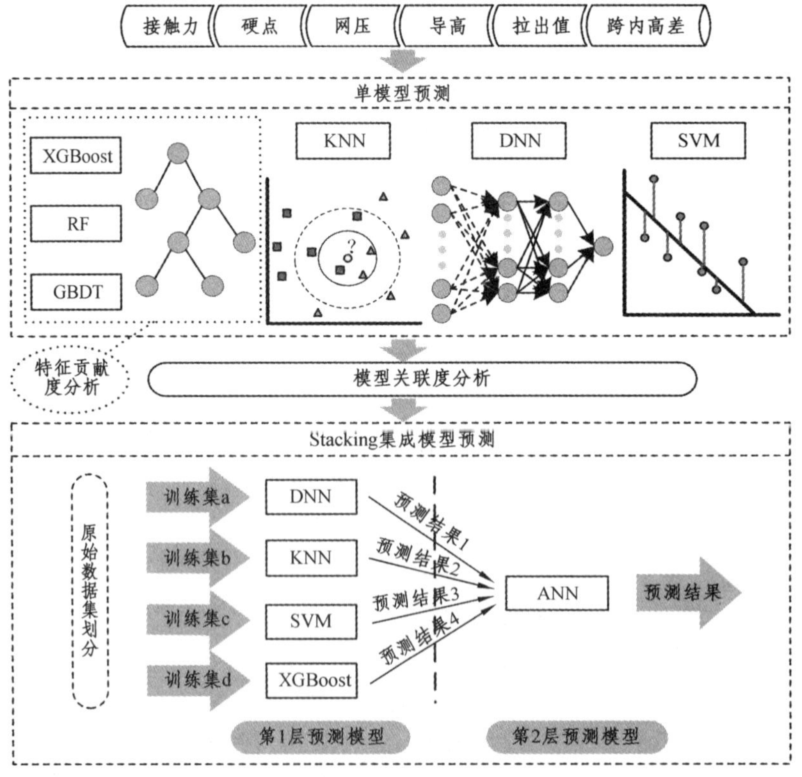

图 4-2 剩余寿命预测模型设计架构

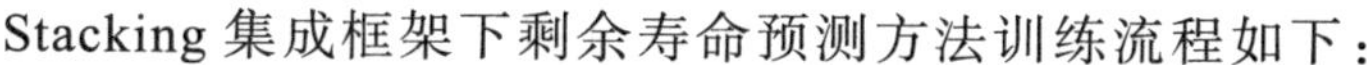

Stacking 集成框架下剩余寿命预测方法训练流程如下：

（1）特征选择。

特征选取往往是建立模型极为重要的一步，特征的好坏对预测效果起到决定性作用。采用人工经验与模型评分相结合的方式对特征进行选择。首先，人工选取对接触网性能影响较大的六个参数，即拉出值、导高、接触力、硬点、网压、跨内高差。其次，通过树集成模型的特征贡献度分析进行模型评分，在 XGBoost、RF、GBDT 模型的训练过程中，根据树的增益情况，计算各个特征的评分，表明每个特征对模型训练的重要性，有助于特征选择的有效性验证与辅助决策，保留优秀特征，删除冗余特征。

（2）数据标准化。

不同指标往往具有不同的量纲和量纲单位，为了消除指标之间的量纲影响，现对接触网数据进行标准化处理，公式如（4-1）所示：

$$x^* = \frac{x - \min}{\max - \min} \tag{4-1}$$

其中，x^*是标准化后的值；x 是原始值；max 是所有原始值中的最大值；min 是所有原始值中的最小值。

（3）模型关联度分析。

为了获得最优预测效果，在 Stacking 模型第 1 层选择差异度较大的模型作为基学习器。其本质是在不同的数据空间角度和数据结构角度观测数据，选择差异度较大的算法体现不同算法的优势，使各个差异化模型取长补短。采用 Pearson 相关系数对各个模型的误差差异度进行计算，以此分析不同基学习器的关联程度，Pearson 相关系数计算方法如公式（4-2）所示。

$$r_{xy} = \frac{\sum_{i=1}^{m}(x_i - \overline{x})(y - \overline{y})}{\sqrt{\sum_{i=1}^{m}(x_i - \overline{x})^2}\sqrt{\sum_{i=1}^{m}(y_i - \overline{y})^2}} \tag{4-2}$$

式中 $\overline{x}$ 和 $\overline{y}$ 分别为各向量中元素的平均值。

（4）Stacking 基学习器训练。

使用划分后的数据集对 Stacking 中的第 1 层预测算法分别训练，并输出预测结果，生成新的数据集，实现所有数据从输入特征到输出特征的特征变换。因为每个基学习器预测的数据块均未参与元学习器的训练，这样的配置使所有数据只在模型训练时使用了一次，有效防止了过拟合的发生。

（5）Stacking 元学习器训练。

使用新生成的数据集，对 Stacking 中第 2 层算法进行训练，基于多模型融合的 Stacking 集成学习算法训练完毕。

为了评估接触网剩余寿命预测模型的预测精度，以均方根误差（*RMSE*）、平均绝对百分比误差（R^2）和平均绝对误差（*MAE*）三个指标来进行衡量，计算公式如式（4-3）~（4-5）所示。

$$RMSE = \sqrt{\frac{1}{n}\sum_{i=1}^{n}(\hat{y}-y)^2} \tag{4-3}$$

$$R^2 = 1 - \frac{\sum_{i=1}^{n}(y-\hat{y})^2}{\sum_{i=1}^{n}(y-\overline{y})^2} \tag{4-4}$$

$$MAE = \frac{1}{n}\sum_{i=1}^{n}\left|\hat{y}-y\right| \tag{4-5}$$

式中，$\hat{y}$ 为接触网剩余寿命的预测值；y 为接触网剩余寿命的实际值；$\overline{y}$ 为 y 的平均值；n 为接触网剩余寿命预测的样本数量。

4.3.2 贝叶斯优化设计

机器学习或深度学习的算法中包含了大量的参数，其中超参数不能通过训练来优化，需要手动调整。贝叶斯优化采用高斯过程，考虑之前的参数信息，不断地更新先验，具有迭代次数少、速度快的优点。贝叶斯方法跟踪过去的评估结果，会使用过去的结果形成概率模型，将超参数映射到目标函数的得分概率。采用贝叶斯方法对 Stacking 中深度神经网络模型的超参数进行优化，优化过程如图 4-3 所示。

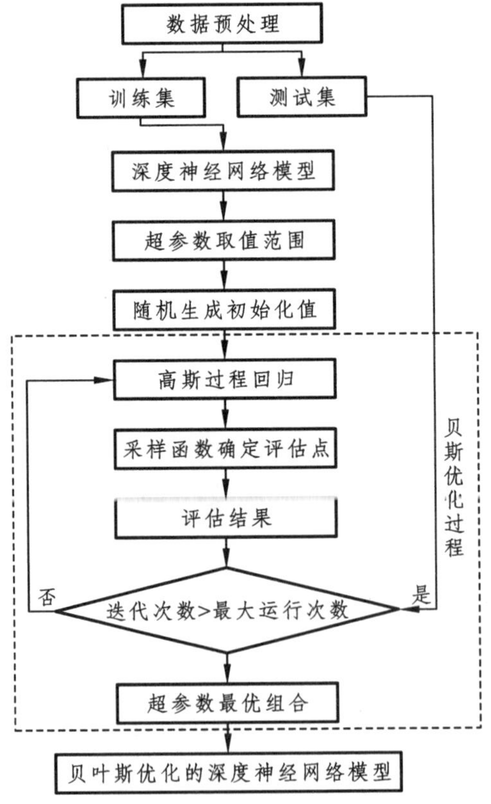

图 4-3 贝叶斯优化的深度神经网络模型

设置待优化超参数的取值范围，通过高斯过程回归选取超参数的不同组合来训练模型。每个组合对应一个模型，并计算模型误差。通过比较不同超参数组合下的误差，选择满足预测要求的超参数，确定模型的参数设置。

4.4 算例研究

4.4.1 数据集预处理

以某线路上下行接触网的工程实测数据为算例，部分数据的主要参数值如图 4-4 所示。

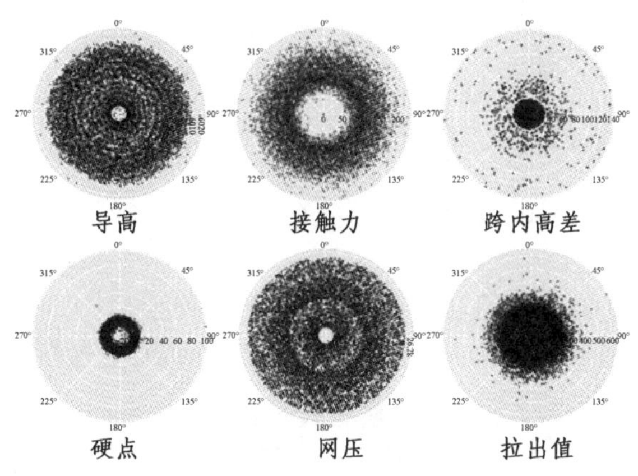

图 4-4 接触网部分历史数据

数据由铁路供电安全检测监测系统采集，并结合人工故障检修记录进行整合清洗。数据集中有六个属性，即导高、接触力、跨内高差、硬点、网压、拉出值，一个标签，即剩余寿命，范围为 0 ~ 172 天。

各属性信息如下：

（1）导高：5 928 ~ 6 020 mm；

（2）接触力：41 ~ 218 N；

（3）跨内高差：0 ~ 25 mm；

（4）硬点：0 ~ 7 mm；

（5）网压：24 300 ~ 26 050 V；

（6）拉出值：36 ~ 330 mm。

首先，通过人工经验选择标准化后的导高、接触力、跨内高差、硬点、网压、拉出值作为输入数据。XGBoost、GBDT、RF 算法计算的特征贡献度如图 4-5 所示。

其中，导高对预测目标产生的影响最大，接触力、跨内高差、网压、拉出值对剩余寿命影响也产生了一定影响。考虑到硬点采用了独热编码形式，使得特征贡献度较为稀疏分散，但是对于模型训练都起到一定作用。通过对模型特征贡献度分析，侧面验证了本文特征选择的有效性。

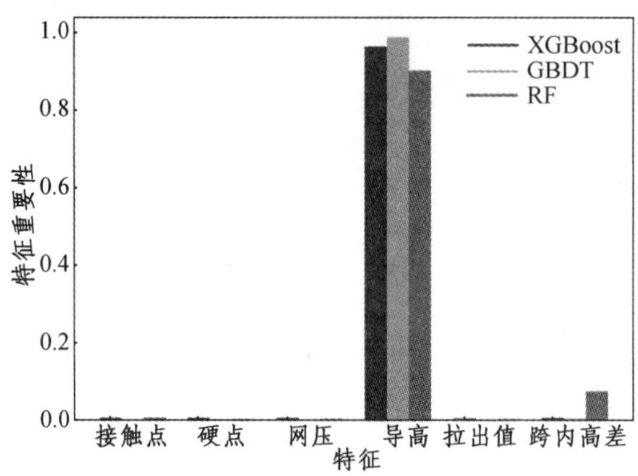

图 4-5　不同算法的特征贡献度分析

4.4.2　各模型关联度分析

为了使得 Stacking 性能达到最优，需要从各个基模型学习能力与各模型之间关联度两方面展开分析。

首先，设计实验将各个基学习器在原始数据集上单独预测的结果进行比较分析。针对各个基学习器设置初始超参数，各模型超参数集以及单模型预测性能如表 4-2 所示。

表 4-2　各算法的超参数及其单独预测的误差

算法名称	初始超参数集	单模型预测误差		
		RMSE	R^2	*MAE*
XGBoost	树深度 8，学习率 0.05，树的数目 350，叶子最小权重和 5，惩罚项系数 0.05	0.095 4	0.914 4	0.080 2
SVM	核函数为多项式核函数 poly，惩罚系数 2.，核函数系数 1	0.098 3	0.909 1	0.080 4
RF	树深度 6，树的数目 200，叶子节点最少样本数 5，节点划分最小样本数量 5	0.101 2	0.903 7	0.082 8
GBDT	树深度 6，学习率 0.01，树的数目 150，叶子节点最少样本数 10	0.105 9	0.894 6	0.089 6
KNN	邻居数量 3	0.108 2	0.890 1	0.079 7
DNN	隐藏层层数 6，神经元数量 30，学习率 0.000 1，激活函数 relu	0.112 5	0.881 0	0.090 8

由表 4-2 可知，各算法单独进行预测时，XGBoost 的预测误差较小，这是因为 XGBoost 对损失函数进行了二阶泰勒展开，优化过程使用了一阶和二阶导数信息进行更新迭代，使得模型训练更充分。

为了选择最佳的基模型进行组合，分别设计实验，将各个基学习器单独进行预测所产生的预测误差情况进行比较，采用 Pearson 相关系数为相关性指标，各算法误差相关性分析如图 4-6 所示。

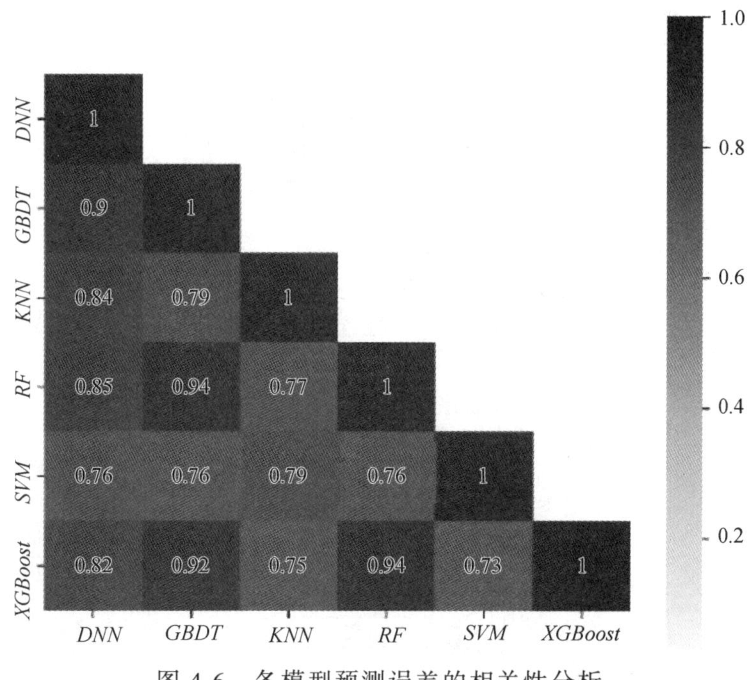

图 4-6 各模型预测误差的相关性分析

由图 4-6 可知，各算法的误差相关普遍较高，这是由于各算法学习能力较强，训练中学习到数据中的固有误差不可避免。其中，XGBoost、GBDT、RF 算法的 Pearson 相关系数值超过 0.9，误差相关度极高，这是因为该 3 类算法虽然原理有些许不同，总体上仍然属于树的集成算法，其数据观测方式存在较强相似性。DNN、SVM、KNN 的训练机理差距较大，因此 Pearson 相关系数值较小，范围在 0.7 ~ 0.9。

4.4.3 Stacking 集成模型搭建

根据算例模型的差异度分析，选择 Pearson 相关系数≤0.9 的 DNN、SVM、KNN 以及树集成模型中表现最好的 XGBoost 4 种算法作为 Stacking 集成学习中的基模型，并设计一个 ANN 作为元学习器，修正基础模型中不同学习器对模型预测结果的偏差，防止过拟合。在此基础上，得到该高铁接触网算例系统的剩余寿命 Stacking 集成算法的实现流程如图 4-7 所示。

首先将原始数据集划分成若干子数据集，输入到第 1 层预测算法的各个基学习器中，每个基学习器输出各自的预测结果。然后，第 1 层的输出再作为第 2 层的输入，对第 2 层预测算法的元学习器进行训练，再由位于第 2 层的算法输出最终预测结果。Stacking 学习框架通过对多个算法的输出结果进行泛化，以获得整体预测精度的提升。

4.4.4 Stacking 集成算法超参数优化

就 Stacking 集成算法中的深度神经网络而言，选取学习率、隐藏层个数、隐藏层核个数、L2 正则化惩罚系数、批次大小、训练次数 6 种超参数进行寻优，超参数取值范围及优化过程如图 4-8 所示。

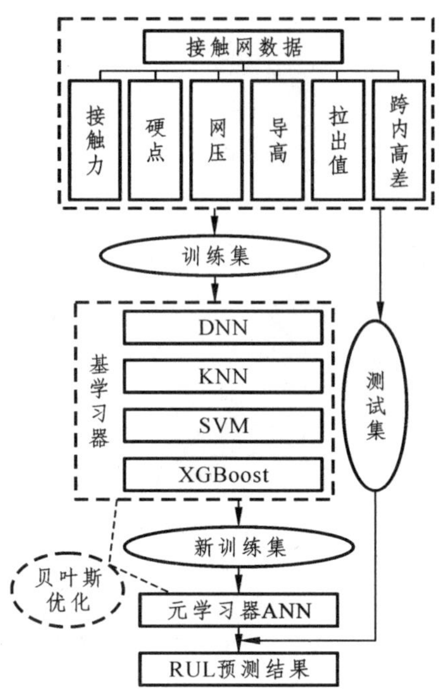

图 4-7　Stacking 框架下接触网剩余寿命模型

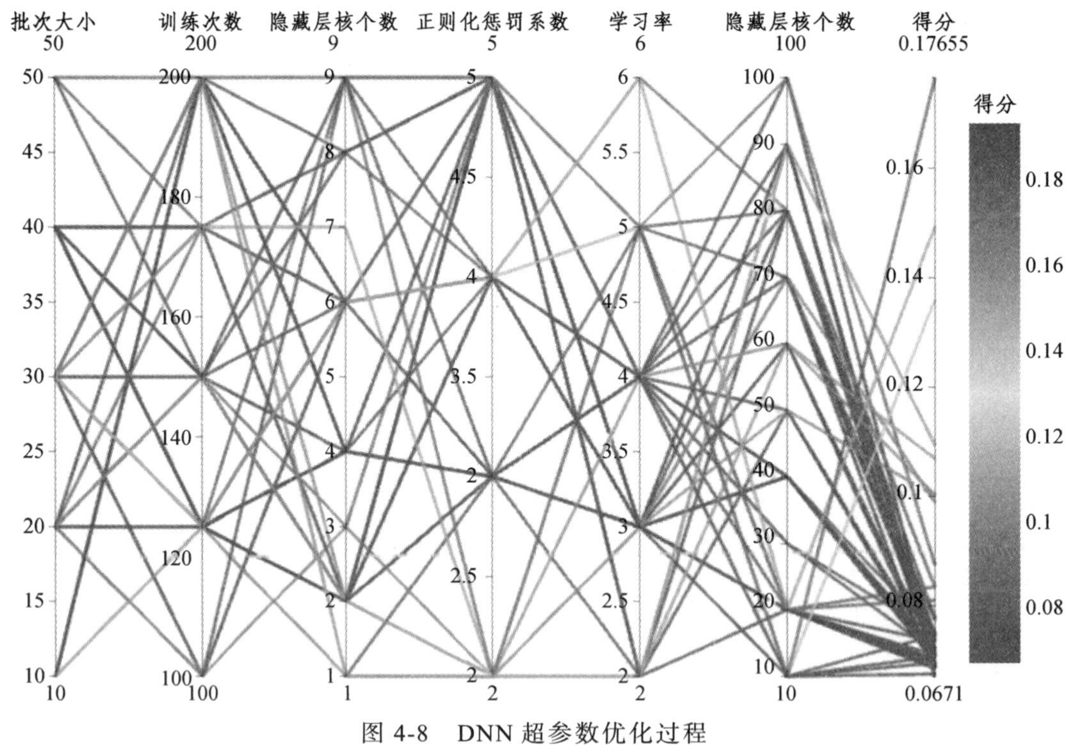

图 4-8　DNN 超参数优化过程

最优超参数组合：学习率为 0.001，隐藏层个数 6，隐藏层核个数 70，L2 正则化惩罚系数 0.000 1，批次大小 30，训练次数 200。在此过程中，随着迭代的推进，贝叶斯调参使用不断更新的概率模型，通过推断之前的参数信息来不断更新先验。

支持向量机模型优化过程如图 4-9 所示。

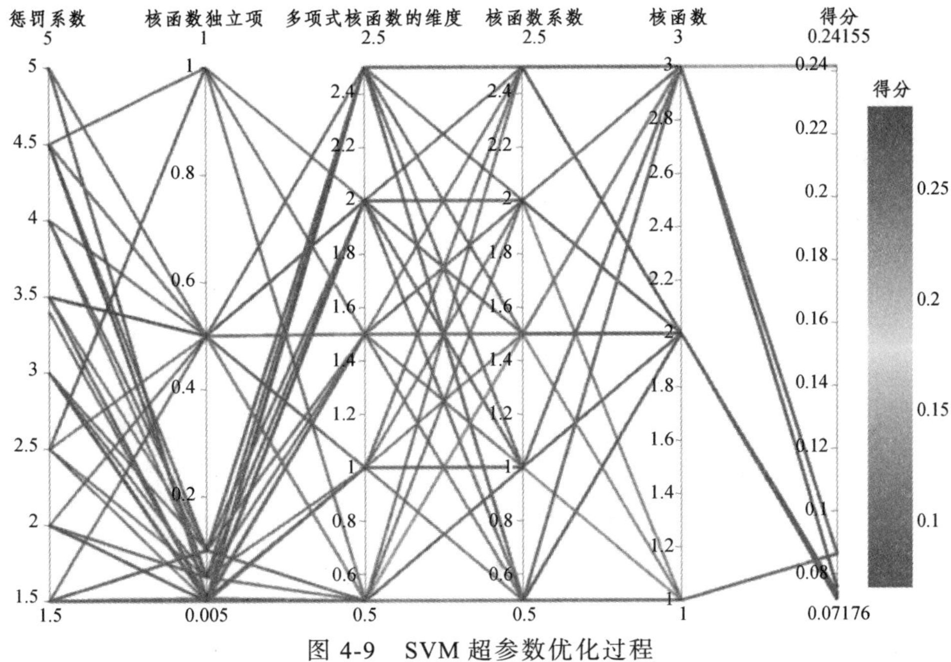

图 4-9　SVM 超参数优化过程

随着不断地迭代，超参数组合的评价结果不断降低，直到核函数 kernel 为 rbf，惩罚系数 C 为 4，核函数系数 gamma 为 1，核函数独立项 coef0 为 0.1，degree 为 0.5 时，模型达到最优效果。

XGBoost 模型中含有大量需要设置的超参数，最主要的 3 类超参数分别是：常规的超参数、提升器超参数以及任务参数。一般情况下，常规的超参数和任务参数采用默认值，所以需要对提升器超参数进行适当调整，达到优化模型性能的目的，XGBoost 超参数设定范围及其最优值如图 4-10 所示。

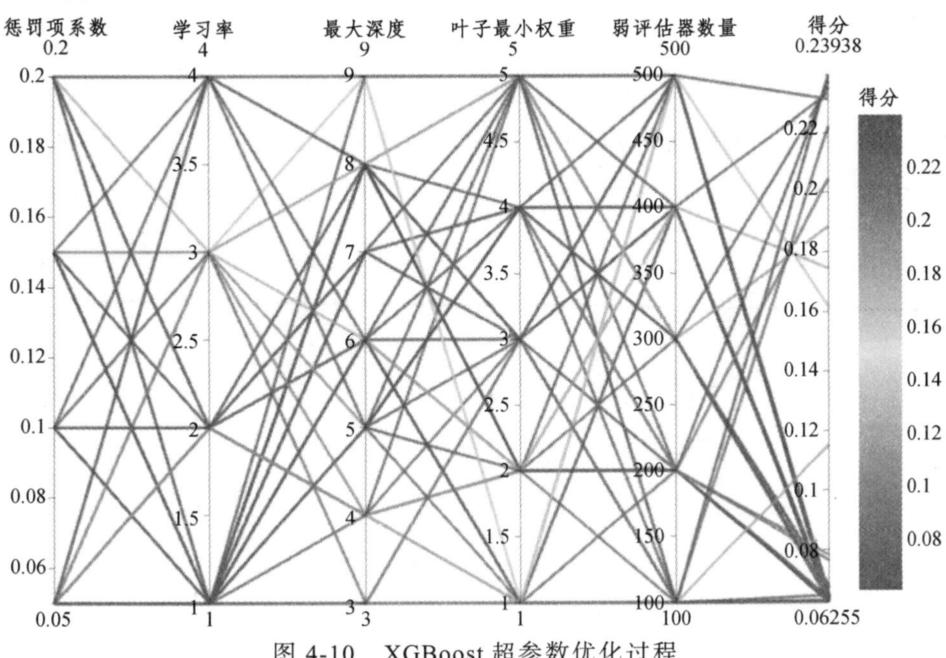

图 4-10　XGBoost 超参数优化过程

其中惩罚项系数为 0.05，学习率为 0.1，最大深度为 5，树的数目 400，叶子最小权重为 3。

ANN 模型选取学习率、正则化项参数、隐藏层核个数 3 种超参数进行寻优，超参数取值范围及优化过程如图 4-11 所示。

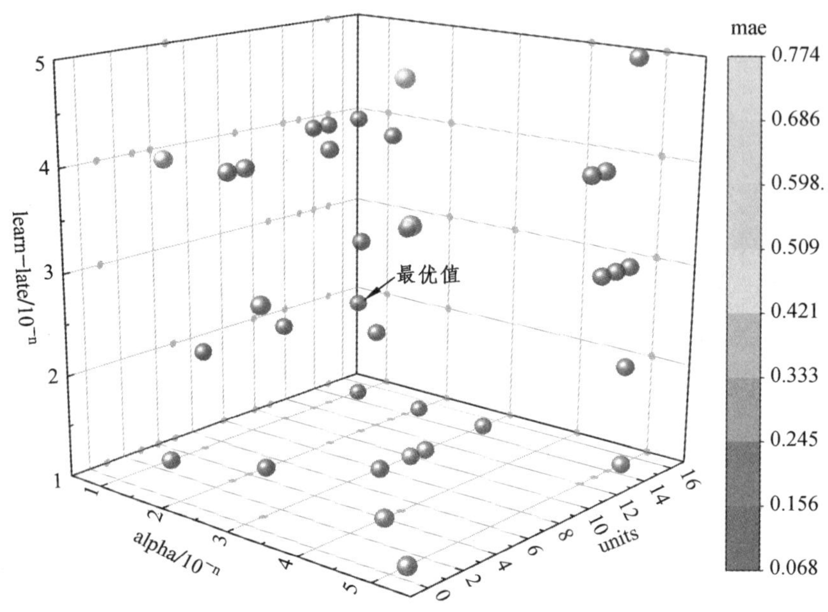

图 4-11　ANN 超参数优化过程

最终，贝叶斯优化的结果为学习率 0.01、正则化项参数 0.1、隐藏层核个数 15。

4.5　实验结果分析

4.5.1　Stacking 模型结果对比分析

将预处理后的接触网数据输入 Stacking 集成剩余寿命预测算法，输出的部分预测结果如图 4-12 所示，Stacking 预测结果与真实值更加接近。

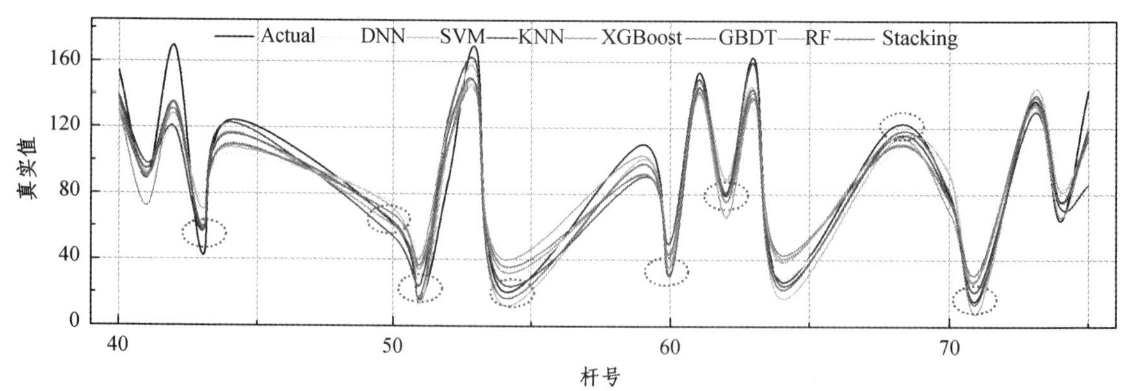

图 4-12　真实值与 Stacking 模型预测值对比

为了验证 Stacking 集成模型的预测性能，将单模型（XGBoost、DNN、GBDT、RF、SVM、KNN）与 Stacking 集成模型的预测效果一一对比分析，如图 4-13 所示。

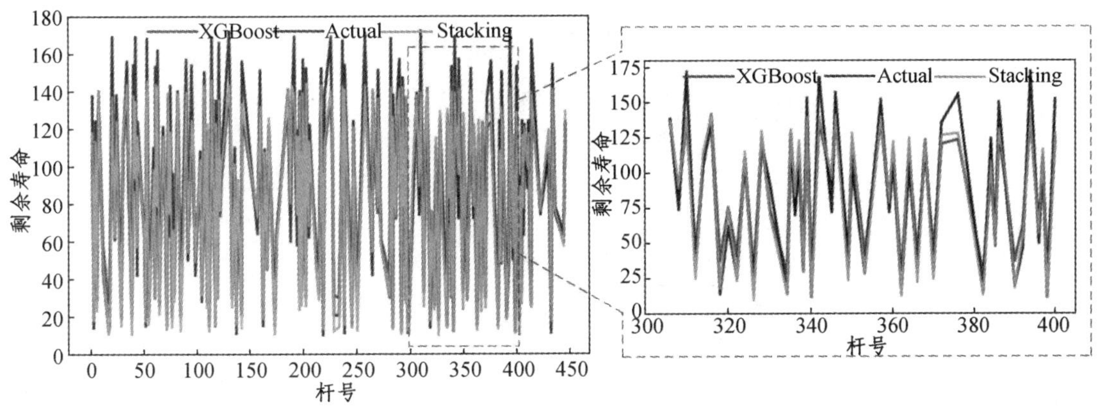

（a）XGBoost 模型与 Stacking 模型预测误差的对比

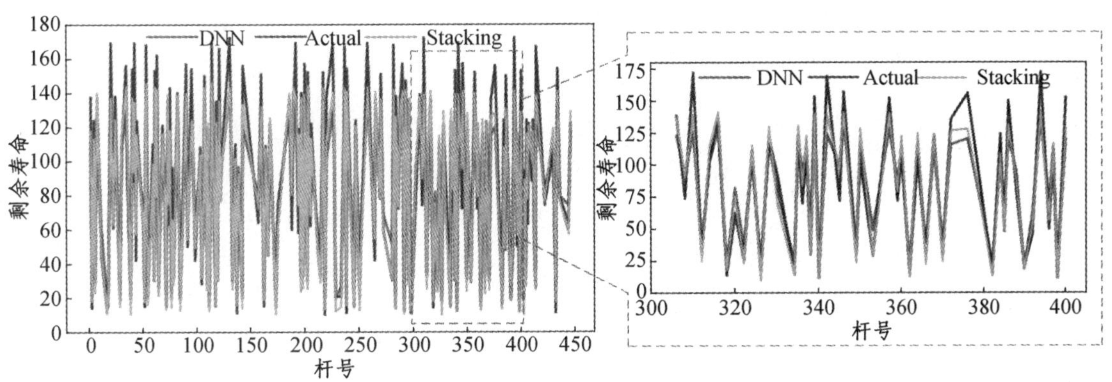

（b）DNN 模型与 Stacking 模型预测误差的对比

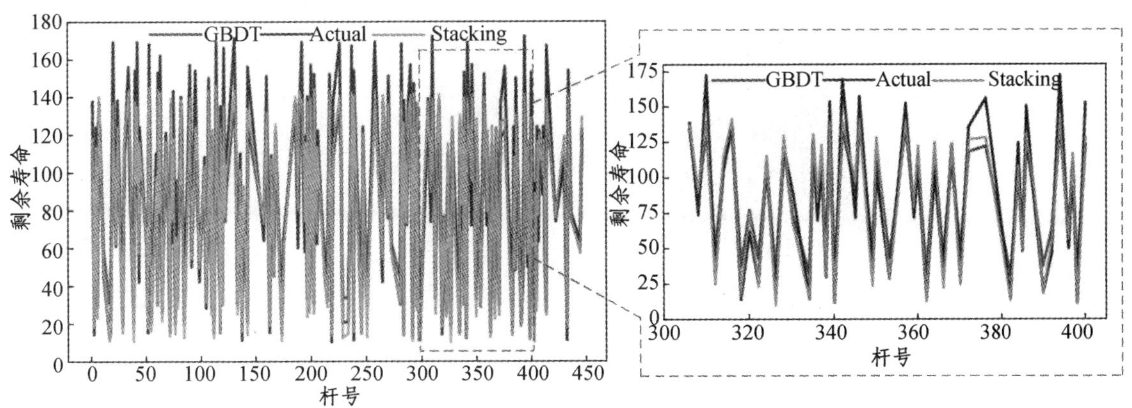

（c）GBDT 模型与 Stacking 模型预测误差的对比

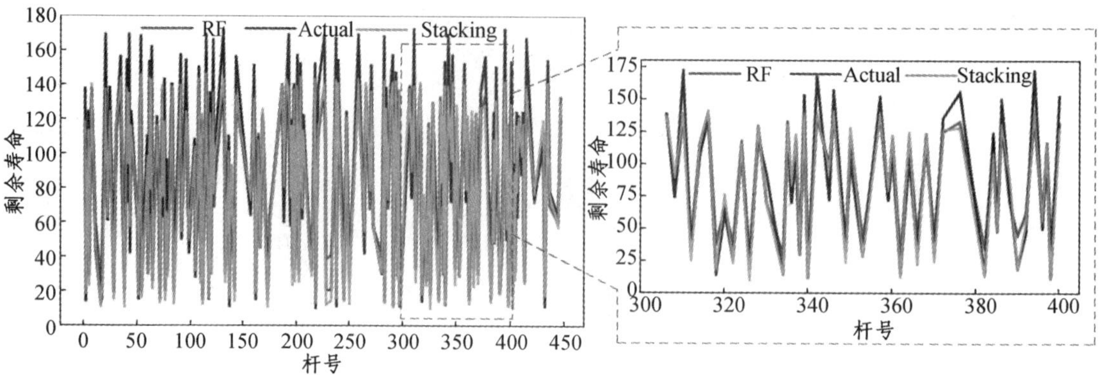

（d）RF 模型与 Stacking 模型预测误差的对比

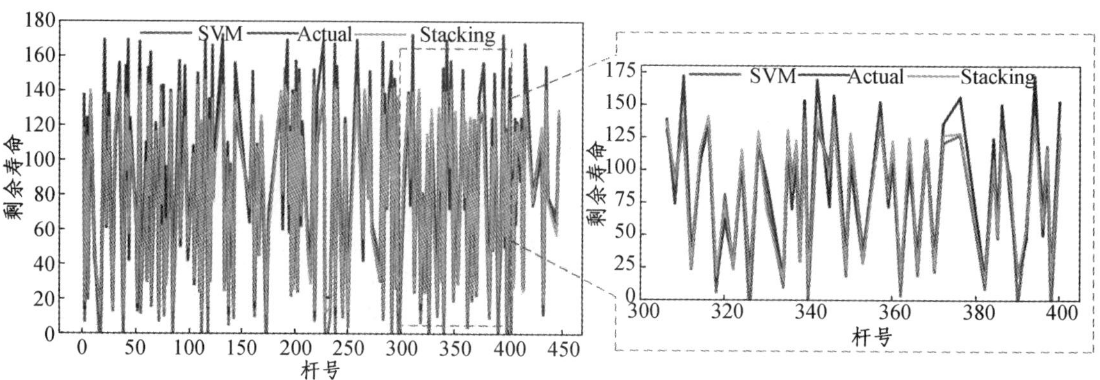

（e）SVM 模型与 Stacking 模型预测误差的对比

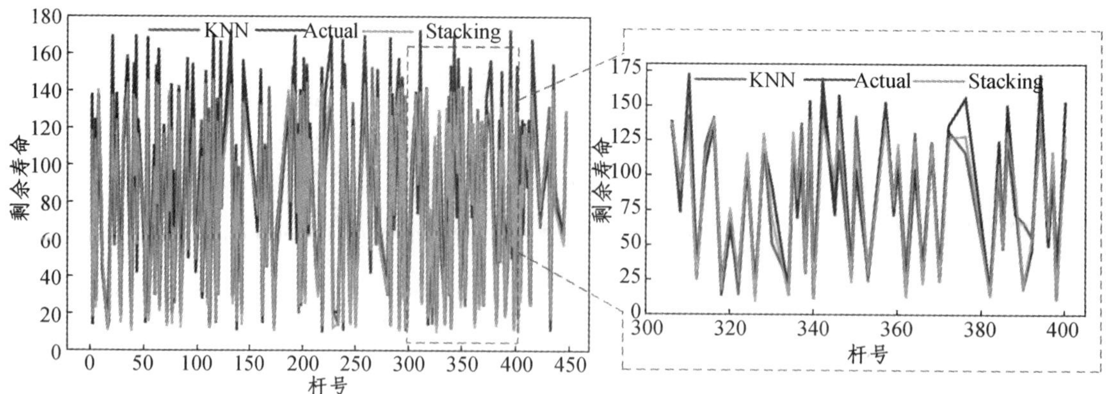

（f）KNN 模型与 Stacking 模型预测误差的对比

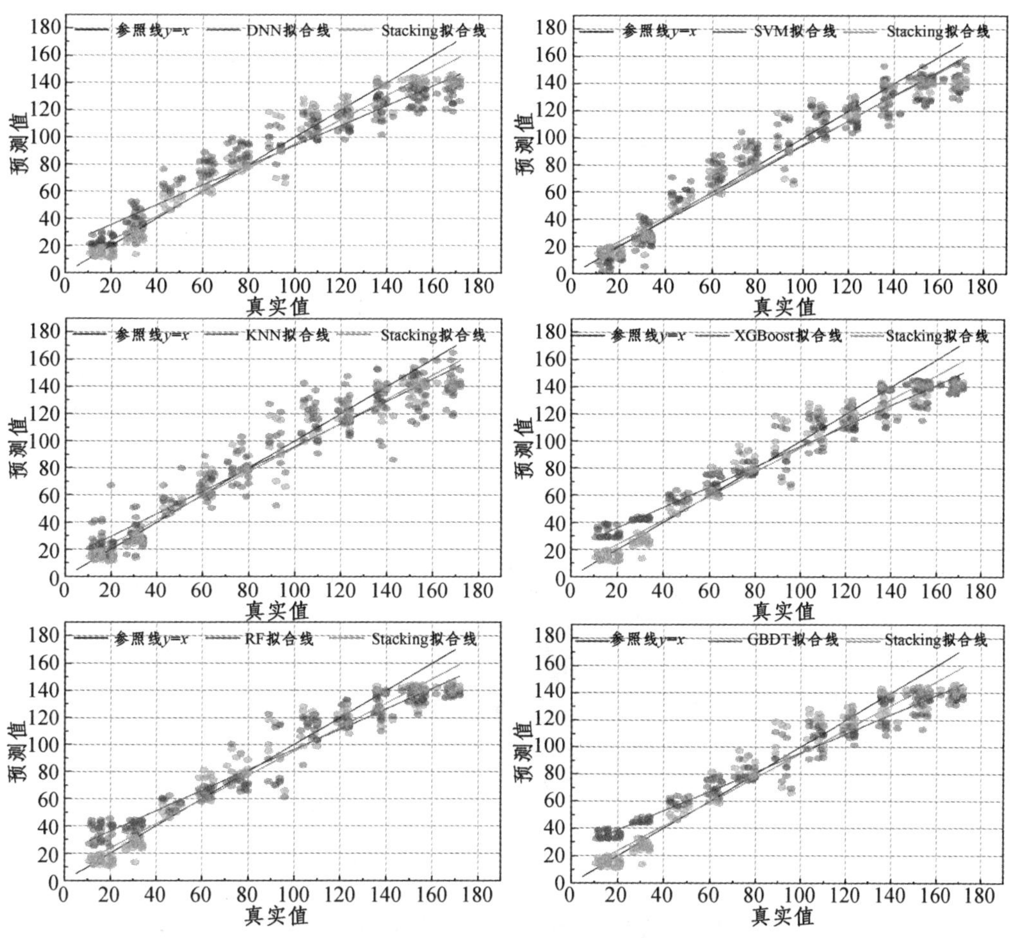

图 4-13 单模型与集成学习模型预测误差的对比

由图 4-13 可得，不同模型之间的剩余寿命曲线形态有着明显差异，并且可以看出采用 Stacking 集成模型的预测效果均优于传统单一模型的预测效果。Stacking 集成模型优于单模型的原因，是因为 Stacking 模型充分发挥各个算法自身优势，摒弃了各个算法中预测效果较差的环节。此外，考虑到剩余寿命预测模型训练过程中的假设空间往往很大，可能有多个假设在训练集上达到同等性能，Stacking 集成学习的方式有效减少单一模型泛化性能不佳的风险。另一方面，从模型优化角度来看，单一模型训练的优化过程中，模型往往会有陷入局部最小点的风险，有的局部极小点所对应的模型泛化性能可能较差，而通过多个基学习器运行之后进行结合，可有效减少陷入局部极小点的风险。因此，采用集成学习方式后预测精度有所提升。

为了进一步验证 Stacking 集成模型中基学习器选择对预测结果的影响，表 4-3 分别给出不同基学习器组合方式的预测结果。

使用不同的基学习器对预测结果有较显著的影响，使用相关性最小基学习器的 Stacking 模型都比随机选择基学习器的 Stacking 模型表现更优异。一方面是由于选择学习能力强的基学习器能够整体提升 Stacking 模型的预测能力。另一方面是因为基模型的多样性和差异性使得集成结果会更加稳健、精确，从而使得预测效果获得更大的提升。

表 4-3 不同基模型组合方式的 Stacking 预测误差

基学习器组合方式	*RMSE*	R^2	*MAE*
XGBoost、DNN、SVM、KNN	0.080 0	0.939 9	0.059 1
GBDT、SVM、KNN	0.083 4	0.934 6	0.063 1
RF、KNN	0.088 8	0.925 8	0.069 5
GBDT、DNN、SVR、KNN	0.090 0	0.923 9	0.069 7
DNN、SVM、KNN	0.095 2	0.914 7	0.072 7

4.5.2 超参数优化结果分析比较

确定 Stacking 集成模型中基学习器和元学习器的超参数后，对优化后的模型进行实验，实验结果如图 4-14 所示。

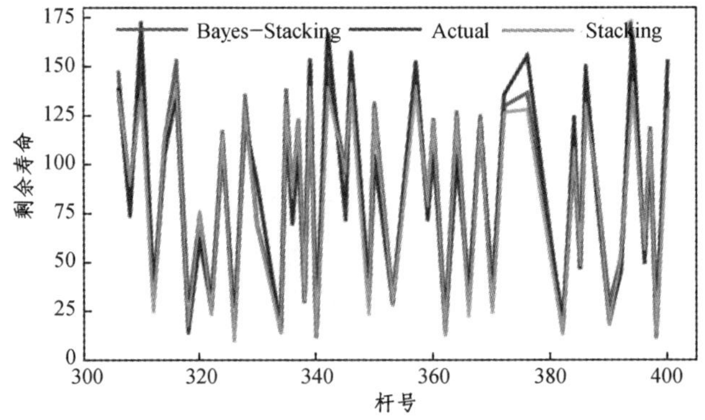

图 4-14 Bayes 超参数优化前后预测误差的对比

优化后的 Stacking 集成模型预测剩余寿命值更加接近实际值，且优化前后的模型精度皆有改善。

使用真实值与 Stacking 集成模型预测值、贝叶斯优化的 Stacking 集成模型预测值绘制泰勒图，通过标准差、方均根偏移、相关系数三个指标进一步分析模型的精度。

由图 4-15 可得，贝叶斯优化的 Stacking 集成算法预测值较真实值的距离更近，说明贝叶斯优化后的 Stacking 模型预测效果更佳。

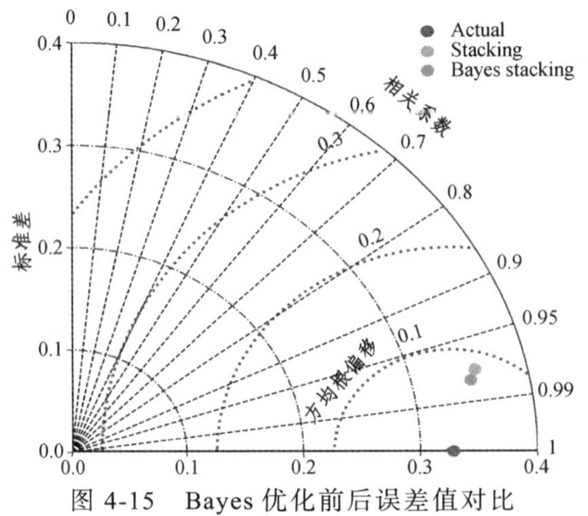

图 4-15 Bayes 优化前后误差值对比

4.6 铁路接触网维修决策优化

4.6.1 接触网系统的可靠性与费用模型

电气化铁路接触网系统由多个部件组成，如果对所有的组成部件都进行建模分析工作量太大，可行性不高。通过分析接触网系统相关的研究资料，可以对其中七个主要的组成部件进行建模分析。在综合考虑之后，以威布尔分布函数来对主要部件的可靠性进行建模，而由于其他部件对整个系统的影响相对较小，因此采用指数分布来表达其可靠性。

本节是对维护成本与系统可靠性的两个函数的优化问题进行研究，主要部件的可靠性用威布尔函数表示为：

$$R(t)=R_0\cdot e^{-\left(\frac{t}{\alpha}\right)^{\beta}} \tag{4-6}$$

式中：R_0 表示设备的初始可靠度；α 和 β 分别表示威布尔函数中的尺度参数、形状参数。

除了这七个主要的部件，其余部件正常运行的概率用指数函数表示。指数分布表示的可靠度函数为：

$$R(t)=e^{-\gamma t} \tag{4-7}$$

式中，γ 表示指数函数的参数，$\gamma>0$，$t>0$。

接触网系统的主要部件的维护方式可以分为完全更换、大修、小修、不修这四类。其中完全更换是指当前设备在进行了多次维修后依旧无法符合要求或者继续维修的成本要高于完全更换的成本时，就要对设备或局部子系统进行完全更换。完全更换能够较好地提高整个系统的可靠性，但缺点是维修费用相对较高。大修是指对设备进行机械性维修，改善设备的外部工作环境，同时对一些结构简单的部件进行及时地更新替换，比如对吊弦、定位器等较简单的部件加以调整与更换。小修是大修的一部分，仅指简单的机械性维修，外加改善设备的外部工作环境，例如对设备进行去锈、除污、润滑等简单的机械性维护。不修是指当前设备可靠度满足运行要求，可以使系统安全可靠地运行，那么该设备可以不维修而继续使用。在考虑经济性的前提下应将小修、大修作为维持可靠运行的主要改善方式。对于一些运行后损耗较小的部件，其发生故障的概率较小且能够在较长时间下保持较高的可靠性，因此采取完全更换的维修方式概率更小，维修费用也较低。而一些部件由于其工作时损耗较大或者工作环境比较恶劣，那么其可靠性也较低，需要采取大修或完全更换的维修方式，因而维修费用较高。基于以上所述在综合考虑各个部分的维修费用与正常运行的概率之后来制定周期性维修计划是十分合理的。在建立的检修计划模型中，t、N_P、t_p 等都是作为已知常数来考虑的。各部件在第 k 次检修阶段能正常运行的概率函数如下：

$$R_k(t)=R_{0,k}\cdot R(t_p)=R_{0,k}\cdot \mathrm{e}^{-\left[\frac{\frac{1}{m_1(t-(k-1)t_p)}}{\alpha}\right]^{\beta}} \tag{4-8}$$

式中，$R_{0,k}$ 是相应设备在第 k 个维修阶段的起始可靠度；m_1 是采用小修维修方式时对系统的改善因子；t_p 表示维修间隔，在考虑接触网剩余寿命的情况下，维修间隔不是一个确定的值。

如果 $P_2=1$，即在第 k 个阶段的起始采用小修的维修方式，则 $R_k(t)$ 的 $R_{0,k}$ 可表示为：

$$R_{0,k}=R_{f,k-1}=R_{0,k-1}\cdot R(t_p) \tag{4-9}$$

其中，$R_{0,k-1}$ 是第 k−1 次检修周期开始正常运行的概率；$R_{f,k-1}$ 是第 k−1 次检修周期最终能够正常运行的概率。

如果 $P_3=1$，即在第 k 个阶段的起始采用大修的维修方式，则 $R_k(t)$ 的 $R_{0,k}$ 可表示为：

$$R_{0,k}=R_{f,k-1}+m_2(R_0-R_{f,k-1}) \tag{4-10}$$

其中，m_2 是大修维修方式时对系统的改善因子；R_0 是新元件的起始可靠度。

如果 $P_4=1$，即第 k 个周期的起始采用完全更换的维修方式，则 $R_k(t)$ 的 $R_{0,k}$ 可表示为：

$$R_{0,k}=R_0 \tag{4-11}$$

接触网能够正常运行的概率应为各个部件能正常运行的概率的乘积。在建模中的七个主要部件是相互独立的，其与接触网系统的其它部分也是看作相互独立的。每个维护周期选择的检修方式是不同的，因而整个接触网系统的能正常运行的概率也随之发生改变，其能正常运行的概率可用下式表示：

$$R_{\mathrm{dt}}(t)=R_c(t)\prod_{n=1}^{7}\{1-\sigma_n[1-R_n(t)]\} \tag{4-12}$$

其中，$R_c(t)$ 表示其他部件能正常运行的概率；σ_n 表示当第 n 个部件不能正常运行使得整体不能正常运行的概率。系统能正常运行的平均概率可用如下公式求得：

$$R_{\mathrm{avg}}=\frac{1}{T}\int_0^T R_{\mathrm{dt}}(t)\mathrm{d}t \tag{4-13}$$

总的维护成本函数如下：

$$C_{\mathrm{sys}}=\sum_{n=1}^{7}\left[\sum_{j=1}^{4}C_{n,j}\left(\sum_{k=1}^{N_{\mathrm{p}}}P_{n,k,j}\right)\right]+\sum_{n=1}^{7}\left(C_{n,h}\sum_{k=1}^{N_{\mathrm{p}}}\int_{(k-1)t_p}^{kt_p}h_{n,k}(t)\mathrm{d}t\right) \tag{4-14}$$

其中，j 代表维修方式，j=1，2，3，4 分别代表不修、小修、大修、完全更换；$C_{n,j}$ 代表研究的七个主要部件中第 n 个部件采取第 j 种检修方法的费用；$P_{n,k,j}$ 代表第 n 个部件在第 k 次检修中是否采取第 j 种检修方式，是则为 1，否则为 0；$C_{n,h}$ 代表第 n 个部件非正常运行时的抢修费用，$h_{n,k}(t)$ 代表第 n 个部件在第 k 次检修的周期里 不能正常运行的概率，N_{p} 代表检修次数。

$h_{n,k}(t)$ 可表示如下：

$$h_{n,k}(t)=-\frac{1}{R_{n,k}(t)}\frac{\mathrm{d}R_{n,k}(t)}{\mathrm{d}t},(\mathrm{k}-1)t_p\leqslant t\leqslant kt_p \tag{4-15}$$

其中，$R_{n,k}(t)$ 代表第 n 个部件在第 k 次维护周期里能正常运行的概率。

总的所需工时如下：

$$MH=\sum_{n=1}^{7}\sum_{k=1}^{N_{\mathrm{p}}}\sum_{j=1}^{4}(P_{n,k,j}\cdot MH_{n,j}) \tag{4-16}$$

其中，$MH_{n,j}$ 为第 n 个主要部件采取第 j 种维修方式时所需的工时。

综上所述，R_{avg} 为接触网系统的可靠性模型，C_{sys} 为接触网系统的维修费用模型，MH 为总的所需工时。以这三个函数作为多目标优化的主函数，通过改进后的优化算法来对其进行优化，来得到一个可靠度较高且维修费用较低的维修策略。

4.6.2 布谷鸟搜索遗传算法

NSGA2 算法是目前解决多目标优化问题中较为优秀的算法之一。NSGA2 算法中引入了锦标赛选择算法和精英策略，同时采用快速非支配排序方法，并结合拥挤度比较算子来得到最优解。但 NSGA2 算法也存在收敛速度慢和解均匀分布性较差的问题。NSGA2 算法的主要框架为：父代进行交叉、变异等操作形成子代，随后经过快速非支配排序和拥挤距离排序从父代和子代中选择优秀的个体保留，直到满足条件输出优化结果。

NSGA2 算法的全局优化性能较好，但是其局部优化性能差。然而布谷鸟算法全局寻优效果与局部寻优效果都较好，由于其局部寻优是围绕在最优解附近的，因此其局部寻优效果突出。将 NSGA2 与 CS 混合可以得到一个更好的优化效果。布谷鸟搜索遗传算法就是将 NSGA2 与 CS 这两种算法进行结合，该算法可以有效改善局部搜索效果，同时增强它的全局范围的优化效果。

在算法中加入了 Tent 算法增加了个体的多样性，使其优化效果更好。参考其他相关研究，融合了 Tent 映射算法产生的序列更优，对于整个算法的优化效果更好。

在算法中加入了 levy-flights 算法，其作用是产生新的可以放置鸟蛋的位置，有效地改善了局部搜索效果，也改善了全局范围的优化效果。

在算法中加入了优化选择因子 Pr，更好地分配 NSGA2 的全局性寻优机制与 CS 的局部性优化机制。合理地分配选择全局寻优与局部寻优能使算法得到一个更好的优化效果。

$$\begin{aligned} Pr\min &= 0.2 \\ Pr\max &= 0.9 \\ Pr &= Pr\min + 0.95\cdot(Pr - Pr\min) \end{aligned} \tag{4-17}$$

其中布谷鸟搜索遗传算法的流程图如下：

4.6.3 算例测试与分析

为了验证改进算法的优化效果，以文献提供的线路接触网相关部件的数据进行仿真分析。接触网的有效时间是 168 月，检修间隔 t_p 是 12 个月，次数 N_p 是 13，种群大小 N 是 120，其他相关参数如下表 4-4 所示。

其中，α 为威布尔函数中的尺度参数，β 为威布尔函数中的形状参数；σ_n 为接触网系统中第 n 个设备发生故障致使整个系统发生故障的概率；C_1 表示小修所需维修费用，C_2 表示大修所需维修费用，C_3 表示完全更换所需维修费用，C_{h} 表示事后抢修费用；$m_1 = m_2$ =0.8。

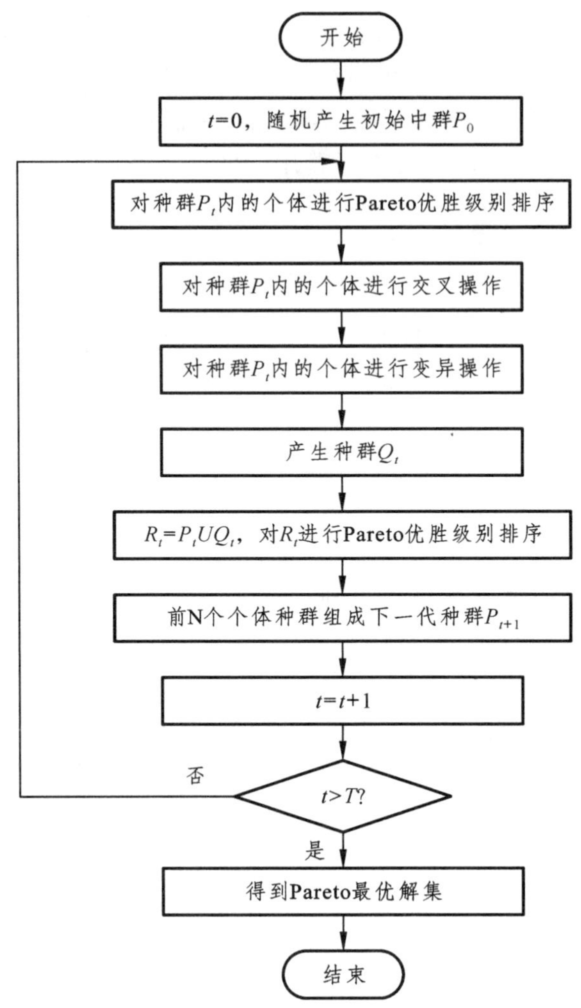

图 4-16 布谷鸟搜索遗传算法流程图

表 4-4 各部件的相关参数和维修费用（维修费用/千元）

部件	γ_4	α	β	σ_n	C_1	C_2	C_3	C_h
接触线	1.04×10^{-6}	143.47	4.55	1.0	10	100	1000	300
承力索	3.43×10^{-11}	171.32	21.12	1.0	10	100	1000	300
绝缘子	5.71×10^{-8}	179.21	5.25	1.0	20	60	500	120
中心锚节	1.90×10^{-12}	175.18	9.14	1.0	2	8	80	16
补偿器	2.30×10^{-12}	171.62	6.57	1.0	5	30	120	50
定位器	5.20×10^{-4}	91.5	2.5	0.8	8	20	40	60
吊弦	9.11×10^{-4}	85.5	2.3	0.5	50	100	300	450

同时在验证中假设接触网各设备的转移概率符合公式：$\gamma_1=0.8\gamma$，$\gamma_2=0.8(\gamma-\gamma_1)$，$\gamma_3=0.8(\gamma-\gamma_1-\gamma_2)$，$\gamma_4=\gamma-\gamma_1-\gamma_2-\gamma_3$，接触网系统其他部分的可靠度服从$\gamma_c=10^{-6}$的指数函数分布。

NSGA2 算法由随机函数来生成初始种群，而 CSGA 算法采用的是 Tent 混沌映射算法来生成初始种群。图 4-17（a）是 NSGA2 算法生成的初始种群的结果，图 4-17（b）是 CSGA 算法生成的初始种群的结果，计算效果的比较如图 4-17 所示。

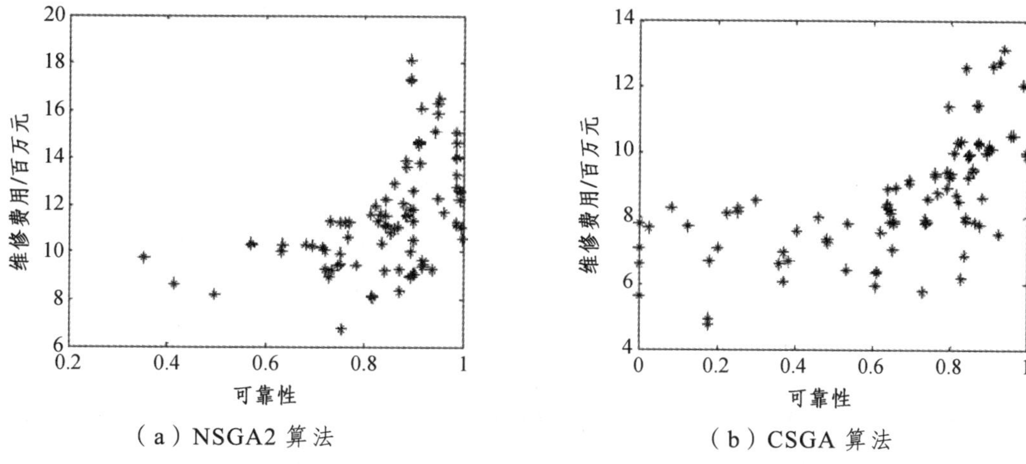

（a）NSGA2 算法　　（b）CSGA 算法

图 4-17　初始种群的比较

通过比较中可以看出 NSGA2 算法生成的初始种群效果不如 CSGA 算法。图 4-17（a）中的初始种群大部分都集中在一块，分布性远不如图（b）中的好。而种群分布的均匀性直接与算法优化的效果相关，分布更加均匀的种群对算法的全局优化效果以及最终的寻优结果更加的有利。

图 4-18 是在 NSGA2 算法中加入了不同的改进方式后迭代 400 次计算所得到的仿真结果。图 4-18（a）是用 NSGA2 算法优化的仿真结果，图（b）是在 NSGA2 算法中将初始种群生成方式改为 Tent 混沌映射算法时的仿真结果，图（c）是基于图（b）的基础之上加入了 CS 算法后的仿真结果，图（d）又是在图（c）基础上加入了优化选择因子 Pr 后的仿真结果。由图 4-18 所示的仿真结果可知，在 NSGA2 算法中通过 Tent 混沌映射算法来生成初始种群，同时加入 CS 算法和优化选择因子 Pr 后，算法的局部寻优性能与全局寻优性能都得到了有效的改善，该算法的优化性能相对于原始的算法有了很大的提升。

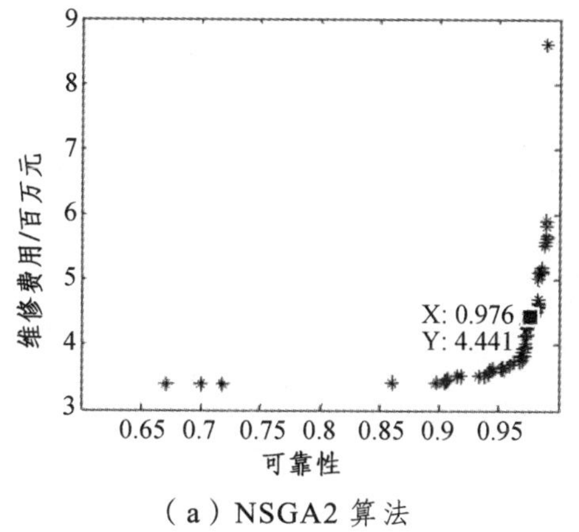

（a）NSGA2 算法

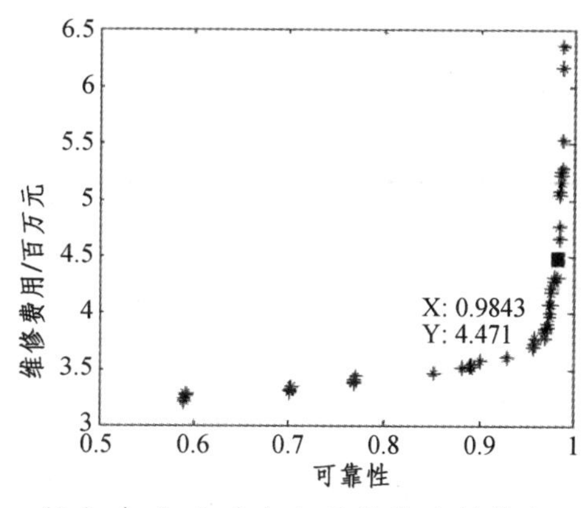

（b）在（a）中加入了混沌映射算法

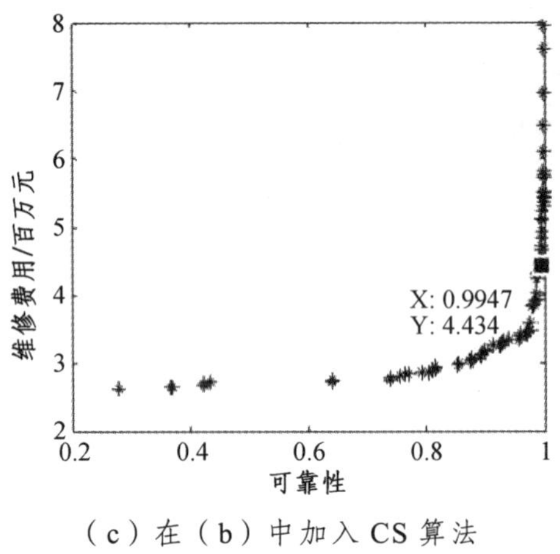

（c）在（b）中加入 CS 算法

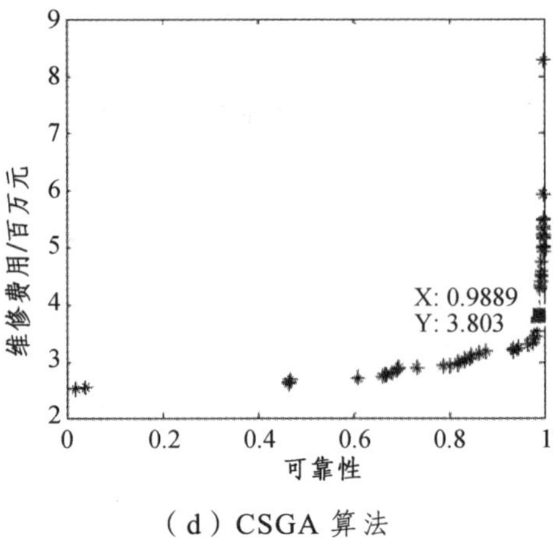

（d）CSGA 算法

图 4-18　不同改进下的仿真结果

将图 4-18（a）与图 4-18（b）的进行对比可以看出把 NSGA2 生成初始种群的方式替换为 Tent 混沌映射时优化的最优解更好，即所得最优解可使接触网可靠性较高同时费用较低。图 4-18（c）在加入 CS 算法后优化效果得到了进一步提升，同时最优解的数量更多。从图 4-18（d）结果可以看出，在加入 *Pr* 选择因子后优化效果又有了更大的提升，其优质解多且集中。需要指出的是，在最优前端分布的解在理论上是最优的，在实际工程中选择怎样的维修方案主要取决于决策者的实际需要。与图 4-18（c）相比，图 4-18（d）结果的可靠性已经达到了一个理想的水平，在满足高可靠性的要求下其维修费用进一步减少，所得优化效果明显更好。

图 4-19 为对比于 NSGA2 采用 CSGA 算法优化的过程图。其中 N_p=13。

图 4-19（a）、（c）、（e）、（g）是 CSGA 算法进行初次迭代、迭代 100 次、迭代 200 次、迭代 400 次的优化结果。图 4-19（b）、（d）、（f）、（h）是 NSGA2 算法进行初次迭代、迭代 100 次、迭代 200 次、迭代 400 次的优化结果。对比分析可以看出优化次数越多，那么算法所得到的优化效果更好。同时经过对比分析可以看出 CSGA 算法的优化性能明显较 NSGA2 算法要好。其初代个体的分布性、最优解的品质更好。

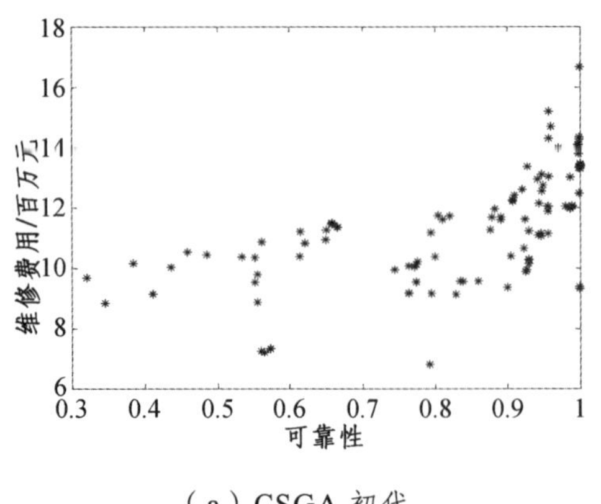

（a）CSGA 初代

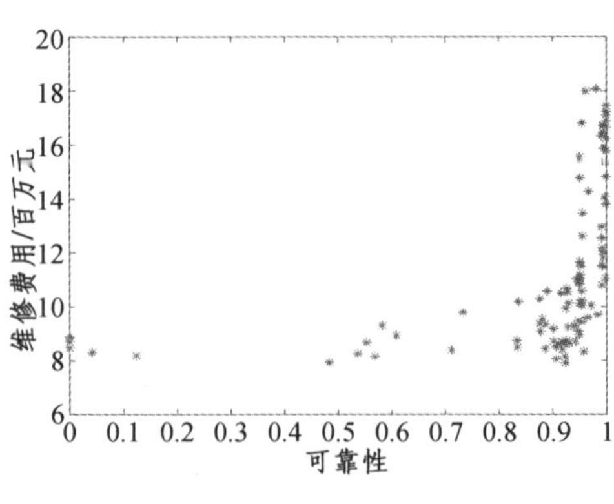

（b）NSGA2 初代

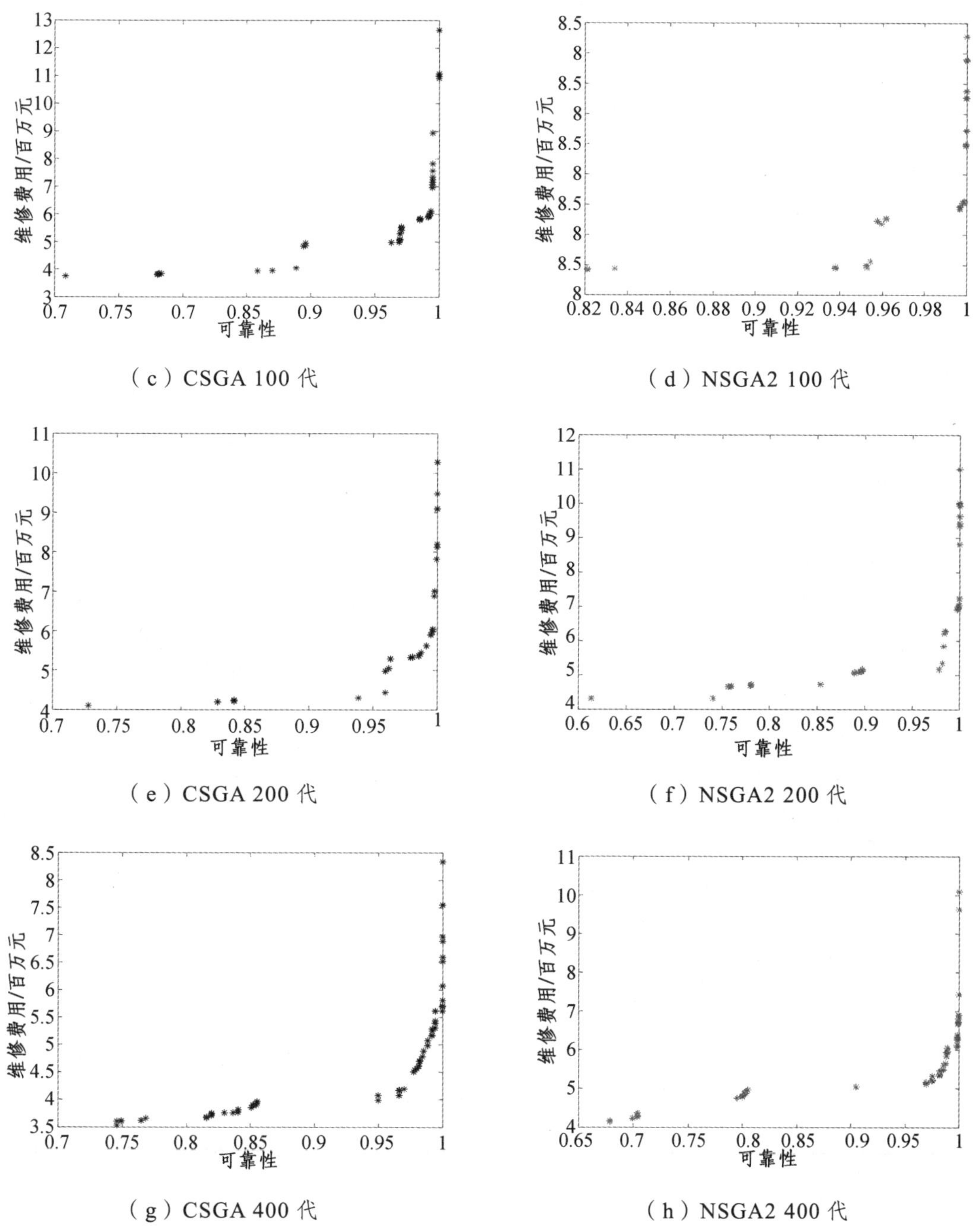

（c）CSGA 100 代　（d）NSGA2 100 代

（e）CSGA 200 代　（f）NSGA2 200 代

（g）CSGA 400 代　（h）NSGA2 400 代

图 4-19　CSGA 优化过程仿真结果

CSGA 算法用 MATLAB 编码实现，Microsoft Windows10、Intel Core i7 8750@ 2.20 GHz、8 GBRAM 的配置下运行。设种群 $N=120$、交叉概率 $p_c=0.9$、变异概率 $p_m=0.1$、模拟二进制交叉参数 $m_u=20$、多项式变异参数 mum = 20，迭代次数 200 代，优化过程时长为 84.686 238 s，图 4-20 为维修次数 N_p 为 13 时优化的仿真结果：

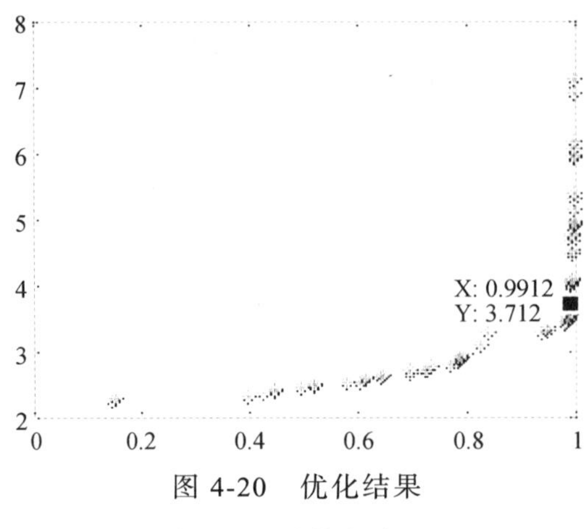

图 4-20 优化结果

表 4-5 维修方案 E

部件	维修方案
接触线	1 2 1 1 2 2 3 1 3 3 1 2 2
承力索	2 2 1 1 3 1 1 1 2 3 1 1 2
中心锚节	1 2 2 3 1 1 3 1 1 2 3 1 1
绝缘子	3 2 1 2 3 3 3 2 1 2 1 2 1
补偿器	1 2 3 2 1 1 2 2 1 1 1 2 2
定位器	2 2 3 3 2 1 2 3 1 1 1 4 4
吊弦	3 3 3 4 2 3 3 4 2 3 4 3 3

在图 4-20 中可以看出结果中有一部分优质解是品质较好的，在图 4-20 中左边部分的可靠度较低，而其右边部分可靠度相对左边增加不多但维修费用增加较快。在对应解品质较好的区间里，所对应是维修方案较好的优化结果，是可取的优化方案。在此选取 *E* 点作为此次优化的结果，表 4-5 是对应 *E* 点的维修方案。

图 4-21 是在表 4-5 所述方案下几个维护量较大的部件与系统的可靠性动态分布图。

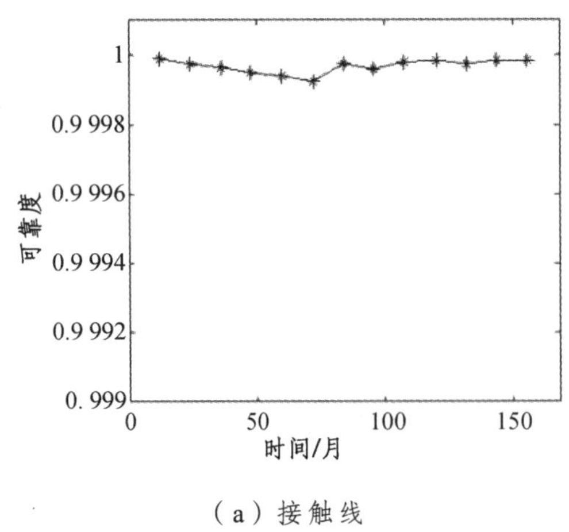

（a）接触线

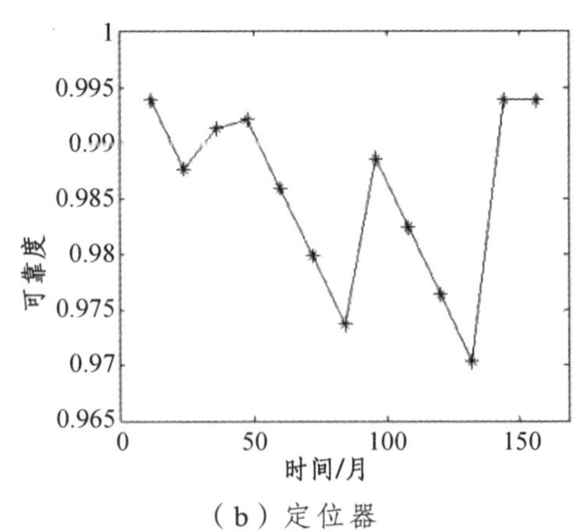

（b）定位器

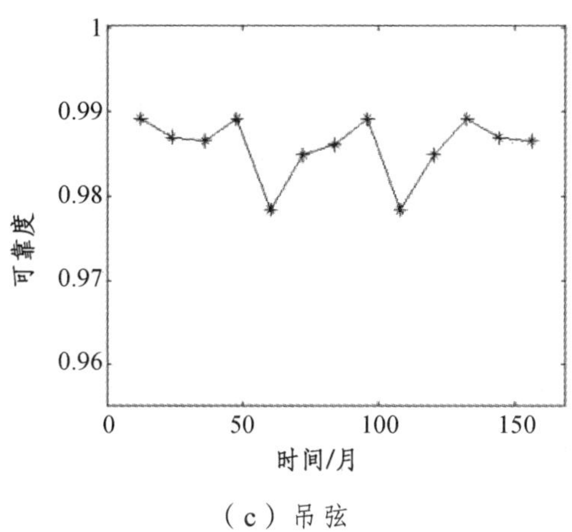

（c）吊弦

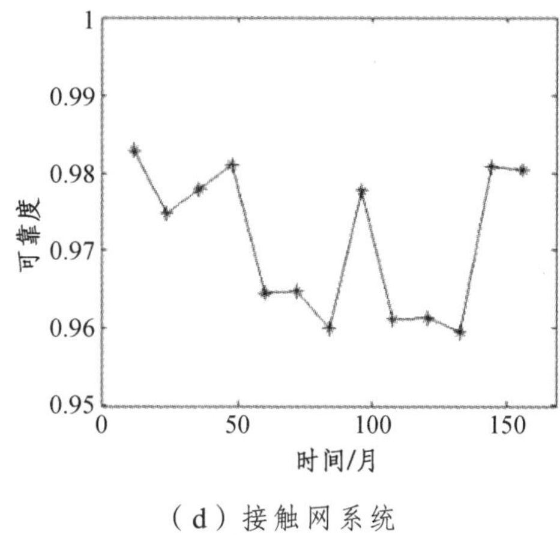

（d）接触网系统

图 4-21 可靠度动态分布图

由图 4-21 可知，损耗较大的三个设备在维修方案下可靠度可达到 0.97 以上，且系统总体动态可靠度可达 0.95 以上，总的维修费用为 371.2 万元。假设接触网系统的可靠度达到 0.95 即满足运行安全性要求，那么本次优化的结果很明显是符合要求的，达到了比较理想的效果。案例结果表明，吊弦和定位器在接触网中是损耗比较大的，需要进行的维修量较大，这与实际经验是相符合的。

4.7 本章总结

针对接触网检修效率不高的问题，设计一种基于贝叶斯优化的 Stacking 集成算法来预测接触网剩余寿命。通过精准的寿命预测，为制定详细及时的检修计划提供了数据基础。结果表明，模型建立之前进行特征贡献度分析，能够有效量化各个特征的重要性。包含了 XGBoost、DNN、SVM、KNN 的 Stacking 集成学习算法在剩余寿命预测中有着良好的精度，在经过贝叶斯方法优化后，得到预测误差评估指标 *RMSE* 为 0.067 7，R_2 为 0.956 9，*MAE* 为 0.052 8，相比于传统机器学习算法，Stacking 集成的超参数优化方法提高了预测精度，在接触网剩余寿命预测方面有较高的应用价值。

本章还建立了接触网优化系统可靠性最高与计划维修费用最低的多目标优化模型，并提出一种多目标布谷鸟搜索遗传算法来寻求最优的决策方案。该算法采用 Tent 混沌映射算法生成初始种群来增加其种群的多样性；将布谷鸟搜索算子与多目标遗传算法相结合，增强局部优化效果；引入优化选择因子 *Pr* 来动态平衡多目标遗传算法的全局寻优能力及布谷鸟搜索算法的局部寻优能力。

5 展 望

由于在智能集成算法以及优化技术应用的总结过程中，仍发现有一些研究工作可以继续深入，在此特别指出本书所阐述的后期研究内容中有待改进的几个方面：

（1）研究还可通过对集成模型中子模型算法的不同组合或对集成算法的改进，优选出更好的基模型，提高更长时间尺度的功率预测精度，同时研究性能更好的超参数优化方法。

（2）在对用电用户分类的详细程度方面，后续的研究中可以考虑将不同的用户类型作为参考标准，对电力用户依据用户性质进行分类，因为不同类型的用户性质和用电规律往往具有较大差异，这样就可以做到全方位、多层次的准确分类各种用户，可以为后期的窃电查处工作扫清更多障碍。

（3）铁路供电接触网的组成复杂，同时接触网邻近组成部分的状态也会对目标区段综合状态和剩余寿命有相应的影响，因此还需进一步考虑空间关联性，研究接触网空间邻近部分的状态与目标接触网剩余寿命等方面的关联，拓展可用于预测的输入数据维度，从而能更全面的对接触网综合状态进行评估，更精准地对接触网剩余寿命进行预测。

（4）为减少算法复杂度，有必要布置分布式集群计算环境，对不同基模型分别建模，采用分而治之的思想，有效减小算法的时间复杂度。本书给出的多目标遗传算法获得的维修方案，仅是众多优化方式中的一种，对于多目标优化的问题，还需要研究不同的多目标优化算法，进行对比研究，或与其他算法结合进行进一步优化。

参考文献

[1] ArrietaFRP, LoraEES. Influence of ambient temperature on combined-cycle power-plant performance[J]. Applied Energy, 2005, 80(3): 261-272.

[2] Deng C, Al-Sammarraie T A, Ibrahim K T, et al. Air cooling techniques and corresponding impacts on combined cycle power plant (CCPP) performance: A review[J]. International Journal of Refrigeration, 2020, 120: 161-177.

[3] Haji H V, Fekih A, Monje A C , et al. Adaptive model predictive control design for the speed and temperature control of a V94. 2 gas turbine unit in a combined cycle power plant[J]. Energy, 2020, 207: 118259.

[4] UKesgin, HHeperkan. Simulation of thermodynamic systems using soft computing techniques[J]. International Journal of Energy Research, 2005, 29: 581–611.

[5] XZhang, Y Zhang. Environment-friendly and economical scheduling optimization for integrated energy system considering power-to-gas technology and carbon capture power plant[J]. Journal of Cleaner Production, 2020, 276: 123348.

[6] RGhasemiasl, M A Javadi &MNezamabadi. Exergetic and economic optimization of a solar-based cogeneration system applicable for desalination and power production[J]. Journal of Thermal Analysis and Calorimetry, 2021, 145(3): 993-1003.

[7] AMFoley, P GLeahy &AMarvuglia. Current methods and advances in forecasting of wind power generation[J]. Renewable Energy, 2012, 37(1): 1-8.

[8] LLandberg, GGiebel & H ANielsen. Short - term Prediction—An Overview[J]. Wind Energy, 2003, 6(3): 273-280.

[9] BLange, K Rohrig & B Ernst. Wind power forecasting in Germany - Recent advances and future challenges[J]. Zeitschrift für Energiewirtschaft, 2006, 30: 115-120.

[10] ACosta, A Crespo& JNavarro. A review on the young history of the wind power short-term prediction[J]. Renewable & Sustainable Energy Reviews, 2008, 12(6): 1725-1744.

[11] 韩自奋，景乾明，张彦凯，等. 风电预测方法与新趋势综述[J]. 电力系统保护与控制，2019, 47(24): 178-187.

[12] 冯双磊，王伟胜，刘纯，等. 风电场功率预测物理方法研究[J]. 中国电机工程学报，2010, 30(2): 1-6.

[13] L W Zheng, Z K Liu & J N Shen. Very short - term maximum Lyapunov exponent forecasting tool for distributed photovoltaic output[J]. Applied Energy, 2018, 229: 1128 - 1139.

[14] 张建华，王昕伟，蒋程，等. 基于蒙特卡罗方法的风电场有功出力的概率性评估[J]. 电力系统保护与控制, 2014(3): 82-87.

[15] Y K Wu, J S Hong. A literature review of wind forecasting technology in the world[C]. 2007 IEEE Lausanne Power Tech, 2007: 504-509.

[16] 洪东涛. 可再生能源发电预测与微电网能量管理研究[D]. 广东工业大学, 2021.

[17] A M Fathabad, J Cheng & K Pan. Data-Driven Planning for Renewable Distributed Generation Integration[J]. IEEE Transactions on Power Systems, 2020, 35(6): 4357-4368.

[18] 谢小瑜，周俊煌，张勇军，等. 基于W-BiLSTM的可再生能源超短期发电功率预测方法[J]. 电力系统自动化, 2021(8): 175-184.

[19] 赵佩. 基于SVM与智能算法的智能电网电力负荷预测研究[D]. 青岛大学, 2021.

[20] 张震，李孟洲，李浩方，等. 基于VMD-LSTM-MLR的短期电力负荷预测[J]. 水电能源科学, 2021, 39(10): 208-212.

[21] 王凌云，林跃涵，童华敏，等. 基于改进Apriori关联分析及MFOLSTM算法的短期负荷预测[J]. 电力系统保护与控制, 2021, 49(20): 74-81.

[22] 张雲钦，程起泽，蒋文杰，等. 基于EMD-PCA-LSTM的光伏功率预测模型[J]. 太阳能学报, 2021, 42(9): 62-69.

[23] 张涵. 基于空气质量下LSTM神经网络光伏发电功率预测研究[D]. 西安理工大学, 2020.

[24] C Fan, C Ding & J Zheng. Empirical Mode Decomposition based Multi-objective Deep Belief Network for short-term power load forecasting[J]. Neurocomputing, 2020, 388: 110-123.

[25] S H Rafi, N Nahid-Al-Masood. Highly Efficient Short Term Load Forecasting Scheme Using Long Short Term Memory Network[C]. 2020 8th International Electrical Engineering Congress (iEECON), 2020: 1-4.

[26] H Zang, L Cheng & T Ding. Day-ahead photovoltaic power forecasting approach based on deep convolutional neural networks and meta learning[J]. International Journal of Electrical Power & Energy Systems, 2020, 118: 105790.

[27] 刘立群，韩路路，张路娜，等. 基于BP神经网络的风电功率预测方法[J]. 自动化应用, 2021(6): 3-6.

[28] Z Lin, X Liu & M Collu. Wind power prediction based on high-frequency SCADA data along with isolation forest and deep learning neural networks[J]. International Journal of Electrical Power & Energy Systems, 2020, 118: 105835.

[29] 孙改平，蒋传文. 基于两级级联聚类的神经网络风电功率预测[J]. 太阳能学报, 2021, 42(3): 56-62.

[30] 陈桂儒，王冰，曹智杰，等. 基于聚类分析和优化神经网络的风电功率预测研究[J]. 电气自动化, 2020, 42(3): 24-27.

[31] 郑思达，刘影，杨磊，等. 基于改进支持向量机算法的光伏发电功率预测[J]. 沈阳工业大学学报, 2022: 1-5.

[32] M A A Aziz, Z M Yasin & Z Zakaria. Prediction of photovoltaic system output using hybrid least square support vector machine[C]. 2017 7th IEEE International Conference on System Engineering and Technology (ICSET), 2017: 151-156.

[33] J Tang, X Chen & Z Hu. Traffic flow prediction based on combination of support vector machine and data denoising schemes[J]. Physica A: Statistical Mechanics and its Applications, 2019, 534: 120642.

[34] PSingh, P Dwivedi. Integration of new evolutionary approach with artificial neural network for solving short term load forecast problem[J]. Applied Energy, 2018, 217: 537-549.

[35] L Wen, X Yuan. Forecasting the annual household electricity consumption of Chinese residents using the DPSO-BP prediction model[J]. Environmental Science and Pollution Research, 2020, 27(17): 22014-22032.

[36] MTalaat, M Farahat, N Mansour, et al. Load forecasting based on grasshopper optimization and a multilayer feed-forward neural network using regressive approach[J]. Energy, 2020, 196: 117087.

[37] MKazemzadeh, A Amjadian & T Amraee. A hybrid data mining driven algorithm for long term electric peak load and energy demand forecasting[J]. Energy, 2020, 204: 117948.

[38] Y Yang, J Che, & C Deng. Sequential grid approach based support vector regression for short-term electric load forecasting[J]. Applied Energy, 2019, 238: 1010-1021.

[39] 王小娟，刘俊霞，胡兵，等. 基于 CS-SVR 模型的短期风电功率预测[J]. 计算机测量与控制, 2020, 28(1): 152-155.

[40] C Li. Designing a short-term load forecasting model in the urban smart grid system[J]. Applied Energy, 2020, 266: 114850.

[41] 赵滨滨，王莹，王彬，等. 基于 ARIMA 时间序列的分布式光伏系统输出功率预测方法研究[J]. 可再生能源, 2019(6): 820-823.

[42] 张立栋，李继影，吴颖，等. 不同时间分辨率的风功率时间序列 ARIMA 模型预测[J]. 中国电力, 2016(6): 176-180.

[43] EErdem, JShi. ARMA based approaches for forecasting the tuple of wind speed and direction[J]. Applied Energy, 2011, 88(4): 1405–14.

[44] 仇琦，杨兰，丁旭，等. 基于改进 EMD-ARIMA 的光伏发电系统短期功率预测[J]. 电力科学与工程, 2020(8): 42-50.

[45] 郑培，于立军，侯胜亚，等. 基于卡尔曼滤波修正的多步风电功率预测[J]. 热能动力工程, 2020(4): 235-241.

[46] M He, L Yang, J Zhang & V Vittal. A spatio-temporal analysis approach for short-term forecast of wind farm generation[J]. IEEE Transactions on Power Systems, 2014, 29(4): 1611-1622.

[47] Q Xu, D He & N Zhang. A Short-Term Wind Power Forecasting Approach With Adjustment of Numerical Weather Prediction Input by Data Mining[J]. IEEE Transactions Sustainable Energy, 2015, 6(4): 1283-1291.

[48] N Chen, Z Qian, I T Nabney & X Meng. Wind Power Forecasts Using Gaussian Processes and Numerical Weather Prediction[J]. IEEE Transactions on Power Systems, 2014, 29(2): 656-665.

[49] Y K Wu, P E Su & J S Hong. Stratification-Based Wind Power Forecasting in a High-Penetration Wind Power System Using a Hybrid Model[J]. IEEE Transactions on Industry Applications, 2016, 52(3): 2016-2030.

[50] 刘芳，汪震，刘睿迪，等. 基于组合损失函数的 BP 神经网络风力发电短期预测方法[J]. 浙江大学学报（工学版）, 2021, 55(3): 594-600.

[51] 朱尤成，王金荣，徐坚，等. 基于深度学习的中长期风电发电量预测方法[J]. 广东电力, 2021, 34(6): 72-78.

[52] K Bhaskar, S N Singh. AWNN-Assisted Wind Power Forecasting Using Feed-Forward Neural Network[J]. IEEE Transactions Sustainable Energy, 2012, 3(2): 306-315.

[53] 陈宁，沙倩，汤奕，等. 基于交叉熵理论的风电功率组合预测方法[J]. 中国电机工程学报, 2012, 32(4): 29-34.

[54] J Hu, J Heng, J Wen & W Zhao. Deterministic and probabilistic wind speed forecasting with de-noising-reconstruction strategy and quantile regression based algorithm[J]. Renewable Energy, 2020, 162: 1208-1226.

[55] Y Zhang, Y Li & G Zhang. Short-term wind power forecasting approach based on Seq2Seq model using NWP data[J]. Energy, 2020, 213: 118371.

[56] Q Zhu, J Chen & D Shi. Learning Temporal and Spatial Correlations Jointly: A Unified Framework for Wind Speed Prediction[J]. IEEE Transactions Sustainable Energy, 2020, 11(1): 509-523.

[57] M Mao, J Ling & L Chang. A Novel Short-Term Wind Speed Prediction Based on MFEC[J]. IEEE Journal of Emerging and Selected Topics in Power Electronics, 2016, 4(4): 1206-1216.

[58] 崔嘉，杨俊友，杨理践，等. 基于改进 CFD 与小波混合神经网络组合的风电场功率预测方法[J]. 电网技术, 2017, 41(1): 79-85.

[59] O Abedinia, M Lotfi & M Bagheri. Improved EMD-Based Complex Prediction Model for Wind Power Forecasting[J]. IEEE Transactions Sustainable Energy, 2020, 11(4): 2790-2802.

[60] 叶林，裴铭，路朋，等. 基于天气分型的短期光伏功率组合预测方法[J]. 电力系统自动化, 2021, 45(1): 44-54.

[61] X Yan, Y Liu & Y Xu. Multistep forecasting for diurnal wind speed based on hybrid deep learning model with improved singular spectrum decomposition[J]. Energy Conversion and Management, 2020, 225: 113456.

[62] H Liu, Z Duan & C Chen. Wind speed big data forecasting using time-variant multi-resolution ensemble model with clustering auto-encoder[J]. Applied Energy, 2020, 280: 115975.

[63] 徐娟. 基于 stacking 集成与超参数优化的发电功率预测方法[D]. 华东交通大学,

2022.
[64] DWang, XYue. The Weighted Multiple Meta-Models stacking Method for Regression Problem[C]. 2019 Chinese Control Conference (CCC), 2019: 7511-7516.
[65] CCheng, PXu & HCheng. Ensemble learning approach based on stacking for unmanned surface vehicle's dynamics[J]. Ocean Engineering. 2020, 207: 107388.
[66] 刘波，秦川，鞠平，等. 基于 XGBoost 与 stacking 模型融合的短期母线负荷预测[J]. 电力自动化设备, 2020, 40(3): 147-153.
[67] 徐耀松，叶雨洁，王雨虹，等. 基于横纵向集成学习的短期负荷预测方法[J]. 控制工程, 2023, 30(03): 504-512.
[68] 邓威，郭钇秀，李勇，等. 基于特征选择和 stacking 集成学习的配电网网损预测[J]. 电力系统保护与控制, 2020, 48(15): 108-115.
[69] 魏书荣，张鑫，符杨，等. 基于 GRA-LSTM-stacking 模型的海上双馈风力发电机早期故障预警与诊断[J]. 中国电机工程学报, 2021, 41(7): 2373-2383.
[70] HKaya, PTüfekci. CombinedCycle Power Plant Data Set (UCI)[DB/OL]. http: //archive. ics. uci. edu/ml/machine-learning-databases/00294/, 2011.
[71] PHundi, R Shahsavari. Comparative studies among machine learning models for performance estimation and health monitoring of thermal power plants[J]. Applied Energy, 2020, 265: 114775.
[72] P T ü fekci. Prediction of full load electrical power output of a base load operated combined cycle power plant using machine learning methods[J]. International Journal of Electrical Power and Energy Systems, 2014, 60: 126-140.
[73] R Razavi, A Gharipour. M. Fleury, and I. J. Akpan. A practical feature-engineering framework for electricity theft detection in smart grids[J]. Applied Energy, 2019, 238, pp. 481-494.
[74] 王德文，杨凯华. 基于生成式对抗网络的窃电检测数据生成方法[J]. 电网技术，2020, 44(02): 775-782.
[75] Angelos D, EWS, Saavedra, et al. Detection and Identification of Abnormalities in Customer Consumptions in Power Distribution Systems[J]. IEEE Transactions on Power Delivery, 2011, 26(4): 2436-2442.
[76] 陈启鑫，郑可迪，康重庆，等. 异常用电的检测方法：评述与展望[J]. 电力系统自动化, 2018, 42(17): 189-199.
[77] 章博. 基于数据驱动和机器学习的配网用户侧态势感知[D]. 浙江大学, 2020.
[78] Viegas L J, Esteves R P, Mel í cio R, et al. Solutions for detection of non-technical losses in the electricity grid: A review[J]. Renewable and Sustainable Energy Reviews, 2017, 80, pp. 1256-1268.
[79] 彭显刚，李壮茂，邓小康，等. 智能电网框架下的高级量测体系研究述评[J]. 广东电力, 2017, 30(12): 7-14.
[80] 蒋南允. 基于 AMI 的异常入侵检测方法[D]. 东南大学, 2018.
[81] S Yip, K Wong, W Hew, et al. Detection of energy theft and defective smart meters in

smart grids using linear regression[J]. International Journal of Electrical Power & Energy Systems, 2017, 91, pp. 230-240.

[82] P Massaferro, J M D Martino and A Fernandez. Fraud Detection in Electric Power Distribution: An Approach That Maximizes the Economic Return[J]. IEEE T. Power Syst. , 2020, 35, pp. 703-710.

[83] X Xia, Y Xiao and W Liang. ABSI: An Adaptive Binary Splitting Algorithm for Malicious Meter Inspection in Smart Grid[J]. IEEE T. Inf. Foren. Sec. , 2019, 14, pp. 445-458.

[84] Zheng K, Chen Q, 0022 W Y, et al. A Novel Combined Data-Driven Approach for Electricity Theft Detection.[J]. IEEE Trans. Industrial Informatics, 2019, 15(3): 1809-1819.

[85] 矫真，王兆军，郭红霞，等. 使用计量数据和聚类算法检测非技术损失[J]. 计算技术与自动化, 2020, 39(04): 61-67.

[86] 林振智，崔雪原，金伟超，等. 用户侧窃电检测关键技术[J]. 电力系统自动化，2022, 46(05): 188-199.

[87] T Ahmad, H Chen, J Wang, et al. Review of various modeling techniques for the detection of electricity theft in smart grid environment[J]. Renewable and Sustainable Energy Reviews, 2018, 82, pp. 2916-2933.

[88] 边家豪. 基于注意力机制与粒子群算法优化的 CNN-LSTM 的异常用电检测方法研究[D]. 陕西理工大学, 2021.

[89] 王昕，田猛，赵艳峰，等. 一种基于状态估计的新型窃电方法及对策研究[J]. 电力系统保护与控制, 2016, 44(23): 141-146.

[90] 吴浩可，雷霞，黄涛，等. 价差返还机制下售电公司博弈模型[J]. 电力系统保护与控制, 2019, 47(12): 84-92.

[91] Amin S, Schwartz G, Cardenas A, et al. Game-Theoretic Models of Electricity Theft Detection in Smart Utility Networks: Providing New Capabilities with Advanced Metering Infrastructure[J]. IEEE Control Systems, 2015, 35(1): 66-81.

[92] 杜森. 基于博弈论的工业控制网络入侵防御技术研究[D]. 江苏科技大学, 2018.

[93] M M Buzau, J Tejedor-Aguilera, P Cruz-Romero, et al. Detection of Non-Technical Losses Using Smart Meter Data and Supervised Learning[J]. IEEE T. Smart Grid, 2019, 10(3): 2661-2670.

[94] Razavi R, Gharipour A, Fleury M, et al. A practical feature-engineering framework for electricity theft detection in smart grids[J]. Applied Energy, 2019, 238(15): 481-494.

[95] Boas J L, Sanches R J M. Detecting and Locating Non-Technical Losses in Modern Distribution Networks[J]. IEEE Transactions on Smart Grid, 2018, 9(2): 1023-1032.

[96] Huang S C, Lo Y L, Lu C N. Non-technical loss detection using state estimation and analysis of variance[J]. IEEE Transactions on Power Systems, 2013, 28 (3): 2959-2996.

[97] Leite J B, Sanches M J R. Detecting and locating nontechnical losses in modern distribution networks[J]. IEEE Transactions on Smart Grid, 2018, 9 (12): 1023-1032.

[98] 王鹏，林佳颖，郭屾，等. 配用电数据分析及应用[J]. 电网技术，2017，41(10): 3333-3340.

[99] Aryanezhad M. A novel approach to detection and prevention of electricity pilferage over power distribution network[J]. Electrical Power and Energy Systems, 2019, 16(02): 535-544.

[100] Lo C, Ansari N. Consumer: a novel hybrid intrusion detection system for distribution networks in smart grid[J]. IEEE Transactions on Emerging Topics in Computing, 2013, (1): 33-44.

[101] Khoo B, Cheng Y. Using RFID for anti-theft in a Chinese electrical supply company: a cost-benefit analysis[C]. // IEEE Wireless Telecommunications Symposium, 2011, 13-15.

[102] 程占伟. 基于机器学习的电力能耗异常检测与预测研究[D]. 重庆邮电大学, 2020.

[103] 肖端翔. 基于机器学习混合模型的用电数据异常检测研究[D]. 华中师范大学, 2020.

[104] Dos-angelos E W, Saavedra O R, Cortes O A C, et al. Detection and identification of abnormalities in customer consumptions in power distribution systems[J]. IEEE Transactions on Power Delivery, 2011, 26 (4): 2436-2442.

[105] 程超，张汉敬，景志敏，等. 基于离群点算法和用电信息采集系统的反窃电研究[J]. 电力系统保护与控制, 2015, 43(17): 69-74.

[106] 田力，向敏. 基于密度聚类技术的电力系统用电量异常分析算法[J]. 电力系统自动化, 2017, 41(05): 64-70.

[107] 刘康，李彬，薛阳，等. 基于传递熵密度聚类的用户窃电识别方法[J]. 中国电机工程学报, 2022, 42(20): 7535-7546.

[108] Zheng K, Chen Q, Wang Y, et al. A novel combineddata-driven approach forelectricity theft detection[J]. IEEETransactions on Industrial Informatics, 2019, 15 (3): 1809-1819.

[109] 庄池杰，张斌，胡军，等. 基于无监督学习的电力用户异常用电模式检测[J]. 中国电机工程学报, 2016, 36(02): 379-387.

[110] 朱天怡，艾芊，贺兴，等. 基于数据驱动的用电行为分析方法及应用综述[J]. 电网技术, 2020, 44(09): 3497-3507.

[111] Jindal A, Dua A, Kaur K, et al. Decision Tree and SVM-Based Data Analytics for Theft Detection in Smart Grid.[J]. IEEE Trans. Industrial Informatics, 2016, 12(3): 1005-1016.

[112] 胡天宇，郭庆来，孙宏斌. 基于堆叠去相关自编码器和支持向量机的窃电检测[J]. 电力系统自动化, 2019, 43(01): 119-125.

[113] Monedero I, Biscarri F, Leon C, et al. Detection offrauds and other non-technical losses in a power utility usingpearson coefficient, Bayesian networks and decision trees[J]. Journal of Electrical Power and Energy Systems, 2012, 34: 90-98.

[114] Nagi J, Yapk S, Tiong S K, et al. Nontechnical loss detection for metered customers in

power utility using support vector machines[J]. IEEE Transactions on Power Delivery, 2010, 25 (2): 1162-1171.

[115] 林嘉晖. 基于数据挖掘的电网用户行为分析系统的设计与实现[D]. 中山大学, 2013.

[116] Zhang C Z, Xiao X Y, Zheng Z X. User-side power theft detection based on real-value deep belief network[J]. Power System Technology. 2019(03): 1083-1091.

[117] Zhang J W, Ou J X, Ding C, et al. An abnormal behavior detection based on deep learning[J]. 2018 IEEE Smart World, Ubiquitous Intelligence &Computing, Advanced & Trusted Computing, Scalable Computing & Communications, Clou & Big Data Computing, Internet of People and Smart City Innovations. 2018(10): 61-65.

[118] Punmiya R, Choe S. Energy Theft Detection Using Gradient Boosting Theft Detector With Feature Engineering-Based Preprocessing[J]. IEEE Trans. Smart Grid, 2019, 10(2): 2326-2329.

[119] Araya D B, Grolinger K, Elyamany H F, et al. An ensemble learning framework for anomaly detection in building energy consumption[J]. Energy and Buildings, 2017, 144: 191-206.

[120] 杨小娟. 数据挖掘国内研究综述[J]. 电脑编程技巧与维护, 2020(08): 115-117.

[121] 王瑞. 大数据时代的数据挖掘技术与应用[J]. 轻工科技, 2021, 37(09): 72-73.

[122] 张东霞, 苗新, 刘丽平, 等. 智能电网大数据技术发展研究[J]. 中国电机工程学报, 2015, 35(01): 2-12.

[123] 黄蔓云, 卫志农, 孙国强, 等. 数据挖掘在配电网态势感知中的应用: 模型、算法和挑战[J]. 中国电机工程学报, 2022, 42(18): 6588-6599.

[124] 王小东. 基于人工智能和数据挖掘的电力系统故障分类预测[D]. 天津理工大学, 2021.

[125] 于晶. 大数据时代的数据挖掘及应用探究[J]. 科技与创新, 2018(24): 160-161.

[126] 常凯. 基于神经网络的数据挖掘分类算法比较和分析研究[D]. 安徽大学, 2014.

[127] 张超超. 智能电网高级量测体系入侵检测方法研究[D]. 华北电力大学(北京), 2016.

[128] 文楚杰. 智能电表数据分析方法以及应用分析[J]. 网络安全技术与用, 2021(12): 117-118.

[129] 金晟, 苏盛, 薛阳, 等. 数据驱动窃电检测方法综述与低误报率研究展望[J]. 电力系统自动化, 2022, 46(01): 3-14.

[130] 赵嫚. 用户侧用电数据特征提取与异常检测研究[D]. 昆明理工大学, 2020.

[131] Davis J, Goadrich M. The relationship between Precision-Recall and ROC curves[P]. Machine learning, 2006.

[132] Zibin Z, Yatao Y, Xiangdong N, et al. Wide and Deep Convolutional Neural Networks for Electricity-Theft Detection to Secure Smart Grids[J]. IEEE Transactions on Industrial Informatics, 2018, 14(4): 1606-1615.

[133] Soltanzadeh P H M. RCSMOTE: Range-Controlled synthetic minority over-sampling technique for handling the class imbalance problem[J]. Information Sciences: An

International Journal, 2021, 542(1): 92-111.
[134] Rok B, Lara L. SMOTE for high-dimensional class-imbalanced data[J]. BMC bioinformatics, 2013, 14(1): 106.
[135] Zhang H, Huang L, Wu C Q, et al. An Effective Convolutional Neural Network Based on SMOTE and Gaussian Mixture Model for Intrusion Detection in Imbalanced Dataset[J]. Computer Networks, 2020, 177(18): 107315.
[136] 曹靖城，张继东，王培才. 基于 PCA 降维的海量数据特征抽取技术研究[J]. 通讯世界, 2020, 27(07): 83-84.
[137] 孙平安，王备战. 机器学习中的 PCA 降维方法研究及其应用[J]. 湖南工业大学学报, 2019, 33(01): 80-85.
[138] 徐继伟，杨云. 集成学习方法：研究综述[J]. 云南大学学报，2018, 40(06): 1082-1092.
[139] 游文霞，申坤，杨楠，等. 基于 AdaBoost 集成学习的窃电检测研究[J]. 电力系统保护与控制, 2020, 48(19): 151-159.
[140] 王俊淑，张国明，胡斌. 基于深度学习的推荐算法研究综述[J]. 南京师范大学学报（工程技术版）, 2018, 18(04): 33-43.
[141] Lecun Y, Bengio Y, Hinton G. Deep learning[J]. Nature, 2015, 521(7553): 436-444.
[142] 金玲，刘晓丽，李鹏飞，等. 遗传算法综述[J]. 科学中国人, 2015(27): 230.
[143] 刘汉欣. 基于集成学习的用户异常用电检测方法研究[D]. 华东交通大学, 2022.
[144] 刘颖，严太山，江凌云，等. 一种改进的遗传优化神经网络算法及其在电力变压器故障诊断中的应用[J]. 电子技术, 2017, 46(10): 54-56.
[145] 邝萌. 基于 Stacking 集成学习的窃电检测方法研究[D]. 昆明理工大学, 2021.
[146] 孙涛. 集成学习结构多样性研究[D]. 南京大学, 2018.
[147] 孙博，王建东，陈海燕，等. 集成学习中的多样性度量[J]. 控制与决策，2014, 29(03): 385-395.
[148] Yule G U. On the association of attributes in statistics[J]. Philosophical Trans of the Royal Society of London, 1900, 194: 257-319.
[149] Giacinto G, Roli F. Design of effective neural networkensembles for image classification purposes[J]. Image andVision Computing, 2001, 19(9/10): 699-707.
[150] 李国成，陆俊，王赟，等. 基于 Bagging 二次加权集成的孤立森林窃电检测算法[J]. 电力系统自动化, 2022, 46(02): 92-100.
[151] 游文霞，申坤，杨楠，等. 基于Bagging异质集成学习的窃电检测[J]. 电力系统自动化, 2021, 45(02): 105-113.
[152] 范永东. 模型选择中的交叉验证方法综述[D]. 山西大学, 2013.
[153] 欧阳露莹，陈博文. 遗传优化神经网络在输电线路电磁预测中的应用[J]. 大众用电, 2021, 36(07): 31-32.
[154] 董昭德. 接触网[M]. 北京：中国铁道出版社. 2010: 53-99.
[155] 王贞，林圣，冯玎，等. 考虑天气状态的接触网可靠性评估方法研究[J]. 铁道学报, 2018, 40(10): 49-56.

[156] D Feng, Q Yu, X Sun, et al. Risk Assessment for Electrified Railway Catenary System Under Comprehensive Influence of Geographical and Meteorological Factors[J]. IEEE Transactions on Transportation Electrification, 2021, 7 (4): 3137-3148.

[157] 刘宏才. 改善接触网检修模式的研究[D]. 中国铁道科学研究院, 2016.

[158] 陶锋. 高速铁路接触网安全评价研究[D]. 西南交通大学, 2014.

[159] 王斌, 杨志鹏, 王婧, 等. 接触网三级修检测数据分析方法研究[J]. 电气化铁道, 2020, 31(S2): 77-80.

[160] D Feng, Z He, S Lin, et al. Risk Index System for Catenary Lines of High-Speed Railway Considering the Characteristics of Time–Space Differences[J]. IEEE Transactions on Transportation Electrification, 2018, 3 (3): 739-749.

[161] 程宏波, 何正友, 胡海涛, 等. 高铁接触网健康状态的熵权多信息综合评估[J]. 铁道学报, 2014, 36(03): 19-24.

[162] S Li, P Wang, L Goel. Wind Power Forecasting Using Neural Network Ensembles WithFeature Selection[J]. IEEE Transactions Sustainable Energy, 2015, 6(4): 1447-1456.

[163] 杨媛, 吴俊勇, 吴燕, 等. 基于可信性理论的电气化铁路接触网可靠性的模糊评估[J]. 铁道学报, 2008, 30(06): 115-119.

[164] 陈子文, 赵峰, 王英, 等. 基于改进多类证据体方法的高速铁路接触网健康状态评估[J]. 测控技术, 2020, 39(09): 128-132.

[165] 王明越. 高速铁路接触网多维度指标综合状态评估[D]. 西南交通大学, 2018.

[166] 王金龙, 赵京鹤, 池明赫. 电力变压器综合状态的模糊评价方法研究[J]. 变压器, 2021, 58(10): 53-56.

[167] 吴迪. 基于集对分析综合健康指数的特高压变压器状态评估及检修[D]. 山东大学, 2019.

[168] Gregory L, Liudong X, Yanping X. Optimal multiple replacement and maintenance scheduling in two-unit systems[J]. Reliability Engineering and System Safety, 2021(22): 107803.

[169] A S, VNA N, Shaomin W. Estimating maintenance effectiveness of a repairable system under time-based preventive maintenance[J]. Computers & Industrial Engineering, 2021, 156.

[170] 王思华, 陈龙, 王军军, 等. 复合绝缘子伞套老化状态模糊综合评估[J]. 中国电力, 2021, 54(05): 156-165.

[171] Qiu D, Qu C, Xue Y, et al. A Comprehensive Assessment Method for Safety Risk of Gas Tunnel Construction Based on Fuzzy Bayesian Network[J]. Polish Journal of Environmental Studies, 2020, 29 (6): 4269-4289.

[172] 袁志坚, 孙才新, 袁张渝, 等. 变压器健康状态评估的灰色聚类决策方法[J]. 重庆大学学报（自然科学版）, 2005(03): 22-25.

[173] 曹斌, 饶成诚, 代文良, 等. 基于模糊综合评判的复合绝缘子老化状态评估方法[J]. 电器与能效管理技术, 2021(06): 23-29.

[174] 戴志辉，刘媛，邱小强，等. 基于变权重模糊综合评判法的保护装置状态评价[J]. 电测与仪表, 2021, 58(04): 150-157.

[175] Chen J, Zhao Y, Wu C, et al. Data-Driven Health Assessment in Flight Control System[J]. Applied Sciences, 2020, 10 (23): 8370.

[176] 戴学臻，龙怡昕，周亚男，等. 基于综合权重和物元可拓模型的城市道路运行状态评价[J]. 公路交通科技, 2021, 38(04): 112-120.

[177] Zhang E, Zheng H, Zhang C, et al. Aging state assessment of transformer cellulosic paper insulation using multivariate chemical indicators[J]. Cellulose, 2021, 28 (4): 2445-2460.

[178] Le N, Rathour VS, Yamazaki K, et al. Deep reinforcement learning in computer vision: a comprehensive survey[J]. Artif Intell Rev (2021).

[179] Q Gao, Y Liu, J Zhao, et al. Hybrid Deep Learning for Dynamic Total Transfer Capability Control[J]. IEEE Transactions on Power Systems, 2021, 36 (3): 2733-2736.

[180] A Subramaniam, A Sahoo, SS Manohar, et al. Switchgear Condition Assessment and Lifecycle Management: Standards, Failure Statistics, Condition Assessment, Partial Discharge Analysis, Maintenance Approaches, and Future Trends[J]. IEEE Electrical Insulation Magazine, 2021, 37 (3): 27-41.

[181] 邱明，牛凯岑，李军星，等. 多重应力下滚动轴承剩余寿命预测[J]. 航空动力学报, 2022, 37(05): 980-988.

[182] Vinayak P K, Rekha S, Satish K. Deep learning-based anomaly-onset aware remaining useful life estimation of bearings[J]. PeerJ. Computer science, 2021, 7e795-e795.

[183] Yan J W, Min W, Zhenghua C, et al. Degradation-Aware Remaining Useful Life Prediction With LSTM Autoencoder[J]. IEEE TRANSACTIONS ON INSTRUMENTATION AND MEASUREMENT, 2021, 70: 1-10.

[184] 冯海林，张翾. 基于新健康因子的锂电池健康状态估计和剩余寿命预测[J]. 南京大学学报（自然科学）, 2021, 57(04): 660-670.

[185] 刘杨成. 基于数据挖掘的砼活塞剩余寿命预测方法研究[D]. 西南交通大学, 2020.

[186] Lee S, Lee S, Lee K, et al. Data-driven health condition and RUL prognosis for liquid filtrationsystems[J]. J Mech Sci Technol, 2021, 35 (4): 1597-1607.

[187] 刘浅. 基于动静态参数检测的高速铁路接触网剩余寿命估计[D]. 西南交通大学, 2017.

[188] 魏光华. 高速铁路接触网精测精修的研究与应用[D]. 中国铁道科学研究院, 2021.

[189] Guan Q, Wei X, Jia L, et al. RUL Prediction of Railway PCCS Based on Wiener Process Model with Unequal Interval Wear Data[J]. Applied Sciences, 2020, 10(5): 1616.

[190] 李昕，贾韬. 基于组蛋白修饰数据预测基因差异性表达的深度融合模型[J]. 计算机应用, 2022, 42(11): 3404-3412.

[191] Zeng Y, Song D, Zhang W, et al. A new physics-based data-driven guideline for wear modelling and prediction of train wheels[J]. Wear, 2020, 456-457.

[192] 杨柳. 高速铁路接触网维修时间的估计[D]. 西南交通大学, 2018.

[193] 朱帅军. 高铁动车组故障预测与健康管理关键技术的研究[D]. 北京交通大学, 2016.

[194] 臧钰. 高铁列控车载系统设备剩余有效寿命预测与健康管理方法[D]. 北京交通大学, 2020.

[195] 王萍, 弓清瑞, 张吉昂, 等. 一种基于数据驱动与经验模型组合的锂电池在线健康状态预测方法[J]. 电工技术学报, 2021, 36(24): 5201-5212.

[196] Jonas E, Adrian U, Gabriel S, et al. Post-peak behavior of concrete dams based on nonlinear finite element analyses[J]. Engineering Failure Analysis, 2021, 130.

[197] 王鹏瑞, 刘白林, 王浩同, 等. 多传感器和故障率隐半马尔可夫模型的剩余寿命预测方法[J]. 西安工业大学学报, 2021, 41(03): 352-359.

[198] 车畅畅, 王华伟, 倪晓梅, 等. 基于 1D-CNN 和 Bi-LSTM 的航空发动机剩余寿命预测[J]. 机械工程学报, 2021, 57(14): 304-312.

[199] H Zhao, H Liu, Y Jin, et al. Feature Extraction for Data-Driven Remaining Useful Life Prediction of Rolling Bearings[J]. IEEE Transactions on Instrumentation and Measurement, 2021, 70(99): 1-10.

[200] 赵隽. 电气化铁路接触网几何参数检测方法与标准研究[J]. 中国铁路, 2020(06): 88-93.

[201] 中华人民共和国铁道部. 接触网运行检修规程[S] . 北京: 中华人民共和国铁道部, 2007.

[202] 中国铁路总公司. 普速铁路接触网安全工作规则普速铁路接触网运行维修规则[M]. 北京: 中国铁道出版社, 2017.

[203] 眭欢然. 电力变压器剩余寿命评估研究[D]. 华北电力大学, 2014.

[204] 项琴, 龚庆, 侯涛. 基于集对分析的无砟轨道综合状态评估[J]. 铁道建筑, 2014(09): 121-124.

[205] Zhiqiang G, Xiaoyan D, Yongming H, et al. Novel variation mode decomposition integrated adaptive sparse principal component analysis and it application in fault diagnosis.[J]. ISA transactions, 2021, 128(PB): 0019-0578.

[206] 王玉梅, 刘婧岩, 李自强. 基于改进熵权法的煤矿电能质量评估方法[J]. 电子科技, 2021, 34(07): 31-36+78.

[207] Lee SW, Xue K. An integrated importance-performance analysis and modified analytic hierarchy process approach to sustainable city assessment[J]. Environ Sci Pollut Res, 2021, 28 (44): 63346–63358.

[208] Rau A K, Mat M K, Rizal H, et al. A Modified CRITIC Method to Estimate the Objective Weights of Decision Criteria[J]. Symmetry, 2021, 13(6): 973.

[209] 江杰, 汤娟, 甘雨, 等. 基于组合赋权法的建筑结构安全评价[J]. 科学技术与工程, 2021, 21(17): 7278-7285.

[210] 陈佳倩. 基于层次分析法的市域快线安全线长度建模与算法研究[D]. 北京交通大学, 2021.

[211] 王兆熙. 粒子群优化极限学习机在旋风分离器性能建模中的应用[D]. 太原理工大

学, 2021.

[212] Yan M, Wang X, Wang B, et al. Bearing remaining useful life prediction using support vector machine and hybrid degradation tracking model[J]. ISA Transactions, 2020, 98, Pages, 471-482.

[213] 王潇瑾. 基于决策树的智能交通信号系统攻击预测及分析[D]. 北京交通大学, 2021.

[214] 唐亮, 李飞. 基于决策树的车联网安全态势预测模型研究[J]. 计算机科学, 2021, 48(S1): 514-517.

[215] 杨卫卫. 基于人工神经网络的聊城电网负荷预测研究[D]. 山东大学, 2021.

[216] Khatib. A Novel Approach for Solar Radiation Prediction Using Artificial Neural Networks[J]. Energy Sources, Part A: Recovery, Utilization, and Environmental Effects, 2015, 37(22): 2429-2436.

[217] CJ Willmott, K Matsuura. Advantages of the mean absolute error (MAE) over the root mean square error (RMSE) in assessing average model performance[J]. CLIM. RES, 2005, 30 (1): 79-82.

[218] Myttenaere D A, Golden B, Grand L B, et al. Mean Absolute Percentage Error for regression models[J]. Neurocomputing, 2016, 19238-48.

[219] 杨洋. 中长期电力负荷预测技术的研究与应用[D]. 中国科学院大学(中国科学院沈阳计算技术研究所), 2021.

[220] Huahuang Y, Tao W. A Method for Real-Time Fault Detection of Liquid Rocket Engine Based on Adaptive Genetic Algorithm Optimizing Back Propagation Neural Network[J]. Sensors, 2021, 21(15): 5026.

[221] 薛明, 韦波, 李景文, 等. 优化 BP 神经网络的多特征融合遥感影像分类方法[J]. 测绘科学, 2021, 46(11): 47-55.

[222] Feng D, He ZY, Lin S, et al. Risk Index System for Catenary Lines of High-Speed Railway Considering the Characteristics of Time-Space Differences. IEEE Transactions on Transportation Electrification. 2017;3(3): 739-49.

[223] Guo L, Gao XJ, Li QZ, et al. Online Antiicing Technique for the Catenary of the High-Speed Electric Railway. IEEE Transactions on Power Delivery. 2015;30(3): 1569-76.

[224] Moghaddass R, Zuo J M. An integrated framework for online diagnostic and prognostic health monitoring using a multistate deterioration process[J]. Reliability Engineering and System Safety, 2014, 124: 92-104.

[225] Cai BP, Shao XY, Liu YH, et al. Remaining Useful Life Estimation of Structure Systems Under the Influence of Multiple Causes: Subsea Pipelines as a Case Study. Ieee Transactions on Industrial Electronics. 2020;67(7): 5737-47.

[226] Chen ZH, Wu M, Zhao R, et al. Machine Remaining Useful Life Prediction via an Attention-Based Deep Learning Approach. Ieee Transactions on Industrial Electronics. 2021;68(3): 2521-2531.

[227] Wang YW, Gogu C, Binaud N, et al. Predictive airframe maintenance strategies using model-based prognostics. Proceedings of the Institution of Mechanical Engineers Part O-Journal of Risk and Reliability. 2018;232(6): 690-709.

[228] Cai ZY, Wang ZZ, Chen YX, et al. Remaining useful lifetime prediction for equipment based on nonlinear implicit degradation modeling. Journal of Systems Engineering and Electronics. 2020;31(1): 194-205.

[229] Li X, Ding Q, Sun J. Remaining useful life estimation in prognostics using deep convolution neural networks[J]. Reliability Engineering and System Safety, 2018, 172: 1-11.

[230] Rui Z, Ruqiang Y, Jinjiang W, et al. Learning to Monitor Machine Health with Convolutional Bi-Directional LSTM Networks[J]. Sensors, 2017, 17(2): 273.

[231] Rahimi A, Kumar K D, Alighanbari H. Failure Prognosis for Satellite Reaction Wheels Using Kalman Filter and Particle Filter[J]. Journal of Guidance, Control, and Dynamics, 2020, 43(3): 585-588.

[232] Guo RX, Sui JF. Remaining Useful Life Prognostics for the Electrohydraulic Servo Actuator Using Hellinger Distance-Based Particle Filter[J]. IEEE Transactions on Instrumentation and Measurement. 2020, 69(4): 1148-58.

[233] Zan T, Liu Z, Wang H, et al. Prediction of performance deterioration of rolling bearing based on JADE and PSO-SVM[J]. ARCHIVE Proceedings of the Institution of Mechanical Engineers Part C Journal of Mechanical Engineering Science1989-1996, 2020, 235(9): 095440622095120.

[234] Zhang Y, Peng Z, Guan Y, et al. Prognostics of battery cycle life in the early-cycle stage based on hybrid model[J]. Energy, 2021, 221: 119901.

[235] Liu H, Liu ZY, Jia WQ, et al. Remaining Useful Life Prediction Using a Novel Feature-Attention-Based End-to-End Approach[J]. IEEE Transactions on Industrial Informatics. 2021, 17(2): 1197-207.

[236] 刘畅. 基于深度学习的接触网综合状态评估及其剩余寿命预测[D]. 华东交通大学, 2022.

[237] Qu ZJ, Yuan SG, Chi R, et al. Genetic Optimization Method of Pantograph and Catenary Comprehensive Monitor Status Prediction Model Based on Adadelta Deep Neural Network[J]. IEEE Access. 2019, 7: 23210-21.

[238] Wang Y, Chen QX, Sun MY, et al. An Ensemble Forecasting Method for the Aggregated Load With Subprofiles[J]. IEEE Transactions on Smart Grid. 2018, 9(4): 3906-8.

[239] Cheng C, Xu PF, Cheng HX, et al. Ensemble learning approach based on stacking for unmanned surface vehicle's dynamics[J]. Ocean Engineering. 2020, 207.

[240] Zhang GQ, Guo JF. A novel ensemble method for hourly residential electricity consumption forecasting by imaging time series[J]. Energy. 2020, 203.

[241] Prado F, Minutolo MC, Kristjanpoller W. Forecasting based on an ensemble Autoregressive Moving Average - Adaptive neuro - Fuzzy inference system - Neural

network - Genetic Algorithm Framework[J]. Energy. 2020, 197.

[242] Li J, Deng DY, Zhao JB, et al. A Novel Hybrid Short-Term Load Forecasting Method of Smart Grid Using MLR and LSTM Neural Network[J]. IEEE Transactions on Industrial Informatics. 2021, 17(4): 2443-52.

[243] 刘琛，陈民武，宋雅琳，等. 高速铁路接触网系统风险评估与维修计划优化[J]. 铁道科学与工程学报, 2017, 14(02): 205-213.

[244] 陈绍宽，王秀丹，柏赟，等. 基于费用最小的铁路牵引接触网维修计划优化模型[J]. 铁道学报, 2013, 35(12): 37-42.

[245] 赵亚辰，陈绍宽，仝硕，等. 基于时间延迟模型的转向架维修计划优化研究[J]. 交通信息与安全, 2015, 33(06): 54-59.

[246] 程志君，杨征，谭林. 基于机会策略的复杂系统视情维修决策模型[J]. 机械工程学报, 2012, 48(06): 168-174.

[247] 苏春，李乐. 基于隐半马尔科夫退化模型的非等周期预防性维修优化[J]. 东南大学学报（自然科学版）, 2021, 51(02): 342-349.

[248] Pang L M, Ishibuchi H, Shang K. NSGA-II With Simple Modification Works Well on a Wide Variety of Many-Objective Problems[J]. IEEE Access, 2020, 8: 190240-190250.

[249] 何勇，王红，杨国军，等. 基于多目标决策的动车组部件分阶段预防性维护优化模型[J]. 工业工程与管理, 2021, 26(03): 18-23.

[250] 李雪，吴俊勇，杨媛，等. 高速铁路接触网悬挂系统维修计划的优化研究[J]. 铁道学报, 2010, 32(02): 24-30.

[251] 陈民武，李群湛，解绍锋. 牵引供电系统维修计划的优化与仿真[J]. 华南理工大学学报（自然科学版）, 2009, 37(11): 100-106.

[252] 李耀华，魏启东，孙世磊. 机会维修策略下的民机系统维修决策优化模型[J]. 机械科学与技术, 2021, 40(05): 808-815.

[253] 史振伟. 基于动态贝叶斯网络的钢桥疲劳检测和维修优化研究[D]. 重庆交通大学, 2020.

[254] Sun J, Han X, Zuo Y, et al. Trajectory Planning in Joint Space for a Pointing Mechanism Based on a Novel Hybrid Interpolation Algorithm and NSGA-II Algorithm[J]. IEEE Access, 2020, PP(99): 1-1.

[255] Liu L, Zhang Z, Qu Z, et al. Remaining Useful Life Prediction for a Catenary, Utilizing Bayesian Optimization of Stacking[J]. Electronics, 2023, 12(7): 1744.

[256] 陈斌. 高铁列控车载设备可靠性评估及维修决策方法研究[D]. 北京交通大学, 2020.

[257] 聂瑞，章卫国，李广文，等. 基于 Tent 映射的自适应混沌混合多目标遗传算法[J]. 北京航空航天大学学报, 2012, 38(08): 1010-1016.

[258] 薛益鸽. 改进的布谷鸟搜索算法及其应用研究[D]. 西南大学, 2015.

[259] 刘园园，贺兴时. 基于 Tent 混沌映射的改进的萤火虫算法[J]. 纺织高校基础科学学报, 2018, 31(04): 511-518.

[260] 刘园园. 基于混沌映射的萤火虫算法研究[D]. 西安工程大学, 2018.

[261] 刘晓飞，米根锁，赵妍．改进粒子群算法在城轨列车节能运行中的应用[J]．传感器与微系统，2021，40(08)：152-156.
[262] 马发民，张林，王锦彪．粒子群算法的改进及其在优化函数中的应用[J]．计算机与数字工程，2017，45(07)：1252-1255+1293.
[263] 李亚国，白鹭，李冠良，等．基于改进粒子群算法的配电网检修计划优化方法[J]．电力科学与技术学报，2021，36(05)：97-103.
[264] 池瑞，邱国龙，曾庆森，等．高速铁路接触网系统维修决策优化[J]．铁道科学与工程学报，2023，20(01)：53-62.
[265] 郁国梁，苏宏升．基于多状态模型的高速铁路接触网系统维修策略优化[J]．测试科学与仪器，2019，10(04)：348-360.
[266] 王佳培，高仕斌，晏紫薇，等．基于贝叶斯网络的接触网运行可靠性分析[J]．电气化铁道，2017，28(05)：63-68+74.
[267] 周温丁．基于深度学习的工业设备剩余使用寿命预测[D]．北京邮电大学，2020.
[268] Wang HR, Nunez A, Liu ZG, et al. A Bayesian Network Approach for Condition Monitoring of High-Speed Railway Catenaries[J]. IEEE Transactions on Intelligent Transportation Systems. 2020, 21(10): 4037-4051.
[269] 林歆悠，王召瑞．应用粒子群算法优化模糊规则的自适应多目标控制策略[J]．控制理论与应用，2021，38(06)：842-850.
[270] Qu Z, Sun X, Chen X, et al. A novel RFID multi-tag anti-collision protocol for dynamic vehicle identification[J]. PLoS ONE, 2019, 14(7): e0219344.
[271] Qu Z, LiuC, ZengH, et al. A Method for Locating Tools in the Railway Moving Area Optimized Based on Received Signal Strength Indicator and a Fuzzy Neural Network[J]. IEEE SENSORS JOURNAL, 2021, 21(20): 23185-23197.
[272] Qu Z, LiuH, WangH, et al. Cluster equilibrium scheduling method based on backpressure flow control in railway power supply systems[J]. PloS one, 2020, 15(12): e0243543-e0243543.
[273] Qu Z, LiJ, HouX, et al. A D-stacking dual-fusion, spatio-temporal graph deep neural network based on a multi-integrated overlay for short-term wind-farm cluster power multi-step prediction[J]. Energy, 2023, 281.
[274] Qu Z, Liu H, Wang Z, et al. A combined genetic optimization with AdaBoost ensemble model for anomaly detection in buildings electricity consumption[J]. Energy Buildings, 2021, 248.
[275] Qu Z, Xu J, WangZ, et al. Prediction of electricity generation from a combined cycle power plant based on a stacking ensemble and its hyperparameter optimization with a grid-search method[J]. Energy, 2021, 227.